国家级实验教学示范中心基础化学实验系列教材
普 通 高 等 教 育 “ 十 二 五 ” 规 划 教 材

基础化学实验2
物质制备与分离

王书香　翟永清　主编
徐建中　段慧云　王利勇　副主编

化学工业出版社
·北京·

《基础化学实验2　物质制备与分离》第2版精选了无机、有机化合物的制备实验124个，内容涵盖了基础的无机、有机合成实验。紧密联系实际，有针对性地选取与日常应用或工业生产相关的合成实验和提取分离实验，对近年来在教学实践中采用的新实验及改进的合成方法与技术给予了特别关注。考虑到目前化工产品检验的重要性，增加了部分化合物的制备与检测方法的内容。注重培养学生绿色化学理念，增加综合性实验训练。涉及微量实验、绿色实验、天然产物提取等，包括目前材料、能源领域发展迅猛的新材料的合成。

《基础化学实验2　物质制备与分离》第2版可以作为化学、化工、材料、环境、生物、农林等专业的基础化学实验课教材，也是化学、化工、材料等领域科研人员和实验室人员的参考书。

图书在版编目（CIP）数据

基础化学实验2　物质制备与分离/王书香，翟永清主编．—2版．—北京：化学工业出版社，2015.4（2024.8重印）

国家级实验教学示范中心基础化学实验系列教材　普通高等教育“十二五”规划教材

ISBN 978-7-122-23264-9

Ⅰ.①基…　Ⅱ.①王…②翟…　Ⅲ.①化合物-制备-化学实验-高等学校-教材②化合物-分离-化学实验-高等学校-教材　Ⅳ.①O6-3

中国版本图书馆CIP数据核字（2015）第044809号

责任编辑：刘俊之　　　　装帧设计：韩　飞

出版发行：化学工业出版社（北京市东城区青年湖南街13号　邮政编码100011）

印　　装：北京科印技术咨询服务有限公司数码印刷分部

787mm×1092mm　1/16　印张13　字数329千字　　2024年8月北京第2版第5次印刷

购书咨询：010-64518888　　　　售后服务：010-64518899

网　　址：http://www.cip.com.cn

凡购买本书，如有缺损质量问题，本社销售中心负责调换。

定　　价：32.00元

前　言

《基础化学实验 2　物质制备与分离》第一版于 2009 年出版。第 2 版是按照高等教育化学、化工及相关专业化学实验教学的基本要求，在第一版教材教学实践和广泛征集使用学校意见的基础上修订而成的。历经六年教学实践的检验，及时吸纳来自教学一线教师的意见和建议，不断改进、更新与提高。

本次修订在保持第一版精华与特色的基础上，充分考虑到化学所涉及的重要的、有代表性的、典型的反应与类型，并兼顾新理论、新反应和新技术；其次考虑到安全和减少环境污染，适当调整了部分内容。

1. 考虑到目前化工产品检验的重要性，增加了部分化合物的制备与检测方法的内容。例如：实验 2　离子交换法制备碳酸氢钾及含量测定，实验 7　氧化锆纳米粉末的合成与材料表征，实验 15　由碳酸氢铵和食盐制备碳酸钠及其含量的测定，实验 16　硫代硫酸钠的制备及含量的测定，实验 17　七水合硫酸锌、活性氧化锌的制备及其含量的测定，实验 39　葡萄糖酸锌的制备及锌含量测定等。

2. 紧密联系实际，有针对性地选取与日常应用或工业生产相关的合成实验和提取分离实验，提高学生的兴趣。例如：实验 20　水热法制备 $BiFeO_3$ 纳米粉体及其阻燃消烟性能测试，实验 40　8-羟基喹啉铝配合物的合成表征及发光性质，实验 50　对甲苯磺酸钠的制备，实验 69　邻苯二甲酸二丁酯的制备，实验 77　α-D-葡萄糖五乙酸酯的制备，实验 118　4-(4′-正丁基环己基）苯甲酸戊基苯酚酯的制备，实验 124　从虾蟹壳制取氨基葡萄糖盐酸盐等。

3. 培养学生绿色化学理念。绿色化学的核心内涵体现在减少“三废”的排放，重复使用催化剂、载体等，降低成本，减少废物排放，回收、再生原料，以加强对学生环保意识的培养。

4. 对近年来在教学实践中采用的新实验及改进的合成方法与技术给予了特别关注。例如：实验 10　低温熔盐法制备 $LaFeO_3$ 纳米粉体及其光催化性能，实验 19　水热法制备纳米尖晶石型 $NiFe_2O_4$ 及表征，实验 20，实验 25　微波法合成羟基磷灰石及分析表征。

5. 增加综合性实验训练。综合性实验可以锻炼学生综合应用所学知识分析、解决问题的能力，激发和培养学生的创新意识。例如：实验 10，实验 19，实验 25，实验 31　八钼酸铵的制备及表征。

限于编者水平，书中疏漏之处，还望读者批评指正。

编者

2015 年 2 月

第一版　前　言

根据教育部《关于进一步深化本科教学改革、全面提高教学质量的若干意见》、《高等学校本科教学质量与教学改革工程》、《普通高等学校本科化学专业规范》等相关要求，在知识传授、能力培养、素质提高、协调发展的教育理念和以培养学生创新能力为核心的实验教学观念指导下，在研究化学实验教学与认知规律的基础上，将实验内容整合为基础型实验、综合型实验和研究创新型实验三大模块，形成“基础—综合—研究创新”交叉递进式三阶段实验教学新体系。学生在接受系统的实验基本知识、基本技术、基本操作训练的基础上，进行一些综合性、设计性实验训练，而后通过创新实验进入毕业论文与设计环节，完成实验教学与科研的对接。

《基础化学实验》系列教材是在上述实验教学体系框架下，以强化基础训练为核心，以培养学生良好的科学实验规范为主要教学目标，以化学实验原理、方法、手段、操作技能和仪器使用为主要内容，逐步培养学生文献查阅、科研选题、实验组织、实验实施、实验探索、结果分析与讨论、科研论文的撰写能力，培养学生创新能力，为综合化学实验和研究创新实验打下良好的基础。在实验教学内容上增加现代知识、现代技术容量，充分融合化学实验新设备、新方法、新技术、新手段，将最新科研成果转化为优质实验教学资源，从宏观上本着宽领域、渐进式、交互式、创新式、开放式来编排，将原隶属于《无机化学实验》、《有机化学实验》、《物理化学实验》、《分析化学实验》、《仪器分析实验》和《化工基础实验》的相关内容按照新的实验教学体系框架综合整编为《基础化学实验 1　基础知识与技能》、《基础化学实验 2　物质制备与分离》、《基础化学实验 3　分析检测与表征》、《基础化学实验4　物性参数与测定》、《基础化学实验 5　综合设计与探索》五个分册，力争实现基础性和先进性的有机结合，教学、科研和应用的结合。

本系列教材可作为高等学校化学、化工、应用化学、材料化学、高分子材料与工程、药学、医学、生命科学、环境科学、环境工程、农林、师范院校等相关专业本科生基础化学实验教材，也可作为有关人员的参考用书。在使用时各校可结合具体的教学计划、教学时数、实验室条件等加以取舍，也可根据实际需要增减内容或提高要求。

“物质制备与分离”是《基础化学实验》系列教材中的第 2 分册，共包括 7 章。第 1 章为无机化合物的制备，第 2 章为金属有机化合物的制备，第 3 章为有机化合物的常量合成，第 4 章为有机化合物的小量、半微量及微量合成，第 5 章为绿色有机合成，第 6 章为多步连续合成，第 7 章为天然有机化合物的提取、生物转化与手性拆分。在加强合成实验训练、强化分离和纯化操作的指导思想下，根据无毒化、绿色化和实用化选编了 121 个实验。从环保的角度出发，注意渗透化学实验绿色化的理念，把常量、小量实验扩展到半微量、微量实验，以训练有机化学实验的基本操作技能和素质能力的培养，使学生在掌握扎实常量操作技能的基础上，选做部分半微量、微量实验，循序渐进，逐步提高，以培养学生科研工作的能力。引进了超声波、微波促进的化学反应，以及光反应、电化学、离子液体、超临界、生物转化、无溶剂反应等新合成技术，以便使学生了解化学科学与实验技术的发展。有些实验将反应、合成、分离、纯化、物性的测定和波谱鉴定等环节联成一体，以增加实验内容的研究性和探索性，从而培养学生的实践能力和综合能力。

书末所列参考文献对本书的编写给予了启示和支持，编者借鉴了其中许多有益的内容。本系列教材编委会主要成员对该书进行了审阅并提出了许多建设性意见，化学工业出版社给予了大力支持，在此一并致谢！

由于编者水平有限，书中不足之处在所难免，恳请同行与读者批评指正。

编者

2009 年 1 月于河北大学

目 录

第1章 无机化合物的制备

实验1 硫酸亚铁铵的制备

【实验目的】

了解复盐的一般特性以及硫酸亚铁铵的制备方法；掌握水浴加热、蒸发、结晶、减压过滤等基本操作。

【实验原理】

硫酸亚铁铵 $(NH_4)_2Fe(SO_4)_2 \cdot 6H_2O$ 又称摩尔盐，为浅绿色晶体。它在空气中不易被氧化，比硫酸亚铁稳定得多，而且价格低廉，制造工艺简单，应用广泛。工业上常用作废水处理的混凝剂，农业上常用作农药及肥料，在定量分析上常用作氧化还原滴定的基准物质。它能溶于水，但难溶于乙醇，在0～60℃的范围内，硫酸亚铁铵在水中的溶解度比组成它的每一个组分的溶解度都小，因而有利于结晶分离。本实验采用铁屑与稀硫酸作用，制得硫酸亚铁溶液：

$$Fe + H_2SO_4 = FeSO_4 + H_2\uparrow$$

然后硫酸亚铁溶液与硫酸铵溶液作用，生成溶解度较小的硫酸亚铁铵晶体。

$$FeSO_4 + (NH_4)_2SO_4 + 6H_2O = (NH_4)_2Fe(SO_4)_2 \cdot 6H_2O$$

【仪器与试剂】

锥形瓶（150mL），烧杯（150mL、400mL），量筒（10mL、50mL），蒸发皿，表面皿，水浴锅，台秤，漏斗，布氏漏斗，吸滤瓶，真空泵。

$HCl(2mol \cdot L^{-1})$，$H_2SO_4(3mol \cdot L^{-1})$，$NaOH(1mol \cdot L^{-1})$，$Na_2CO_3(1mol \cdot L^{-1})$，固体 $(NH_4)_2SO_4$，铁屑，乙醇（95%）。

【实验操作】

1. 硫酸亚铁铵的制备

(1) 铁屑的净化　称取2g铁屑，放入150mL烧杯中，加入20mL $1mol \cdot L^{-1}$ Na_2CO_3溶液，小火加热约10min，以除去铁屑表面油污。用倾析法除去碱液，再用水将铁屑洗净。

(2) 硫酸亚铁的制备　在盛有洗净铁屑的烧杯中，加入15mL $3mol \cdot L^{-1}$ H_2SO_4溶液，盖上表面皿，放在水浴上加热（大约需要0.5h，温度控制在70～80℃），使铁屑与稀硫酸发生反应（在通风橱中进行）。在反应过程中要适当地添加去离子水，以补充蒸发掉的水分。当反应进行到不再产生气泡时，表示反应基本完成。趁热过滤，滤液转入蒸发皿中。将烧杯和滤纸上的残渣洗净，收集在一起，用滤纸吸干后称其质量（如残渣量极少，可不收集），计算已作用的铁屑的质量。

(3) 硫酸铵饱和溶液的配制　根据已作用的铁的质量和反应式中的化学计量关系，计算出所需 $(NH_4)_2SO_4$ 的质量和室温下配制硫酸铵饱和溶液所需要的水的体积（几种盐的溶解度见表 1.1）。根据计算结果，在烧杯中配制 $(NH_4)_2SO_4$ 饱和溶液。

表 1.1　几种盐的溶解度　　单位：g · 100g 水$^{-1}$

化合物	0℃	10℃	20℃	30℃	40℃	50℃	70℃
$(NH_4)_2SO_4$	70.6	73.0	75.4	78.0	81.0	84.5	89.6
$FeSO_4 \cdot 7H_2O$	15.65	20.51	26.5	32.9	40.2	48.6	56.0
$FeSO_4 \cdot (NH_4)_2SO_4 \cdot 6H_2O$	12.5	17.2	21.6	28.1	33.0	40.0	52.0

(4) 硫酸亚铁铵的制备　将 $(NH_4)_2SO_4$ 饱和溶液倒入盛 $FeSO_4$ 溶液的蒸发皿中，混匀后用 pH 试纸检验 pH 值是否为 1～2，若酸度不够，用 $3mol \cdot L^{-1}$ 的 H_2SO_4 溶液调节。

在水浴上蒸发混合溶液，浓缩至表面出现一层晶膜为止（注意蒸发过程不宜搅动）。静置，让溶液自然冷却，冷至室温时，便析出硫酸亚铁铵晶体。抽滤至干，再用 5mL 乙醇（95%）淋洗晶体，以除去晶体表面上附着的水分。继续抽干，取出晶体，在表面皿上晾干。称其质量，并计算产率。

2. 数据记录和处理（见表 1.2）

表 1.2　数据记录和结果

已作用的铁的质量/g	$(NH_4)_2SO_4$ 饱和溶液		$FeSO_4 \cdot (NH_4)_2SO_4 \cdot 6H_2O$		
	$(NH_4)_2SO_4$ 质量/g	H_2O 的体积/mL	理论产量/g	实际产量/g	产率/%

【思考题】

1. 为什么硫酸亚铁溶液和硫酸亚铁铵溶液都要保持较强的酸性？
2. 制备硫酸亚铁铵时，为什么采用水浴加热？
3. 硫酸亚铁铵制备的蒸发浓缩过程为什么不宜搅动？

实验 2　离子交换法制备碳酸氢钾及含量测定[1]

【实验目的】

了解用离子交换法制备碳酸氢钾的原理；学会安装离子交换柱及制备碳酸氢钾溶液的工艺操作；酸碱滴定训练。

【实验原理】

碳酸氢钾晶体是无色透明的单斜晶系结晶，它是生产碳酸钾、乙酸钾、亚砷酸钾等钾盐的重要原料，亦可作为石油、化学品的灭火剂或用于医药。制备碳酸氢钾的方法有碳化法、吡啶法、有机胺法和阳离子交换法等。阳离子交换法具有原料易得、生产成本低、原料利用率高、没有污染公害等优点，副产氯化铵。

本实验选用聚苯乙烯磺酸型强酸性阳离子交换树脂（活性基团为—SO_3），经预处理，将它从氢型完全转换为钾型：

$$Ar—SO_3H + KCl \rightleftharpoons Ar—SO_3K + HCl$$

用去离子水洗去留在树脂间隙中的 H^+ 和 Cl^-，得到钾型树脂，可表示为 Ar—SO_3K，

交换基团上的 K^+ 可与溶液中的阳离子进行交换。洗净后将碳酸氢铵溶液顺流通过树脂交换柱，使钾型树脂变为铵型：

$$Ar—SO_3K+NH_4HCO_3 \rightleftharpoons Ar—SO_3NH_4+KHCO_3$$

实际所得到的淋洗液是含有少量碳酸氢铵的碳酸氢钾溶液。将交换液在较低温度下蒸发，使碳酸氢铵分解，并进一步浓缩结晶，即得碳酸氢钾晶体。

在离子交换树脂上进行的交换反应是可逆的，可以通过控制流速、反应温度、溶液浓度和溶液体积等因素使反应按所需要的方向进行，从而达到最佳交换的目的。利用反应的可逆性，再将 KCl 溶液送入交换柱，即可使铵型树脂再生为钾型树脂，同时副产氯化铵。

$$Ar—SO_3NH_4+KCl \rightleftharpoons Ar—SO_3K+NH_4Cl$$

【仪器与试剂】

碱式滴定管（50mL），酸、碱式滴定管（50mL），螺旋夹，锥形瓶（250mL），烧杯（100mL、250mL），量筒（10mL），移液管（10mL、25mL），容量瓶（100mL）。

732 型强酸性阳离子交换树脂，NH_4HCO_3（2.0mol·L^{-1}），KCl（2.0mol·L^{-1}），HCl 标准溶液（0.1mol·L^{-1}），HCl（2.0mol·L^{-1}），NaOH 标准溶液（0.01mol·L^{-1}），NaOH（2.0mol·L^{-1}），$AgNO_3$（0.1mol·L^{-1}），$Ba(OH)_2$（饱和），酚酞，甲基橙，奈斯勒试剂，铂丝（或镍铬丝），pH 试纸。

【实验操作】

1. 树脂预处理（转型）

取 732 型阳离子交换树脂 20g 放入 100mL 烧杯中，先用 50mL 2.0mol·L^{-1}KCl 溶液浸泡 24h，再用去离子水洗 2～3 次，直到溶液中不含 Cl^-（用 $AgNO_3$溶液检验）。并用去离子水浸泡，待用。

2. 装柱

以 50mL 碱式滴定管作为交换柱，在柱内的下部放一小团玻璃纤维，并取下其下方乳胶管中的玻璃珠，橡皮管用螺旋夹夹住，将交换柱固定在铁架台上。在滴定管中注入少量去离子水，排出橡皮管和尖嘴中的空气。

将经预处理的阳离子树脂（带水）装入改装过的滴定管中，树脂沿水下沉，这样不致带入空气。若水过满，可松开螺旋夹放掉部分水，当上部残留的水达 2～3cm 时，在顶部装入一小团玻璃纤维或脱脂棉，防止注入溶液时将树脂冲起。在整个操作过程要保持树脂被水覆盖。如果树脂层中进入空气，会产生缝隙，形成偏流使交换效率降低。若出现这种情况，应将螺旋夹旋紧，挤压橡皮管，排出橡皮管和尖嘴中的空气，并将管内气泡排出，或重新装柱。

将 10mL 去离子水慢慢注入交换柱中，调节螺旋夹，控制流速为 25～30d·min^{-1}，不宜太快。用 10mL 量筒承接流出的水。

3. 交换

用量筒量取 2.0mol·$L^{-1}NH_4HCO_3$溶液 10.0mL，当滴定管中水面下降到高出树脂层约 1cm 时，将 NH_4HCO_3加入交换柱中，用小烧杯承接流出液。

开始交换时，不断用 pH 试纸检查流出液，当其 pH 稍大于 7 时，换用 10mL 量筒承接流出液（此前所收集的流出液基本上是水，可弃去不用）。用 pH 试纸检查流出液，当 pH 接近 7 时，可停止交换。记下所收集的流出液体积 $V(KHCO_3)$。流出液留作定性检验和定量分析用。

4. 洗涤

当柱内液面下降到高出树脂约 1cm 时，用去离子水洗涤交换柱内的树脂，以 30d · min^{-1} 左右的流速进行洗涤，直到流出液的 pH 为 7。

这样的树脂仍有一定的交换能力，可重复进行上述交换操作 1～2 次。树脂经再生后可反复使用。

5. 定性检验

通过定性检验上柱液和流出液，以确定流出液的主要成分。分别取 2.0mol · L^{-1} NH_4HCO_3和流出液进行以下项目的检验：

(1) 用奈斯勒试剂检验 NH_4^+；

(2) 用铂丝做焰色反应检验 K^+；

(3) 用 2.0mol · L^{-1} HCl 溶液和饱和 Ba $(OH)_2$溶液检验 HCO_3^-；

(4) 用 pH 试纸检验溶液的 pH 值。

将检验结果填入表 1.3。

表 1.3　定性检验结果

检验项目	NH_4^+	K^+	HCO_3^-	实测 pH	计算 pH
NH_4HCO_3溶液					
流出液					

结论：流出液中有＿＿＿＿＿＿。

6. 定量分析

(1) 将收集的流出液用 100mL 容量瓶定容。

(2) NH_4^+含量测定。从容量瓶中吸取 25mL 样液，以酚酞为指示剂，用 0.01mol · L^{-1} NaOH 标准溶液滴定。

(3) 总 HCO_3^- 含量测定。从容量瓶中吸取 10mL 样液，以甲基橙为指示剂，用 0.1mol · L^{-1} HCl 标准溶液滴定。

(4) 计算 $KHCO_3$的产率。

7. 树脂的再生

交换达到饱和后的离子交换树脂，不再具有交换能力。可先用去离子水洗涤树脂到流出液中无 NH_4^+和 HCO_3^-为止。再用 2.0mol · L^{-1}KCl 溶液以 30d · min^{-1}的流速流经树脂，直到流出液中无 NH_4^+为止，以使树脂恢复到原来的交换能力，这个过程被称为树脂的再生。再生时，树脂发生了交换反应的逆反应：

$$Ar—SO_3NH_4 + KCl \rightleftharpoons Ar—SO_3K + NH_4Cl$$

可以看出，树脂再生时可以得到 NH_4Cl 溶液。

再生后的树脂要用去离子水洗至无 Cl^-，并浸泡在去离子水中，留作以后实验使用。

【注意事项】

1. 装柱时，树脂必须带水一起装入，否则柱内会留有气泡，影响交换。

2. 交换速率不易太快，一般控制在 25～30d · min^{-1}。

【结果与讨论】

1. NH_4^+含量测定

试样体积 V=＿＿＿＿＿ mL，c_{NaOH} =＿＿＿＿＿ mol · L^{-1}。数据记录和结果见表 1.4。

$$c_{NH_4^+}=c_{NaOH}V_{NaOH}/V_{样}$$

表 1.4　NH_4^+ 含量测定数据记录和结果

滴定编号	Ⅰ	Ⅱ	Ⅲ
NaOH 滴定终点读数/mL			
NaOH 滴定前读数/mL			
NaOH 滴定体积/mL			
NH_4^+ 浓度/mol·L^{-1}			

2. 总 HCO_3^- 含量测定

试样体积 V= ____________ mL，c_{HCl}= ____________ mol·L^{-1}。数据记录和结果见表 1.5。

$$c_{总HCO_3^-}=c_{HCl}V_{HCl}/V_{样}$$

表 1.5　总 HCO_3^- 含量测定数据记录和结果

滴定编号	Ⅰ	Ⅱ	Ⅲ
HCl 滴定终点读数/mL			
HCl 滴定前读数/mL			
HCl 滴定体积/mL			
总 HCO_3^- 浓度/mol·L^{-1}			

3. $KHCO_3$ 的产率

$$产率(\%)=\frac{(c_{总HCO_3^-}-c_{NH_4^+})\times100}{c_{NH_4HCO_3}V_{NH_4HCO_3}}$$

4. 讨论影响 $KHCO_3$ 产率的主要因素。

5. 分析 NH_4^+ 和 HCO_3^- 含量分析中误差的主要来源。

【思考题】

1. 转型时，为什么当 pH 接近 7 时可认为转型完全？

2. 总 HCO_3^- 含量测定时能否用酚酞作指示剂？为什么？

实验 3　碱法制备硫酸铝

【实验目的】

了解碱法制备硫酸铝的基本原理，加深对氢氧化铝两性的认识；进一步掌握水浴加热、蒸发、结晶、减压过滤等基本操作。

【实验原理】

本实验是利用金属铝可以溶解于 NaOH 溶液的特点，先制备铝酸钠，再用 NH_4HCO_3 调节溶液的 pH 值至 8～9，将其转化为 $Al(OH)_3$。$Al(OH)_3$ 溶于 H_2SO_4 生成 $Al_2(SO_4)_3$，在低温下结晶，即得硫酸铝晶体 $Al_2(SO_4)_3\cdot18H_2O$，主要反应如下：

$$2Al+2NaOH+6H_2O=\!=\!=2Na[Al(OH)_4]+3H_2\uparrow$$

$$2Na[Al(OH)_4]+NH_4HCO_3=\!=\!=2Al(OH)_3\downarrow+Na_2CO_3+NH_3\uparrow+2H_2O$$

$$2Al(OH)_3+3H_2SO_4 \xlongequal{} Al_2(SO_4)_3+6H_2O$$

$Al_2(SO_4)_3 \cdot 18H_2O$ 为白色六角形鳞片或针状结晶，易溶于水，极难溶于酒精，在空气中易潮解。加热至赤热即分解成为 SO_3 和 Al_2O_3。

【仪器与试剂】

托盘天平，烧杯（250mL、150mL），量筒（100mL、10mL），吸滤瓶，布氏漏斗，蒸发皿（75mL）。

NaOH(固体)，铝片，NH_4HCO_3(饱和)，H_2SO_4($3mol \cdot L^{-1}$)，无水酒精，pH 试纸(广范)。

【实验操作】

1. 制备铝酸钠

迅速称取 0.75g NaOH 固体倒入 150mL 烧杯中，加入 15mL 蒸馏水，搅拌使溶解。加入 0.25g 铝片（分几次加入。注意：反应剧烈，防止溅入眼内）。反应完毕后，加入水约 13mL，用布氏漏斗抽滤。

2. $Al(OH)_3$ 的生成和洗涤

将上述铝酸钠溶液转入 250mL 烧杯中，加热至沸，并保持沸腾，在不断搅拌下以细流状缓慢加入 20mL 饱和 NH_4HCO_3 溶液，加毕，将沉淀煮沸数分钟并不断搅拌（注意：加热过程中要不停地搅拌，停止加热后还要搅拌数分钟，以防止迸溅!），静置澄清，用 pH 试纸检验清液，pH 值为 8～9 时证明沉淀已经完全（如果 pH＞9，则再加入少量 NH_4HCO_3)，然后倾出清液。

在 $Al(OH)_3$ 沉淀中加入 30～40mL 热蒸馏水，煮沸并充分搅拌洗涤，抽滤（注意：不必抽干就停止抽滤，再加水洗，再抽滤），洗至溶液 pH=7～8 为止（洗 4～5 次），最后抽干。

3. 制备硫酸铝

将制得的 $Al(OH)_3$ 沉淀转入 75mL 蒸发皿中，加入 5mL $3mol \cdot L^{-1}$ H_2SO_4 溶液（H_2SO_4 不要过量），搅拌，得到浑浊溶液。将浑浊溶液在水浴上加热并加以搅拌，使 $Al(OH)_3$完全溶解。继续水浴加热浓缩至约为原来浑浊溶液体积的 1/2（不要过分浓缩，稀些结晶较好，工业上浓缩至相对密度约 1.38)，然后缓慢冷却结晶［结晶析出慢时，可加 3mL 无水酒精以减小 $Al_2(SO_4)_3$ 的溶解度］。待结晶后，用布氏漏斗抽滤（尽量抽干）迅速称重，计算产率（注意：产品回收作为其他实验试剂）。

【思考题】

1. 本实验中，铝中的杂质铁是如何除去的?
2. 将铝酸钠转化为氢氧化铝时，所加的碳酸氢铵起什么作用?
3. 氢氧化铝的生成和洗涤中，为什么要加热煮沸并充分搅拌?
4. 浓缩硫酸铝溶液进行结晶时，为什么不要过分浓缩?

实验 4 钛酸四丁酯水解法制备 TiO_2[2,3]

【实验目的】

了解钛酸四丁酯水解法制备 TiO_2 的基本原理和实验方法；掌握真空干燥箱、马弗炉等加热设备的使用方法。

【实验原理】

近年来，为适应电子材料、生物工程材料、复合材料的要求，纳米材料得到了很快的发展。纳米二氧化钛与普通二氧化钛相比，具有独特的性能，它具有较强的吸收紫外线的能力，具有高的光催化活性，因而可用于化妆品、油漆分散剂、工业废水处理剂中等。制备纳米二氧化钛的方法很多，目前常见的是液相法和气相法。本实验采用的是醇盐水解法。

以钛醇盐为原料，通过水解和缩聚反应制得溶胶，再进一步缩聚得到凝胶，凝胶经干燥和煅烧处理即可得纳米 TiO_2。其化学反应式为：

水解 $Ti(OR)_4 + nH_2O \longrightarrow Ti(OR)_{4-n}(OH)_n + nROH$

缩聚 $2Ti(OR)_{4-n}(OH)_n \longrightarrow [Ti(OR)_{4-n}(OH)_{n-1}]_2O + H_2O$

【仪器与试剂】

烧杯，量筒，滴管，真空干燥器，马弗炉。

浓盐酸（37%），钛酸四丁酯，无水乙醇。

【实验操作】

将 5mL 盐酸（37%）和 63mL 去离子水加入 50mL 无水乙醇中，混合均匀得 B 溶液；将 21mL 钛酸四丁酯与 140mL 无水乙醇混合均匀得 A 溶液。将 B 溶液滴加到 A 溶液中，搅拌均匀，水解后陈化得湿凝胶。将湿凝胶经 80℃真空干燥，煅烧，得到纳米二氧化钛。

不同的煅烧温度，可得到不同晶型的二氧化钛。产品在 500℃下煅烧，产物为纯锐钛矿型；在 800℃下煅烧为纯金红石型。

【思考题】

1. 反应温度对产物的粒径有何影响？

2. 加水量、醇、盐酸的配比对水解过程、产物的收率、粒径等有何影响？

实验 5　均匀沉淀法合成纳米氧化锌[4,5]

【实验目的】

了解均匀沉淀法制备纳米粉体的原理；掌握沉淀洗涤、转移的基本操作，练习使用恒温磁力搅拌器、马弗炉等仪器；掌握产率的计算方法。

【实验原理】

均匀沉淀合成法是在溶液中加入某种试剂，在适宜的条件下于溶液中均匀地生成沉淀剂，从而使沉淀在整个溶液中均匀析出。这种方法可以避免沉淀剂局部过浓的不均匀现象，使过饱和度控制在适当的范围内，从而控制沉淀粒子的生长速度，能获得粒度均匀、纯度高的超细粒子。

以硫酸锌为原料，尿素为沉淀剂，制备纳米氧化锌的反应方程式如下：

尿素分解反应 $CO(NH_2)_2 + 3H_2O \xrightarrow{\triangle} CO_2\uparrow + 2NH_3\cdot H_2O$

沉淀反应 $Zn^{2+} + 2NH_3\cdot H_2O \longrightarrow Zn(OH)_2\downarrow + 2NH_4^+$

热处理 $Zn(OH)_2 \xrightarrow{\triangle} ZnO + H_2O\uparrow$

【仪器与试剂】

烧杯（250mL），恒温磁力搅拌器，马弗炉，滤纸，漏斗，托盘天平等。

硫酸锌（分析纯），尿素（分析纯），二次蒸馏水。

【实验操作】

称取 8g 硫酸锌（m_1）和 27g 尿素倒入烧杯，加入 150mL 的蒸馏水溶解，将烧杯置于恒温磁力搅拌器上，于不断搅拌下逐渐升温，随着尿素的慢慢分解，溶液出现浑浊，直到出现大量白色沉淀。升温至85℃保持恒温搅拌4h后停止反应，冷却至室温。

将混合物过滤，用蒸馏水洗涤沉淀两次，用滤纸吸干沉淀表面水分，置于烘箱中烘干水分，称量沉淀质量（m_2），将沉淀放入马弗炉中于500℃灼烧2.5h得纳米氧化锌粉末，取出称量（m_3）。

数据记录和处理见表1.6。

表1.6 数据记录和结果

m_1	m_2	m_3	产品理论质量	产率

根据以下公式计算产率：

$$产率=\frac{产品的实际质量}{产品的理论质量}\times100\%$$

【思考题】

1. 该实验采用500℃灼烧2.5h的加热条件，原因是什么？
2. 是否将沉淀在马弗炉中灼烧的时间越长越好？

实验6 β-磷酸三钙骨修复材料的制备[6,7]

【实验目的】

了解磷酸三钙的用途、制备原理及方法；学会使用高温炉。

【实验原理】

β-磷酸三钙（β-TCP）的化学式为 $Ca_3(PO_4)_2$，它是磷酸三钙的低温相（β相），为三方晶系，空间群为 R_3C，钙磷原子比为1.5，在1200℃转变为高温相（α相），在水溶液中的溶解度是羟基磷灰石的10～15倍。

β-磷酸三钙（β-TCP）是生物降解或生物吸收型活性陶瓷材料之一，当它被植入人体后，降解下来的钙、磷能进入活体循环系统形成新生骨，因此它可以作为人体硬组织如牙齿和骨的理想替代材料，具有良好的可生物降解性、生物相容性和生物无毒性。目前研究和应用比较广泛的生物降解陶瓷是β-TCP和其他磷酸钙的混合物。通过不同的工艺来改变材料的理化性能，如空隙结构、机械强度、生物吸收率等，可以满足不同的临床应用要求。

本实验采用一种简单易行的合成方法，即利用 $Ca(NO_3)_2$ 和 $(NH_4)_2HPO_4$ 的反应，同时以氨水调节pH值，然后高温热处理得到β-磷酸三钙。此法具有工艺简单、产率高以及易于工业化的特点。

【仪器与试剂】

烧杯，马弗炉，布氏漏斗，量筒等。

0.67mol·L^{-1}的 $(NH_4)_2HPO_4$ 与1.0mol·L^{-1}的 $Ca(NO_3)_2$（体积比1∶1），氨水。

【实验操作】

按反应体系中Ca∶P=1.5∶1（摩尔比）配制 $Ca(NO_3)_2$ 溶液和 $(NH_4)_2HPO_4$ 溶液，用氨水调节pH值为11.0，将40mL的0.67mol·L^{-1}的 $(NH_4)_2HPO_4$ 溶液以一定速度滴加到强烈搅拌状态下的40mL的1.0mol·L^{-1}的 $Ca(NO_3)_2$ 溶液中，滴加过程中用氨水保持体系pH值。在一定温度下反应并陈化一段时间后，经过滤、洗涤5次，将沉淀置于烘箱中于80℃烘干24h，然后在900℃下焙烧2h。将所得产物称重，计算产率，用研钵研细即得β-磷酸三钙。

【思考题】

1. 如何证实产物为β-磷酸三钙？

2. β-磷酸三钙的用途和其他合成方法还有哪些？

实验7 氧化锆纳米粉末的合成与材料表征[8]

【实验目的】

熟悉化学共沉淀法制备纳米粉末的合成方法；学习纳米粉末的表征方法，包括热分析法［即热重-差热分析（TG-DTA）］、X射线衍射分析（XRD）及透射电镜分析（TEM）等。

【实验原理】

纯氧化锆（ZrO_2）为白色，是一种具有高熔点、高沸点、导热系数小、热膨胀系数大、耐磨性好、抗腐蚀性能优良的无机非金属材料，在耐火材料、压电元件、陶瓷电容器、气敏元件、固体电解质电池等领域有广泛应用。

本实验设计了氧化锆纳米粉体的化学共沉淀法制备工艺，在制备过程中进行相组成的调控和团聚状态的有效控制，目的在于制备氧化锆基纳米粉末，对不同实验阶段的凝胶和粉末进行结构和性能表征，对不同材料相组成及形貌进行分析测试。以氧氯化锆为主要原料，氨水为沉淀剂和pH调节剂，主要反应如下：

$$nZrOCl_2+(n+1)H_2O=(ZrO_2)_n\cdot H_2O+2nHCl$$

采用化学共沉淀法制备超细粉末主要有以下优点：

① 所制备的粉末化学组成相对稳定，尤其对于多组分溶液体系，可以达到离子级的混合，因此材料的均匀性得以保证；

② 由于纳米粉末的颗粒尺寸小，比表面积大，活性较高，可降低材料本身的最终烧结温度，实现在较低温度下制备氧化锆制品。

【仪器与试剂】

250mL四口烧瓶，250mL三口烧瓶，500mL烧杯，50mL恒压滴液漏斗，100mL细口瓶，量筒，药匙，蒸馏水洗瓶，无水乙醇洗瓶，研钵，300目筛，电吹风，机械式无级变速搅拌器，可控温磁力搅拌器，天平，真空过滤装置，真空干燥箱，程序升温煅烧炉，红外光谱仪，热分析仪，透射电子显微镜，X射线衍射仪。

氧氯化锆（$ZrOCl_2\cdot 8H_2O$，纯度99%），氨水，无水乙醇，蒸馏水，$AgNO_3$试剂。

【实验操作】

1. 共沉淀前的原料准备

$ZrOCl_2\cdot 8H_2O$的用量为13.22g，溶解后加蒸馏水定容至40mL，即为$1mol\cdot L^{-1}$的Zr^{4+}水溶液。配制基液：在250mL四口瓶中盛装与盐溶液等容量的蒸馏水（即40mL），用氨水调pH值为9～10，该溶液即为基液。

2. 沉淀

将$5mol\cdot L^{-1}$氨水溶液与$ZrOCl_2\cdot 8H_2O$盐溶液分别倒入恒压滴液漏斗中，在强力机械搅拌作用下，将配制好的$NH_3\cdot H_2O$和$ZrOCl_2\cdot 8H_2O$溶液同时缓慢滴入基液中，保持基液pH值在9～10范围内。滴入过程在10min中完成，滴入结束后继续搅拌20min，而后静置陈化 20min 后抽滤。

3. 水洗、醇洗

将抽滤后得到的滤饼加入盛有 250mL 蒸馏水的烧杯中，用氨水调节 pH 值在 9～10 之间，水洗搅拌 20min 后抽滤，待凝胶成滤饼状，倒回烧杯内。如此反复水洗 3～4 次，检查无 Cl^- 存在为止（用 $AgNO_3$ 试剂检测）。注意每次水洗溶液均需要用氨水调节 pH 值在 9～10 范围内，且盛装容器用水洗净后均需用蒸馏水洗涤。

将无水乙醇 200mL 和抽滤后的滤饼倒入三口瓶中，强力搅拌 20min 后，将湿凝胶倒入真空过滤装置内抽滤。待凝胶成滤饼后，倒回三口瓶内进行二次醇洗。

4. 干燥

将二次醇洗抽滤后的滤饼放入真空干燥箱，温度保持在 65℃干燥 3h。

5. 粉碎、过筛和煅烧

将干燥后的凝胶在研钵内充分研磨、粉碎，过 300 目筛，取少许凝胶样品，留作 TG-DTA 分析和凝胶 IR 分析。将凝胶分为 4 份，分别在不同的煅烧温度（200℃，400℃，600℃，800℃）下保温 2h。煅烧过程中的升温速度为 3～5℃ · min^{-1}。

6. 样品的分析表征

对干凝胶进行 TG-DTA 分析，对不同煅烧温度下所得粉末样品做 IR 分析、XRD 分析和 TEM 分析。

【结果处理】

利用计算机绘图软件，将 TG-DTA、XRD、IR 分析结果作图，并对结果进行合理分析，整理 TEM 图，将上述结果书写成研究报告。

【思考题】

1. 化学共沉淀法制备 ZrO_2 粉末过程中，关键步骤是什么？应注意哪些事项？
2. 在控制团聚形成过程中，实验中采取了哪些有效措施？你还有什么新思路？

实验 8　溶胶-凝胶法制备多孔 SiO_2[9～11]

【实验目的】

了解多孔 SiO_2 的性质和用途；掌握溶胶-凝胶法制备多孔 SiO_2 的原理和方法。

【实验原理】

多孔 SiO_2 超细粉体是一种轻质纳米非晶固体材料，因具有比表面积大、密度小和分散性能好等特性，而被用作催化剂载体、高效绝热材料、气体过滤材料和高档填料等。在二氧化硅超细粉的制备方法中，以四氯化硅为原料的气相火焰水解法和以硅醇盐为原料的溶胶-凝胶法制得的粉体纯度高，性能优越，但均存在制备成本高的缺陷，使其工业应用受到限制。以可溶性硅酸盐为原料的溶胶-凝胶法具有制备成本低的特点，是一种较有工业应用前景的方法。

该方法的基本原理是：向水玻璃溶液中加入乙酸乙酯，乙酸乙酯在碱性条件下发生如下水解反应：

$$CH_3C(=O)OC_2H_5 + OH^- \rightleftharpoons CH_3C(=O)O^- + CH_3CH_2OH$$

使体系的碱度降低并诱发硅酸盐的聚合反应。乙酸乙酯在水溶液中的溶解并发生水解反应，使反应体系碱度的降低能够在均相体系中很均匀地实现，避免了直接加入酸而造成局部酸度过高，碱度降低过快的缺陷。因此这种潜伏的使硅酸盐聚合的酸试剂比直接加入酸能提供更为理想的反应条件。

在一定条件下，随着乙酸乙酯水解反应和硅酸盐聚合反应的进行，水玻璃溶液中以胶体粒子形式存在的高聚态硅酸根离子不断长大，当其粒径达到一定尺寸时，整个反应体系就转变为具有一定乳光亮度的硅溶胶。成溶胶后，随着乙酸乙酯水解反应引起的体系 pH 值的进一步降低，吸附 OH^- 而带负电荷的 SiO_2 胶粒的电动电位也相应降低。当胶粒电动电位降低到一定程度时，SiO_2 胶体颗粒便通过表面吸附的水合 Na^+ 的桥联作用而凝聚形成凝胶。最后经干燥、预烧、烧结制得多孔 SiO_2。

【仪器与试剂】

TG-DTA 材料热分析仪，透射电镜，X 射线衍射仪，ASAP-2000 型物理吸附仪，岛津 IR-435 型红外光谱仪，恒温反应器，蒸馏装置。

水玻璃溶液（模数 3.34），乙酸乙酯，盐酸，$AgNO_3$ 溶液，正丁醇。

【实验操作】

1. 二氧化硅粉体的制备

在 (30±1)℃的恒温反应器中，将经冲稀过滤后的水玻璃溶液（模数 3.34）与乙酸乙酯按乙酸乙酯/SiO_2 摩尔比 0.65 的比例搅拌混合。随着乙酸乙酯水解反应的进行，溶液中有 H^+ 均相释放，硅酸盐发生聚合反应，生成溶胶并经聚集转化为凝胶。成凝胶后继续搅拌一定时间，用盐酸调至 pH=4，过滤，并用去离子水洗涤凝胶直至滤液中用 $AgNO_3$ 溶液检测不出 Cl^-。洗涤后的凝胶与一定量的正丁醇搅拌混合进行恒沸蒸馏，使凝胶体内的水分子以恒沸的形式（恒沸温度为 93℃）被带出而脱除。除去水后的凝胶于 120℃下干燥处理 2h，即得疏松的二氧化硅超细粉体。

2. 性能测试

二氧化硅超细粉体的热学行为用 TG-DTA 分析表征；颗粒尺寸和形貌由 TEM 观察；用 XRD 进行物相分析；用 ASAP-2000 型物理吸附仪氮气吸附法测定吸附等温线和孔径分布；岛津 IR-435 型红外光谱仪测定红外光谱。

【思考题】

反应温度、pH 值、乙酸乙酯用量对溶胶、凝胶形成过程有何影响？

实验 9　溶胶-凝胶法合成纳米二氧化铈[12]

【实验目的】

了解纳米粉体的一般特性以及常用的制备方法；掌握用溶胶-凝胶法合成纳米二氧化铈的基本原理和方法；熟练掌握水浴加热、蒸发、干燥、焙烧等基本操作。

【实验原理】

纳米粒子由于具有独特的光、声、电、磁、热等特性，引起了人们的极大关注。CeO_2 是一种廉价而用途极广的材料，如用于汽车尾气净化催化剂、电子陶瓷、玻璃抛光剂及紫外吸收材料等。将其纳米化后会出现一些新的性质及应用。

溶胶-凝胶法（Sol-Gel 法）也是制备稀土超细粉体常用的一种方法，具有反应温度低、产物颗粒小且分散性好等优点，但产量较低；沉淀法和 Sol-Gel 法相比产率较高，成本较低，但团聚问题仍不能很好地解决。

本实验采用柠檬酸 Sol-Gel 法制备纳米 CeO_2。以柠檬酸为络合剂，与 Ce^{3+} 形成稳定的配合物，加热蒸发、浓缩，先形成溶胶，进而形成凝胶。经干燥、焙烧即得纳米 CeO_2。

【仪器与试剂】

烧杯，量筒，分析天平，水浴槽，恒温干燥箱，研钵，马弗炉，X 射线衍射仪，透射电镜。

硝酸铈或草酸铈（分析纯），柠檬酸（分析纯），HNO_3，H_2O_2。

【实验操作】

1. 纳米 CeO_2 的制备

称取 4g $Ce(NO_3)_3 \cdot 6H_2O$ 和 5g 柠檬酸，用蒸馏水溶解柠檬酸得淡黄色溶液，调节溶液的 pH 值。将 $Ce(NO_3)_3 \cdot 6H_2O$ 加入此溶液中待其完全溶解，然后置于 70℃ 的水浴槽中，让其缓慢蒸发，形成溶胶，进一步蒸发形成凝胶，将凝胶于 120℃ 干燥 12h，得到淡黄色的干凝胶，将干凝胶研磨后于马弗炉中在不同温度下（500℃以上）焙烧 2h 即得到黄色 CeO_2 纳米晶体。

2. 纳米 CeO_2 的分析表征

用 X 射线衍射仪测定 CeO_2 的物相结构，用扫描电镜或透射电镜观察 CeO_2 的形貌和粒度。

【思考题】

1. 如何改善纳米 CeO_2 粉体的团聚现象，提高其分散性？
2. 焙烧温度对 CeO_2 的结构和粒度有何影响？

实验 10　低温熔盐法制备 $LaFeO_3$ 纳米粉体及其光催化性能[13,14]

【实验目的】

了解低温熔盐法制备 $LaFeO_3$ 粉体的原理及方法；学习用扫描电子显微镜检测超细微粒的粒径、用 X 射线衍射法（XRD）确定产物的物相；了解 $LaFeO_3$ 对有机染料的光催化降解性能。

【实验原理】

随着工业技术的飞速发展，有机污染问题日益突出。目前常用的有机废水处理技术不同程度地存在着或效率低，或不能彻底将污染物无害化等缺点，从而难以达到有效的治理目的。近年来，光催化氧化法因其具有方法简单、氧化能力极强、无二次污染等优点，已成为比较热门的研究课题之一。

钙钛矿型复合氧化物 ABO_3 是一种具有独特物理性质和化学性质的新型材料，A 一般是稀土或碱土元素离子，B 为过渡元素离子，A 和 B 皆可被半径相近的其他金属离子部分取代而保持其晶体结构基本不变，因此在理论上它是研究催化剂表面及催化性能的理想样品。

具有钙钛矿型结构的稀土正铁氧体（$LnFeO_3$）因其离子和电子缺陷显示出了有趣的物理和化学性能，这些材料在燃料电池、催化剂、气相传感器、磁性材料及环境监控等方面均具有广泛的应用。尤其是在催化剂方面，钙钛矿型结构的正铁氧体因其带隙较窄，具备可见光响应等优点，具有传统的 TiO_2 所无法比拟的优势。

关于铁酸镧超细粉末的制备方法已有很多报道，主要有固相高温煅烧法及溶胶-凝胶法等。本实验采用硝酸锂做熔盐，在较低的温度下制备出结晶良好的纯相 $LaFeO_3$ 纳米粉体，其合成温度（450℃）远小于传统的固相合成法温度（1000℃），制备过程更具优势。将新制备的 $LaFeO_3$ 纳米粉体进行 XRD、SEM 表征并且应用于对有机染料罗丹明 B 溶液的光降解试验。

【仪器与试剂】

马弗炉，高压汞灯（或紫外灯），磁力搅拌器，抽滤水泵，多晶 X 射线衍射仪，扫描电子显微镜，烧杯，氧化铝坩埚，烘箱，干燥器。

硝酸镧 [$La(NO_3)_3 \cdot 6H_2O$]，硝酸铁 [$Fe(NO_3)_3 \cdot 9H_2O$]，硝酸锂（$LiNO_3$），氨水（$1mol \cdot L^{-1}$），无水乙醇。

【实验操作】

1. 纳米 $LaFeO_3$ 的制备

① 按化学计量比称取 La（NO_3）$_3 \cdot 6H_2O$ 和 Fe（NO_3）$_3 \cdot 9H_2O$ 分别溶于去离子水中，待两种溶液完全溶解后混合，在连续搅拌条件下逐滴滴入 $1mol \cdot L^{-1}$ 氨水溶液至 pH=10.5，得到红褐色沉淀。将沉淀过滤、洗涤后放入烘箱，于 70℃下烘干即得到进行熔盐法合成的前驱体；②将前驱体与 $LiNO_3$ 按 1∶8 的比例混合，在玛瑙研钵里通过添加无水乙醇进行研磨使其混合均匀，放入烘箱于 70℃下烘干；③得到的混合物放入氧化铝坩埚，在电阻炉中分别于 400℃、450℃、500℃煅烧各 2h；④关闭电源使其自然冷却到室温，得到一种固态产物。将固态产物用热水溶解、过滤、洗涤、除去游离化合物（主要是硝酸盐），最后经过干燥，可得 $LaFeO_3$ 纳米粉体。

2. 产物表征

在 X 射线衍射仪上测定产物的物相，铜靶 CuKα（λ=1.54056Å，2θ=20°～80°）。在 JCPDS 卡片集中查出 $LaFeO_3$ 的多晶标准衍射卡片，将样品的 d 值和相对强度与标准卡片的数据相对照，确定产物是否为 $LaFeO_3$。用扫描电子显微镜（SEM）直接观察样品粒子的尺寸与形貌。讨论反应温度对 $LaFeO_3$ 晶相及粒度的影响。

3. 光催化降解性能测试

光催化试验过程如下：①取 500mL 罗丹明 B 水溶液（$20mg \cdot L^{-1}$）放入烧杯，同时加入一定量自制的光催化剂，超声分散 20min；②不断搅拌 30min，使罗丹明 B 在光催化剂的表面达到吸附和脱附平衡。将烧杯放入暗箱中，打开高压汞灯进行光催化降解试验，每隔 10min 移取 5mL 反应液，经高速离心机离心分离后，取上清液在罗丹明 B 的最大吸收波长 554nm 处检测其吸光度，并按下式计算催化剂对罗丹明 B 的降解率。

$$D=(A_0-A)/A_0$$

式中，D 为降解率；A_0，A 分别为光照前后罗丹明 B 的吸光度。

【思考题】

1. 低温熔盐法合成 $LaFeO_3$ 具有哪些优点？
2. 熔盐法合成 $LaFeO_3$ 为何可以在较低的温度下进行？
3. 纳米 $LaFeO_3$ 的制备方法有哪些？

实验 11　复分解法制备硝酸钾[15]

【实验目的】

观察验证盐类溶解度和温度的关系；利用物质溶解度随温度变化的差别，学习用复分解法制备硝酸钾；熟悉溶解、蒸发、结晶、过滤等技术，学会用重结晶法提纯物质。

【实验原理】

复分解法是制备无机盐类的常用方法。不溶性盐利用复分解法很容易制得，但是可溶性盐则需要根据温度对反应中几种盐类溶解度的不同影响来处理。本实验用 KCl 和 $NaNO_3$ 通过复分解反应制备硝酸钾。当 KCl 和 $NaNO_3$ 相混合，在混合液中同时存在 K^+、Na^+、Cl^- 和 NO_3^- 4 种离子。由这 4 种离子组成的 4 种盐（KCl、NaCl、$NaNO_3$、KNO_3）在不同温度时的溶解度（g·100g 水$^{-1}$）见表 1.7。

表 1.7　$NaNO_3$、KCl、NaCl、KNO_3 在不同温度时的溶解度

单位：g·100g 水$^{-1}$

化合物	0℃	10℃	20℃	30℃	40℃	60℃	80℃	100℃
KNO_3	13.3	20.9	31.6	45.8	63.9	110	169	246
KCl	27.6	31.0	34.0	37.0	40.0	45.5	51.1	56.7
$NaNO_3$	73	80	88	96	104	124	148	180
NaCl	35.7	35.8	36.0	36.3	36.6	37.3	38.4	39.8

从以上 4 种盐类单独存在时的溶解度数据可以看出，随着温度的升高，NaCl 的溶解度几乎没有变化，在较高温度时，它的溶解度最小。KCl 和 $NaNO_3$ 的溶解度也改变不大，而 KNO_3 的溶解度随温度变化大，因此加热 KCl 和 $NaNO_3$ 的混合溶液时，就有 NaCl 晶体析出。用反应式表示为：

$$KCl + NaNO_3 \longrightarrow NaCl\downarrow + KNO_3$$

趁热过滤除去 NaCl，从而改变了溶液的组成，当滤液冷却时，KNO_3 因溶解度的急剧下降而析出。这时析出的 KNO_3 晶体，一般混有可溶性盐的杂质，可采取重结晶方法进行提纯。

【仪器与试剂】

烧杯（100mL、50mL），布氏漏斗，抽滤瓶，量筒，托盘天平，恒温水浴槽，加热套，蒸发皿，表面皿。

KCl(s)，$NaNO_3$(s)，$AgNO_3$(0.1mol·L^{-1})。

【实验操作】

1. 硝酸钾的制备

用表面皿在托盘天平上称取 $NaNO_3$ 21g 及 KCl 18.5g，放入烧杯中，加入 35mL 蒸馏水，加热至沸，使固体溶解。待溶液蒸发至原来体积的 2/3 时，便可停止加热，趁热用布氏漏斗进行过滤。将滤液冷却至室温，滤液中便有晶体析出。用减压过滤的方法分离并抽干此晶体，即得粗产品。吸干晶体表面的水分后转移到已称重的洁净表面皿中，用天平称量，计算粗产品的百分产率。

2. 重结晶法提纯 KNO_3

将粗产品放在 50mL 烧杯中（留 0.5g 粗产品作纯度对比检验用），加入计算量的蒸馏水并搅拌之，用小火加热，直至晶体全部溶解为止。然后冷却溶液至室温，待大量晶体析出后减压过滤，晶体用滤纸吸干，放在表面皿上称重，并观察其外观。

3. 产品纯度的检验

称取 KNO_3 产品 0.5g（剩余产品回收），放入盛有 20mL 蒸馏水的小烧杯中，溶解后取 1mL，稀释至 100mL，取稀释液 1mL 放在试管中，加 1～2 滴 0.1mol·L^{-1} $AgNO_3$ 溶液，观察有无 AgCl 白色沉淀产生。并与粗产品的纯度作比较。

【数据处理】

计算粗产品的百分产率。

【注意事项】

1. 将 $NaNO_3$ 21g、KCl 18.5g 放入烧杯中，加入 35mL 蒸馏水，使固体刚好全部溶解。

2. 待溶液蒸发至原来体积的 2/3 时，便要停止加热，并趁热用布氏漏斗进行过滤。

3. 重结晶法提纯 KNO_3 时，将粗产品放在烧杯中，应加入计算量的蒸馏水直至晶体刚好全部溶解为止。

【思考题】

1. 何谓重结晶？本实验都涉及哪些基本操作？

2. 溶液沸腾后为什么温度高达 100℃ 以上？

3. 能否将除去氯化钠后的滤液直接冷却制取硝酸钾？

4. 实验中为何要趁热过滤除去 NaCl 晶体？

实验 12　氧化还原溶胶-凝胶法制备 $LiCoO_2$ [16,17]

【实验目的】

掌握氧化还原溶胶-凝胶法制备 $LiCoO_2$ 的基本原理和方法；熟练掌握水浴加热、蒸发、干燥、焙烧等基本操作。

【实验原理】

$LiCoO_2$ 是锂离子电池正极材料领域的研究热点。采用传统的高温固相反应法能够合成出性能较好的 $LiCoO_2$ 正极材料，但该方法存在的固有缺点，如：能耗高、高温下 Li 损失严重、产物组成难以控制、高纯度 Co 源 Co_3O_4 价格昂贵等，使得正极材料的性能和成本（性能/价格比）不成比例。有些研究者采用某些软化学合成方法，如：溶胶-凝胶法、共沉淀法和水热合成法等，但结果不太令人满意。氧化还原溶胶-凝胶（Redox Sol-Gel）软化学合成法不仅制备过程简单方便，控制容易，而且使合成的 $LiCoO_2$ 正极材料不仅具有完整的层状晶体结构，而且具有良好的电化学性能和循环稳定性能。

本实验采用氧化还原溶胶-凝胶法制备 $LiCoO_2$ 正极材料，反应如下：

$$2Co(NO_3)_2+4LiOH+H_2O_2 \longrightarrow 2LiCoO_2+2HNO_3+2LiNO_3+2H_2O$$

【仪器与试剂】

烧杯，电热套，烘箱，马弗炉，恒温槽，研钵，干燥器。

$Co(NO_3)_2 \cdot 6H_2O$(分析纯，99.0%)，$LiOH \cdot H_2O$(分析纯，99.5%)，去离子水，浓 $NH_3 \cdot H_2O$，H_2O_2，乙醇。

【实验操作】

1. $LiCoO_2$ 的制备

准确称取 8.73g $Co(NO_3)_2 \cdot 6H_2O$(0.03mol) 和 1.26g $LiOH \cdot H_2O$(0.03mol)，分别溶于去离子水中；再将适量浓 $NH_3 \cdot H_2O$ 和 H_2O_2 加入 LiOH 溶液中搅拌混合均匀，在 $Co(NO_3)_2$溶液中加入适量乙醇，然后将 LiOH 混合溶液在搅拌下加入上述含 $Co(NO_3)_2$ 的混合溶液中，生成溶胶（Sol）后继续强力搅拌使成为凝胶（Gel）。然后迅速蒸发除去溶剂和水分，再于 105℃下烘干过夜，成为干凝胶。将干凝胶以 120℃ · h^{-1} 速度在马弗炉和空气中升温至 800℃，恒温 12h，然后以 120℃ · h^{-1} 速度降至室温，取出后研磨，即得 $LiCoO_2$ 正极材料样品。保存于干燥容器中备用。

2. $LiCoO_2$ 的表征

XRD 表征在 D/max-rA 型粉末 X 射线衍射仪上进行，CuKα 辐射，石墨单色器，40kV，

100mA。TEM 观察在 JEM-100CX 型透射电子显微镜上进行，加速电压 80kV。SEM 观察在 JSM-35 型扫描电子显微镜上进行，加速电压 40kV。BET 测试在 Digisorb 2600 自动吸附仪上进行，液氮为吸附质。

【思考题】

1. 实验中加入 H_2O_2 的目的是什么？
2. 试写出 $LiCoO_2$ 锂离子电池正负电极反应式。
3. 氧化还原溶胶-凝胶法合成锂离子二次电池正极材料 $LiCoO_2$ 有何优缺点？

【扩展实验】

也可以 PAA（聚丙烯酸）为胶凝剂，采取以下路线合成 $LiCoO_2$，即：将 LiAc、$Co(Ac)_2$按一定配比加入溶有 PAA（聚丙烯酸）的去离子水中，加热至 95℃形成凝胶体，将凝胶在空气气氛下加热至 500℃分解，研磨，再将分解产物于 700℃左右煅烧 3h 得到$LiCoO_2$。

实验 13 氯化亚铜的制备[18～23]

【实验目的】

了解铜及其化合物的性质；掌握氯化亚铜的制备方法。

【实验原理】

氯化亚铜为白色立方结晶或白色粉末。密度为 $4.14g \cdot cm^{-3}$，熔点 430℃，沸点 1490℃。溶于乙醚、盐酸、氨水中，微溶于水，不溶于乙醇、丙酮。在干燥空气中稳定，受潮则易变蓝到棕色。熔融时呈铁灰色。露置空气中迅速氧化成碱式盐，呈绿色。遇光则变成褐色。在热水中迅速水解生成氧化铜水合物而呈红色。为有毒性物质。

实验室制取氯化亚铜是把铜或铜的氧化物放入氯化钠水溶液中并通入氯气，在一定温度下将铜氧化成 Cu^{2+}：

$$Cu+Cl_2 \longrightarrow Cu^{2+}+2Cl^-$$

当反应达到一定程度时，停止通入氯气，待二价铜离子还原成一价铜离子后，到反应液呈现无色透明为终点。生成物是氯化亚铜-氯化钠络合物，再将其水解制得氯化亚铜。此后经漂洗、醇洗、过滤、干燥等步骤制得成品氯化亚铜。本实验以 $CuCl_2$ 为原料，以 Cu 粉为还原剂，在 NaCl 存在的条件下制取 CuCl，主要反应式如下：

$$CuCl_2+2NaCl+Cu \longrightarrow 2Na(CuCl_2)$$

$$Na(CuCl_2) \longrightarrow CuCl\downarrow+NaCl$$

【仪器与试剂】

具塞试管（20mL），烧杯（200mL、100mL），移液管（5mL），容量瓶（250mL），分析天平，恒温水浴锅，电热鼓风干燥箱，搅拌器。

NaCl(s)，HCl(浓)，稀盐酸（3%），$CuCl_2$(s)，铜粉（分析纯），无水乙醇（分析纯）。

【实验操作】

1. $0.5mol \cdot L^{-1}$ $CuCl_2$溶液的配制

用分析天平准确称取 $CuCl_2 \cdot 2H_2O$ 固体 21.31g，置于 250mL 烧杯中，加入约 100mL 蒸馏水，搅拌溶解。将此溶液转移至 250mL 容量瓶中，用少量蒸馏水洗涤烧杯和玻璃棒后将洗涤液全部转移到容量瓶中，最后用滴管慢慢滴加蒸馏水使液面最低处于 250mL 刻度线上，塞紧瓶塞，充分振荡容量瓶使其混合均匀后置于药品柜中以备用。

2. CuCl 的制备

在试管中加入 3mL 浓度为 0.5mol・L^{-1}的 $CuCl_2$ 溶液及 1mL 浓盐酸，继续加入固体 NaCl 1g 左右，混匀后溶液呈黄绿色，此时再加入 0.5g 铜粉，塞上橡皮塞，振荡试管近 1min，静置，将多余的铜粉沉降下来，得到的是一无色透明溶液，将此溶液倾入盛有 100mL 蒸馏水的烧杯中，立即得到白色 CuCl 沉淀。

3. CuCl 的提纯

在 100mL 的烧杯中注入 40mL 3%盐酸溶液，将制得的氯化亚铜粗品加入，常温下搅拌 30min，过滤除去废酸液。用无水乙醇洗涤滤饼 3～4 次（每次 80～100mL），过滤除去酒精，于 60～80℃下烘干 1.5～2h 即得成品。

【数据处理】

1. 计算 Cu^{2+} 的转化率。

2. 计算经精制后的产物收率。

【思考题】

1. 氯化亚铜的精制过程中，充分搅拌的目的是什么？

2. 影响该实验的因素有哪几方面？

实验 14　低温固相合成磷酸锌[24,25]

【实验目的】

了解低温固相反应的特点；熟练掌握低温固相反应的一般步骤及操作技巧；通过新的合成方法，直接合成磷酸锌。

【实验原理】

低温（室温或近室温）固相化学合成是近年来发展起来的一种非常有潜力的材料合成方法，其具有工艺简单、操作方便、转化率高、成本低、污染少等特点，实验通过 $Zn(NO_3)_2 \cdot 6H_2O$和 $Na_3PO_4 \cdot 12H_2O$ 在表面活性剂乙二醇条件下通过低温固相反应直接合成磷酸锌。

$$3Zn(NO_3)_2 \cdot 6H_2O + 2Na_3PO_4 \cdot 12H_2O \longrightarrow Zn_3(PO_4)_2 \cdot 4H_2O + 6NaNO_3 + 38H_2O$$

【仪器与试剂】

研钵，蒸发皿，烘箱，超声波清洗器，烧杯（250mL），搅拌器，铁架台，布氏漏斗，真空泵，吸滤瓶。

$Zn(NO_3)_2 \cdot 6H_2O$，$Na_3PO_4 \cdot 12H_2O$，乙二醇和无水乙醇，均为市售分析纯试剂。

【实验操作】

（1）分别称取 6mmol $Zn(NO_3)_2 \cdot 6H_2O$ 和 4mmol $Na_3PO_4 \cdot 12H_2O$，将反应物 $Zn(NO_3)_2 \cdot 6H_2O$和 $Na_3PO_4 \cdot 12H_2O$ 分别在研钵中充分研细。

（2）将磨细的 $Zn(NO_3)_2 \cdot 6H_2O$ 与 4mL 乙二醇充分混合，将 $Na_3PO_4 \cdot 12H_2O$ 加入到混合物中，室温研磨 40min，得膏状反应混合物。

（3）将膏状物转移至蒸发皿中置于 70℃烘箱中 4h，使反应完全。将产物在超声波作用下用去离子水（40℃）充分洗涤，再经无水乙醇洗涤。

（4）抽滤后于空气中自然干燥，得样品 $Zn_3(PO_4)_2 \cdot 4H_2O$。

【数据处理】

计算 $Zn_3(PO_4)_2 \cdot 4H_2O$ 的产率。

【思考题】

1. 低温固相合成磷酸锌的优点主要表现在哪几方面？

2. 超声分散洗涤的作用是什么？

实验 15　由碳酸氢铵和食盐制备碳酸钠及其含量的测定[26]

【实验目的】

了解联合制碱法的反应原理，学会利用各种盐类溶解度的差异，并通过复分解反应制取盐的方法；掌握测定碳酸钠中碳酸氢钠含量的分析方法。

【实验原理】

碳酸钠在工业上叫纯碱，是重要的化工原料。目前工业上制纯碱主要采用氨碱法和我国化学家侯德榜（1890—1974）提出的联合制碱法。联合制碱法是将 CO_2 和 NH_3 通入 NaCl 溶液中先制成 $NaHCO_3$，再在高温下灼烧生成 Na_2CO_3，副产物是 NH_4Cl。主要化学反应可表示如下：

$$NH_3+CO_2+H_2O+NaCl \xlongequal{} NaHCO_3\downarrow+NH_4Cl$$

$$2NaHCO_3 \xrightarrow{\triangle} Na_2CO_3+CO_2+H_2O$$

上一个反应可以看成是碳酸氢铵和氯化钠在水溶液中的复分解反应。

$$NH_4HCO_3+NaCl \xlongequal{} NaHCO_3\downarrow+NH_4Cl$$

NH_4HCO_3、NaCl、$NaHCO_3$ 和 NH_4Cl 同时存在于水溶液中，是一个复杂的四元交互体系，它们在水溶液中的溶解度互相影响。但是，可以根据各种纯净盐在不同温度下在水中溶解度的不同，选择分离几种盐的最佳条件和适宜的操作步骤。

本实验利用双指示剂法测定产品中 Na_2CO_3 和 $NaHCO_3$ 组分的含量。在试液中加入酚酞指示剂，用 HCl 标准溶液滴定至溶液呈微红色。此时试液中所含 Na_2CO_3 被滴定成 $NaHCO_3$，反应如下：

$$Na_2CO_3+HCl \xlongequal{} NaCl+NaHCO_3$$

设滴定体积 V_1（mL）。再加入甲基橙指示液，继续用 HCl 标准溶液滴定至溶液由黄色变为橙色后煮沸 2min，冷却后继续滴定至溶液呈橙色即为终点。此时 $NaHCO_3$ 被中和成 H_2CO_3，反应为：

$$NaHCO_3+HCl \xlongequal{} NaCl+H_2O+CO_2\uparrow$$

设此时消耗 HCl 标准溶液的体积 V_2（mL）。

Na_2CO_3、$NaHCO_3$ 和总碱（Na_2O）的含量可由下式计算：

$$w_{Na_2CO_3}=\frac{c_{HCl}2V_1\times 52.994}{m}$$

$$w_{NaHCO_3}=\frac{c_{HCl}(V_2-V_1)\times 84.007}{m}$$

$$w_{Na_2O}=\frac{c_{HCl}(V_1+V_2)\times 30.990}{m}$$

式中　$w_{Na_2CO_3}$——混合碱中 Na_2CO_3 的质量分数；

w_{NaHCO_3}——混合碱中 $NaHCO_3$ 的质量分数；

w_{Na_2O}——混合碱中总碱量以 Na_2O 计的质量分数；

V_1——酚酞终点消耗盐酸标准溶液的体积，L；

V_2——甲基橙混合指示剂终点消耗盐酸标准溶液的体积，L；

52.994——1/2Na_2CO_3摩尔质量，$g \cdot mol^{-1}$；

84.007——$NaHCO_3$的摩尔质量，$g \cdot mol^{-1}$；

30.990——1/2Na_2O摩尔质量，$g \cdot mol^{-1}$；

m——试样的质量，g。

【仪器与试剂】

布氏漏斗，吸滤瓶，马弗炉，蒸发皿，分析天平，称量瓶，酸式滴定管（50mL），量筒（100mL），烧杯（150mL），温度计（0～100℃），锥形瓶（250mL）。

粗食盐，NaOH($3mol \cdot L^{-1}$)，Na_2CO_3($3mol \cdot L^{-1}$)，HCl($6mol \cdot L^{-1}$)，HCl标准溶液(约$0.2mol \cdot L^{-1}$)，NH_4HCO_3（固），酚酞溶液，甲基橙溶液。

【实验操作】

1. 碳酸钠的制取

(1) 化盐和精制　在150mL烧杯中注入50mL 24%～25%的粗盐水溶液。用$3mol \cdot L^{-1}$ NaOH和$3mol \cdot L^{-1}$ Na_2CO_3溶液的混合溶液（体积为1∶1）调整pH值至11左右，得到胶状［$Mg_2(OH)_2CO_3 \cdot CaCO_3$］沉淀，以除去食盐中所含的钙、镁杂质。

$$2Mg^{2+} + 2OH^- + CO_3^{2-} = Mg_2(OH)_2CO_3 \downarrow$$

$$CO_3^{2-} + Ca^{2+} = CaCO_3 \downarrow$$

注入混合碱液后，加热至沸，抽滤。将滤液用$6mol \cdot L^{-1}$ HCl调整pH值至7。解释为什么要用HCl调整pH值？

(2) 转化　将盛有滤液的烧杯放在水浴上加热，控制溶液温度在30～35℃。在不断搅拌的情况下，分多次把21g研细的NH_4HCO_3加入滤液中，加完后继续保温搅拌0.5h，然后静置，抽滤，得到$NaHCO_3$晶体。用少量水洗涤2次，以除去附着在表面的铵盐。再将晶体进行抽滤干燥，称此产物质量。

(3) 制纯碱　将抽干的$NaHCO_3$放入蒸发皿中，在马弗炉中于400℃下灼烧1h，即发生分解反应得到纯碱。等冷却到室温时，称量制得的纯碱质量。

2. 产品检验

准确称取（准确至0.001g）制得碳酸钠晶体2份（每份约0.25g）。将其中一份放入锥形瓶中用100mL蒸馏水溶解，滴入2滴酚酞指示剂，溶液变红色。用已知准确浓度为c_{HCl}的盐酸标准溶液滴定至溶液的红色刚刚退去，记下所用盐酸体积V_1，再滴入2滴甲基橙指示剂，此时溶液应显黄色。继续用上述盐酸标准溶液滴定，使溶液由黄色至橙色，加热煮沸1～2min，冷却后溶液又呈黄色，再用盐酸滴定至橙色，半分钟不退为止。记下所用盐酸总体积V_2。计算样品中Na_2CO_3和$NaHCO_3$的质量分数。

3. 纯碱的产率计算

理论产量　由粗盐（按90%）计算。

实际产量　由产品质量×Na_2CO_3的百分含量。

$$产率 = \frac{实际产量}{理论产量} \times 100\%$$

另一份样品按上述实验步骤和计算方法重复一遍，将数据和结果汇总于表1.8中。

表1.8　纯碱的分析数据和Na_2CO_3产率

实验次数	样品质量 m/g	HCl体积/mL V_1	V_2	HCl浓度 /($mol \cdot L^{-1}$)	Na_2CO_3含量/%	$NaHCO_3$含量/%	Na_2CO_3产率/%
1							
2							

【思考题】

1. 比较氨碱法和联合制碱法制备纯碱的原理。

2. 为什么要预先去除食盐中所含钙、镁离子？而不预先除去硫酸根离子？

3. 为什么计算 Na_2CO_3 产率时要根据 NaCl 的用量？影响 Na_2CO_3 产率的因素有哪些？

4. NH_4HCO_3、NaCl、$NaHCO_3$ 和 NH_4Cl 四种盐不同温度下在水中的溶解度（$g \cdot 100gH_2O^{-1}$）如表 1.9 所示。根据表中所列四种盐的溶解度，解释为什么转化操作时溶液的温度最好控制在 30～35℃之间。

表 1.9 NH_4HCO_3、NaCl、$NaHCO_3$ 和 NH_4Cl 溶解度对照表

单位：$g \cdot 100gH_2O^{-1}$

温度/℃	0	10	20	30	40	50	60	70	80	90	100
NaCl	35.7	35.8	36.0	36.3	36.6	37.0	37.3	37.8	38.4	39.0	39.8
NH_4HCO_3	11.9	15.8	21.0	27.0	—	—	—	—	—	—	—
$NaHCO_3$	6.9	8.15	9.6	11.1	12.7	14.45	16.4	—	—	—	—
NH_4Cl	29.4	33.3	37.2	41.4	45.8	50.4	55.2	60.2	65.6	71.3	77.3

实验 16 硫代硫酸钠的制备及含量的测定

【实验目的】

掌握 $Na_2S_2O_3 \cdot 5H_2O$ 的制备方法以及制备过程中涉及的蒸发浓缩，结晶，减压过滤等基本操作；掌握硫代硫酸钠含量的分析方法及涉及的基本原理。

【实验原理】

$Na_2S_2O_3 \cdot 5H_2O$ 俗名“大苏打”，商品名称“海波”，常用作还原剂，在分析化学、摄影、医药、纺织、造纸等行业具有很大的实用价值。

在常温下，从溶液中结晶析出的硫代硫酸钠是无色透明晶体，易溶于水，其水溶液呈碱性。在空气中易风化，其熔点为 48.5℃，215℃完全失水，223℃以上分解，生成多硫化钠和硫酸盐。

1. 制备过程

制备硫代硫酸钠通常用两种方法，本实验采用第一种方法。

第一种方法：将亚硫酸钠与硫在沸腾温度下相互作用可制得硫代硫酸钠。

$$Na_2SO_3 + S \xrightarrow{\triangle} Na_2S_2O_3$$

第二种方法：在 Na_2S 和 Na_2CO_3 的混合溶液中（物质的量比为 2∶1）通入 SO_2，也可制得“海波”。

$$2Na_2S + Na_2CO_3 + 4SO_2 \longrightarrow 3Na_2S_2O_3 + CO_2$$

2. 产品分析

产品中 $Na_2S_2O_3 \cdot 5H_2O$ 的含量分析，通常采用碘量法。准确称取一定量的 $K_2Cr_2O_7$ 基准试剂，配成溶液，加入过量的 KI，在酸性溶液中定量地完成下列反应：

$$6I^- + Cr_2O_7^{2-} + 14H^+ \xlongequal{} 2Cr^{3+} + 3I_2 + 7H_2O \qquad (1)$$

生成的游离 I_2，立即用 $Na_2S_2O_3$ 溶液滴定。

$$I_2 + 2S_2O_3^{2-} \xlongequal{} 2I^- + S_4O_6^{2-} \qquad (2)$$

结果，实际上相当于 $K_2Cr_2O_7$ 氧化了 $Na_2S_2O_3$。I^- 虽然在反应（1）中被氧化，但又在反应（2）中被还原为I^-，结果并未发生变化。对比反应（1）和反应（2）可知，$K_2Cr_2O_7$和$Na_2S_2O_3$反应的物质的量比为1∶6，因此，根据滴定中消耗$Na_2S_2O_3$溶液的体积和所称取$K_2Cr_2O_7$的质量，即可计算出$Na_2S_2O_3$的准确浓度。进一步可计算出产品中，$Na_2S_2O_3 \cdot 5H_2O$含量。

【仪器与试剂】

Na_2SO_3（固体），硫粉（固体），乙醇（95%），$K_2Cr_2O_7$（基准物质），盐酸（1∶1），KI（20%），淀粉（0.5%），盐酸（0.1mol·L^{-1}）。

台秤，电加热套，减压过滤装置，锥形瓶，蒸发皿，量筒（5mL，100mL），烧杯（100mL 2个，400mL 1个），容量瓶（250mL），碘量瓶（3个），洗瓶，滴定管，玻璃棒，称量纸，牛角勺，手套等。

【实验操作】

1. 硫代硫酸钠的制备

称取Na_2SO_3 15g于250mL锥形瓶中，加入80mL水溶解（可大火加热），另称取硫粉5g，以2mL乙醇充分湿润后加至溶液中。小火加热至微沸，电压在80V左右，并充分振摇（注意保持溶液体积，勿蒸发过多，若溶液体积太少，可适当补水）。约1h左右，停止加热。若溶液呈黄色，可加少许固体Na_2SO_3除去。稍冷，减压过滤，除去多余的硫粉，获无色透明溶液置于小烧杯中。将溶液移入蒸发皿，在蒸汽浴上蒸发浓缩，待溶液体积略少于30mL左右时，停止加热，用冰水浴充分冷却，搅拌（或用接种法）使结晶析出。减压过滤，并用约1mL乙醇润洗，再减压过滤抽干，用滤纸吸干。称量、计算产率。

2. 硫代硫酸钠结晶提纯

将制得的硫代硫酸钠产品溶于约10mL热水中，过滤，在不断搅拌下冷却（以冰水浴冷却更好），重结晶制得细小晶体，抽滤，用乙醇润洗，再抽滤，吸干，得提纯的产品。

3. 产品含量分析

准确称取产品5～6g加水溶解，定量转入250mL容量瓶中，加水稀释至标线。准确称取基准$K_2Cr_2O_7$（0.13～0.15g）3份于碘量瓶中，加25mL水（必要时小火加热），冷却后，加入20%的KI溶液8～10mL和1∶1HCl溶液5mL，混匀，盖好磨口盖（少量水水封），于暗处放置5min后加50mL水稀释。用以上配制的$Na_2S_2O_3$溶液滴定，至近终点时（溶液呈浅黄绿色，稻草黄色）加入淀粉指示剂3mL，继续滴定至溶液由蓝色突变为亮绿色为止，计算产品中$Na_2S_2O_3 \cdot 5H_2O$的含量。

4. 计算时需要的数据

各元素的相对原子质量

K：39；Cr：52；O：16；I：127；S：32；Na：23；H：1。

不同温度下$Na_2S_2O_3 \cdot 5H_2O$在水中的溶解度［g（无水盐）·100g 水$^{-1}$］：

温度/℃	0	10	20	25	35	45	75
溶解度	50.15	59.66	70.07	75.90	91.24	120.9	233.3

【思考题】

1. 硫粉为何要用C_2H_5OH浸润？
2. 反应中为何充分振摇？
3. 反应完后，溶液呈黄色是何原因？
4. 产品分析时，碘量瓶磨口塞为何加水封？是否需要冲洗瓶塞？
5. 滴定前为何要加HCl？

6. 滴定时，开始要快滴慢摇，近终点时要慢滴快摇，原因何在？

7. 滴定时，为什么要在快到终点时，才加入指示剂？若在滴定开始时就加入淀粉，有何影响？

8. 测定 $S_2O_3^{2-}$ 含量时，加入的 KI 要确保精确吗？原因何在？

9. 滴定时，反应完后，即在暗处放置 5min 后，为何要加 50mL 水稀释？

10. 滴定到终点的溶液，经过一段时间后会变蓝，分两种情况：

(1) 若溶液很快变蓝，且不断加深，原因何在？

(2) 若不是很快变蓝，原因何在？

实验 17　七水合硫酸锌、活性氧化锌的制备及其含量的测定

【实验目的】

了解从粗硫酸锌溶液中除去铁、铜、镍和镉等杂质离子的原理和方法；提高分离、纯化和制备无机物的实验技能；掌握 Zn 含量的分析方法及涉及的基本原理。

【实验原理】

硫酸锌是合成锌钡白的主要原料之一，它是由锌精矿焙烧后的锌焙砂或其他含锌原料，经过酸浸、氧化、置换和再次氧化等化学反应，除去杂质后得到的。

氧化锌为白色或浅黄色球形微细粉末，难溶于水和醇，易溶于稀酸、氢氧化钠和氯化铵溶液。在空气中缓慢吸收 CO_2 及 H_2O 形成碱式碳酸锌。

氧化锌的制备方法很多，工业上常用氢氧化锌、碳酸锌或碱式碳酸锌分解法。如碱式碳酸锌加热到 300℃以上即可分解，但为了提高反应速率，温度一般控制在 600～800℃。

$$ZnCO_3 \cdot 2Zn(OH)_2 \cdot 2H_2O \xrightarrow{\triangle} 3ZnO + CO_2\uparrow + 4H_2O\uparrow$$

本实验以锌灰（主要成分为氧化锌、锌并含有少量铁、铜、铅、镍、镉等杂质，杂质均以氧化物形式存在）、硫酸及碳酸氢铵为主要原料制备七水合硫酸锌，并采用碱式碳酸锌分解法制备氧化锌。实验过程中，已经给出了一个粗略的工艺路线（或称不完整方案）。请根据提供的数据、资料和信息以及本人掌握的知识，通过计算进一步充实和完善实验方案中有关内容（主要是除铁过程包括：试剂的选用、反应条件的确定以及如何控制反应条件等）。然后根据充实（完善）了的实验方案，完成整个七水合硫酸锌和氧化锌的制备过程。

七水合硫酸锌和氧化锌中的锌含量采用配位滴定法测定，用 NH_3-NH_4Cl 缓冲溶液控制溶液 pH≈10，以铬黑 T 为指示剂，用 EDTA 标准溶液进行滴定。在 pH≈10 的溶液中，铬黑 T（EBT）与 Zn^{2+} 形成比较稳定的酒红色螯合物（Zn-EBT），而 EDTA 与 Zn^{2+} 能形成更为稳定的无色螯合物。因此滴定至终点时，铬黑 T 便被 EDTA 从 Zn-EBT 中置换出来，游离的铬黑 T 在 pH＝8～11 的溶液中呈纯蓝色。

$$\underset{\text{酒红色}}{\text{Zn-EBT}} + \text{EDTA} = \text{Zn-EDTA} + \underset{\text{纯蓝色}}{\text{EBT}}$$

【仪器与试剂】

分析天平，托盘天平，温度计，电热套，烧杯（250mL 2 个，100mL×1 个），洗瓶，玻璃棒，布氏漏斗，吸滤瓶，真空泵，蒸发皿，石棉网，碱式滴定管，锥形瓶（250mL 3 个），高温炉，烘箱，蒸发皿，称量瓶，容量瓶（250mL），试剂瓶（500mL）。淀粉-KI 试纸，精密试纸（3.8～5.4，5.5～9.0），pH 试纸（1～14）。

锌焙砂 10g，锌灰 1g，H_2SO_4（3mol·L^{-1}），$KMnO_4$（0.1mol·L^{-1}），Zn 粉 0.1g，

NH_4HCO_3 (s)，EDTA 标准溶液，铬黑 T 指示剂（铬黑 T：NaCl＝1：50），$NH_3 \cdot H_2O$（10%），H_2O_2（3%），NH_3-NH_4Cl 缓冲溶液（pH＝10），$BaCl_2$（0.1mol·L^{-1}），基准锌（电解锌片）。

【实验操作】

1. 酸解

① 加 40mL 水将 10g 锌灰湿润；②加一定量 H_2SO_4（3mol·L^{-1}）；③加热至 70℃左右；④不断搅拌（充分搅拌）；⑤反应 20～50min。

2. 除铁

①将硫酸锌溶液（粗溶液）加入 0.1mol·L^{-1} 的 $KMnO_4$ 溶液；②$KMnO_4$ 的量如何控制？③pH＝？

3. 除重金属，制 $ZnSO_4 \cdot 7H_2O$

①加入锌粉 0.1g；②不断搅拌；③反应 5min；④适当加热，减压过滤；⑤将滤液用水浴加热，蒸发浓缩至表面有晶膜出现为止；⑥冷却、结晶、减压过滤（滤液留做制备 ZnO）；⑦称量，记录晶体质量。

4. 制备 ZnO

①在上述滤液中先加入 100mL 蒸馏水稀释，然后加入碳酸氢铵 9g（分次加入）；②不断搅拌；③温度低于 35℃；④减压过滤，充分洗涤滤饼；⑤将洗涤后的滤饼在烘箱内 240℃ 烘干 10min；⑥将干燥后的半成品置于高温炉内 800℃煅烧 20min；⑦取出产品氧化锌，冷却至室温，称量，并进行含量分析。

【定量分析】

1. EDTA 标准溶液的配制与标定

(1) 0.02mol·L^{-1} EDTA 标准溶液的配制。

(2) 0.02mol·L^{-1} EDTA 标准溶液的标定。

准确称取 0.26～0.39g 的锌片于 150mL 的小烧杯中，盖上表面皿，沿烧杯嘴尖处滴加 6mol·L^{-1} HCl 6mL，必要时温热（小心），待锌粒完全溶解，吹洗表面皿及杯壁，小心转移到 250mL 容量瓶中，用水稀释至刻度，摇匀。计算 Zn^{2+} 标准溶液的浓度 $c_{Zn^{2+}}$。

准确吸取 25mL 上述锌标准溶液于 250mL 锥形瓶中，滴加 10%$NH_3 \cdot H_2O$ 至白色沉淀刚好出现，再加入 10mL NH_3-NH_4Cl 缓冲溶液（pH＝10），摇匀，加去离子水 20mL，加入铬黑 T 指示剂，溶液呈酒红色，用 EDTA 标准溶液滴定至溶液恰变为纯蓝色为终点。记录 EDTA 消耗的体积 V_1，计算 EDTA 的浓度。标定 3 次。

2. 产品含量的测定

精确称量 0.16～0.17g 产品硫酸锌（准确至 0.0002g），加入 50mL 水，用 10%的氨水调 pH 值为 7～8（滴加氨水至溶液微微混浊即可），加 10mL NH_3-NH_4Cl 缓冲溶液（pH＝10），加 0.1g 铬黑 T 指示剂（铬黑 T：NaCl＝1：50，用牛角勺小头取固体指示剂即可）。摇匀，用 EDTA 标准溶液滴定至溶液由酒红色变为纯蓝色，同时做空白试验。计算产品的百分含量（以氧化锌计，平行测定 3 次）。

3. 参考数据

$\varphi^{\ominus}_{MnO_4^-/Mn^{2+}}=1.51V$，$\varphi^{\ominus}_{MnO_4^-/MnO_2}=1.70V$，$\varphi^{\ominus}_{MnO_2/Mn^{2+}}=1.23V$，$\varphi^{\ominus}_{Cu^{2+}/Cu}=0.34V$，$\varphi^{\ominus}_{Ni^{2+}/Ni}=-0.24V$，$\varphi^{\ominus}_{Pb^{2+}/Pb}=-0.13V$，$\varphi^{\ominus}_{Cd^{2+}/Cd}=-0.40V$，$\varphi^{\ominus}_{Zn^{2+}/Zn}=-0.76V$，$\varphi^{\ominus}_{O_2/H_2O_2}=0.69V$，$\varphi^{\ominus}_{Fe^{3+}/Fe^{2+}}=0.77V$。

$K_{sp,Fe(OH)_3}=2.8\times10^{-39}$，$K_{sp,Zn(OH)_2}=6.8\times10^{-17}$，Zn 的原子量：65.38，ZnO 的摩尔质量：81.38g·mol^{-1}。

【思考题】

1. 用 $KMnO_4$ 溶液除铁过程中，理论上 pH 值应控制在什么范围？你认为在实际生产过程中应控制在什么范围？

2. 若溶液的 pH 值低于或高于你想控制的 pH 值范围，应如何调节？

3. 加入 $KMnO_4$ 的量如何控制？

4. 若不小心加入的 $KMnO_4$ 过量太多，应如何处理？

5. 除铁过程中是否需要加热？原因何在？

实验 18 水热法制备纳米氧化铁材料[27]

【实验目的】

了解水热法制备纳米材料的原理与方法；加深对水解反应影响因素的认识；熟悉分光光度计、离心机、酸度计的使用。

【实验原理】

水解反应是中和反应的逆反应，是一个吸热反应。升温使水解反应的速率加快，反应程度增加；浓度增大对反应程度无明显影响，但可使反应速率加快。对金属离子的强酸盐来说，pH 值增大，水解程度与速率皆增大。在科研中经常利用水解反应来进行物质的分离、鉴定和提纯，许多高纯度的金属氧化物，如 Bi_2O_3、Al_2O_3、Fe_2O_3 等都是通过水解沉淀来提纯的。

纳米材料是指晶粒和晶界等显微结构能达到纳米级尺度水平的材料，是材料科学的一个重要发展方向。纳米材料由于粒径很小，比表面很大，表面原子数会超过本体原子数。因此纳米材料常表现出与本体材料不同的性质。在保持原有物质化学性质的基础上，呈现出热力学上的不稳定性。如：纳米材料可大大降低陶瓷烧结及反应的温度，明显提高催化剂的催化活性、气敏材料的气敏活性和磁记录材料的信息存贮量。纳米材料在发光材料、生物材料方面也有重要的应用。

氧化物纳米材料的制备方法很多，有化学沉淀法、热分解法、固相反应法、溶胶-凝胶法、气相沉积法、水解法等。水热水解法是较新的制备方法，它通过控制一定的温度和 pH 值条件，使一定浓度的金属盐水解，生成氢氧化物或氧化物沉淀。若条件适当可得到颗粒均匀的多晶态溶胶，其颗粒尺寸在纳米级，对提高气敏材料的灵敏度和稳定性有利。

为了得到稳定的多晶溶胶，可降低金属离子的浓度，也可用配位剂络合法控制金属离子的浓度，如加入 EDTA。可适当增大金属离子的浓度，制得更多的沉淀，同时对产物的晶形也有影响。若水解后，生成沉淀，说明成核不同步，可能是玻璃仪器未清洗干净，或者是水解液浓度过大，或者是水解时间太长。此时的沉淀颗粒尺寸不均匀，粒径也比较大。

$FeCl_3$ 水解过程中，由于 Fe^{3+} 转化为 Fe_2O_3，溶液的颜色发生变化，随着时间增加 Fe^{3+} 量逐渐减小，Fe_2O_3 粒径也逐渐增大，溶液颜色也趋于一个稳定值，可用分光光度计进行动态监测。

本实验以 $FeCl_3$ 为例，试验 $FeCl_3$ 的浓度、溶液的温度、反应时间与 pH 值等对水解反应的影响。

【仪器与试剂】

台式烘箱，721 型或 722 型分光光度计，离心机，pHS-2 型酸度计，多用滴管，20mL

具塞锥形瓶，50mL 容量瓶，离心试管，5mL 吸量管。

1.0mol·L^{-1} $FeCl_3$ 溶液，1.0mol·L^{-1} 盐酸，1.0mol·L^{-1} EDTA 溶液，1.0mol·L^{-1} $(NH_4)_2SO_4$ 溶液。

【实验操作】

(1) 玻璃仪器的清洗　实验中所用一切玻璃器皿均需严格清洗，然后烘干备用（该步骤可由实验室老师完成）。

(2) 水解温度的选择　根据文献及实验时间，本实验选定水解温度为 105℃，有兴趣的同学可选 95℃、80℃做对照。

(3) 水解时间的影响　按 1.8×10^{-2}mol·L^{-1} $FeCl_3$ 溶液，8.0×10^{-4}mol·L^{-1} EDTA 的要求配制 20mL 水解液，通过多用滴管滴加 1.0mol·L^{-1} HCl，以酸度计监测，调节溶液的 pH 值至 1.3，置于 20mL 具塞锥形瓶中，放入 105℃的台式烘箱中，观察水解前后溶液的变化。每隔 30min 取样 2mL，于 550nm 处观察水解液吸光度的变化，直到吸光度 (A) 基本不变，观察到橘红色溶胶为止，绘制 A-t 图。约需读数 6 次。

(4) 水解液 pH 值的影响　改变上述水解液的 pH 值，分别为 1.0、1.5、2.0、2.5、3.0，用分光光度计观察水解液 pH 值的影响，绘制 A-pH 图。

(5) 水解液中 Fe^{3+} 浓度的影响　改变步骤 3 中水解液的 Fe^{3+} 浓度，使之分别为 5×10^{-3}mol·L^{-1}、1.0×10^{-2}mol·L^{-1}、2.5×10^{-2}mol·L^{-1}，用分光光度计观察水解液中 Fe^{3+} 浓度对水解的影响，绘制 A-c 图。

(6) 沉淀的分离　取上述水解液 1 份，迅速用冷水冷却，分为二份，一份直接用离心机离心分离，一份加入 $(NH_4)_2SO_4$ 溶液，使溶胶沉淀后用离心机离心分离。沉淀用去离子水洗至无 Cl^- 为止（怎样检验?）。比较两种分离方法的效率。

【思考题】

1. 影响水解的因素有哪些？如何影响？
2. 水解器皿在使用前为什么要清洗干净，若清洗不净会带来什么后果？
3. 如何精密控制水解液的 pH 值？为什么可用分光光度计监控水解程度？
4. 氧化铁溶胶的分离有哪些方法？哪种效果较好？

实验 19　水热法制备纳米尖晶石型 $NiFe_2O_4$ 及表征[28,29]

【实验目的】

了解水热法制备纳米尖晶石型 $NiFe_2O_4$ 的原理、实验操作及表征方法；学习使用扫描电子显微镜、X 射线衍射仪对产物进行形貌和物相分析的操作技术。

【实验原理】

纳米粒子的研究是近年来受到人们极大重视的一个领域。纳米粒子一般指尺寸在 1～100nm 之间的超微粒子。纳米粒子处于原子簇与宏观体交界的过渡区域，是一种介观粒子。由于纳米粒子呈现出许多新奇的物理、化学性质，在磁性材料、电子材料、光学材料、催化材料等方面有广阔的应用前景。

本实验采用水热法制备纳米尖晶石铁氧体。铁氧体是一类以铁的氧化物为主的多元复合氧化物，种类繁多。尖晶石型铁氧体则是晶体结构与天然矿石——镁铝尖晶石结构相似的磁性化合物，该类化合物作为磁性材料有着广泛的应用。

【仪器与试剂】

磁力搅拌器，恒温水浴锅，抽滤泵，有聚四氟乙烯衬里的不锈钢压力釜，恒温箱等。

$NiCl_2 \cdot 6H_2O$，$FeCl_3 \cdot 6H_2O$，NaOH（6mol·L^{-1}），pH 试纸。

【实验操作】

按镍离子和铁离子物质的量比 1∶2 的化学计量比准确称取 2.5mmol $NiCl_2 \cdot 6H_2O$ 和 5mmol $FeCl_3 \cdot 6H_2O$ 溶于 30mL 去离子水中，水浴加热，在搅拌下加入 NaOH 溶液，调节 pH 值为 9～10，形成复合氢氧化物沉淀。沉淀水洗后，装入反应釜中，填充度 70%，180℃反应 3h 后，抽滤分离，烘箱干燥。

【分析表征】

样品研细后进行 XRD 物相结构分析；将制备的产品用无水乙醇超声分散后进行 SEM 电镜分析观察形貌。

【思考题】

1. 本实验中哪些因素影响到产品的粒径尺寸及分布？
2. 水热法制备纳米无机材料具有哪些特点？
3. 纳米磁性物质的应用领域有哪些？

实验 20　水热法制备 $BiFeO_3$ 纳米粉体及其阻燃消烟性能测试[30,31]

【实验目的】

了解水热法制备纳米 $BiFeO_3$ 的原理及实验方法；研究 $BiFeO_3$ 纳米粉体制备的工艺条件；学习用扫描电子显微镜检测超细微粒的粒径；学习用 X 射线衍射法（XRD）确定产物的物相；学习无机粉体对高分子阻燃消烟性能的测试方法。

【实验原理】

铁酸盐为一类尖晶石结构的无机物质，因其含有 Fe 而具有磁性，又被称为磁性铁氧体。现已广泛应用在磁学，催化、微电子和气敏材料领域。其中铁酸镁（$MgFe_2O_4$）因高密度的媒体记录功能被使用在电磁刻录材料中；铁酸镍（$NiFe_2O_4$）常被用做磁头材料和微波吸收材料。近年研究表明，铁酸盐可作为一类性能优异的阻燃消烟剂应用于多种聚合物中。其中铁酸铋（$BiFeO_3$）纳米粉体由于兼具气相及凝聚相双重阻燃消烟作用，具有十分有益的阻燃消烟效率。

铁酸盐的制备方法有很多，例如高温焙烧法，又相继发展了化学共沉淀法、水热法、溶胶-凝胶法、微乳液法、喷雾热解法、冲击波合成法、微波场下湿法合成、爆炸法、共沉淀催化相转化法等。每种方法都有各自的优缺点，制备方法及制备工艺如温度、酸度等对制得的铁酸盐的性质如粒度、纯度等有很大的影响。

本文采用水热法在较低的温度以及较为宽松的实验条件下，制备纳米级 $BiFeO_3$ 粉体，并对其进行 XRD 及 SEM 表征，最后应用于软 PVC 的阻燃消烟处理，测试其阻燃消烟效果。水热法合成是在碱性水热条件下，反应前驱物是以相应的金属水合物 $Fe(OH)_3$ 和 $Bi(OH)_3$ 的形式存在的沉淀，团聚成絮状胶体。随着温度的升高，前驱物不断转化进而生成产物。在温度低于 200℃的情况下，由于温度较低，前驱物的溶解度比较低，产物主要是通过原位化合机制得到的。Bi 的水合物随着溶液浓缩成 Bi-O-Bi 联结体，而 Fe 则随机占据了 Bi-O-Bi 胶体中的位置，最后促使 $BiFeO_3$ 晶核的形成和产物的生成。通过表面活性剂的加入可以有效控制晶核的尺寸和生长速度，进而调控 $BiFeO_3$ 粉体的尺寸。研究表明，水热法制备过程中反应温度及溶液的碱的浓度对 $BiFeO_3$ 的生成有决定性的影响，如图 1.1 所示，在合适的温度及碱度条件下才会得到纯相的 $BiFeO_3$ 粉体。

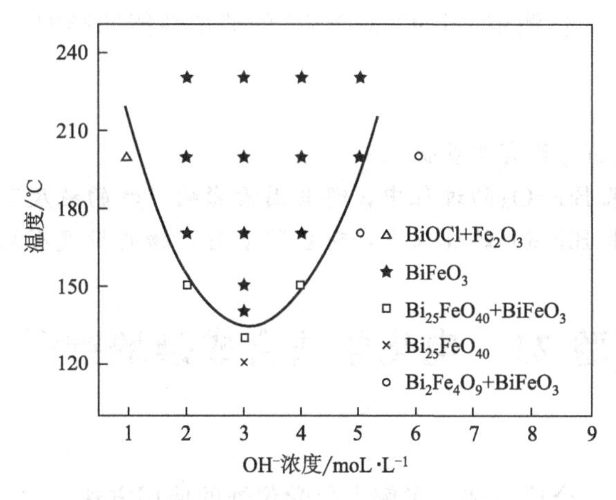

图 1.1 在不同反应温度和碱浓度的条件下反应 6h 的生成相

【仪器与试剂】

100mL 不锈钢压力釜（有聚四氟乙烯衬里），恒温箱（带控温装置），磁力搅拌器，抽滤水泵，多晶 X 射线衍射仪，扫描电子显微镜，极限氧指数测定仪，烟密度测定仪，XKR-160 型混炼机，XBL-D400 型平板硫化机，烧杯，烘箱，干燥器。

氯化铁（$FeCl_3 \cdot 6H_2O$）（A. R.），氯化铋（$BiCl_3$）（A. R.），NaOH（A. R.），十六烷基三甲基溴化铵（CTAB）（A. R.），TL-100 型 PVC 树脂，邻苯二甲酸二辛酯（DOP），有机锡稳定剂，偶联剂，硬脂酸（A. R.），硬脂酸钙（A. R.）。

【实验操作】

1. 纳米 $BiFeO_3$ 的制备

准确称取 1.135g（3.6mmol）氯化铋和 0.973g（3.6mmol）氯化铁放进装有 50mL 去离子水的烧杯，搅拌使其溶解；然后加入适量的 CTAB 搅拌均匀；最后加入一定量的氢氧化钠调节反应前驱物的溶液中氢氧化钠的浓度分别为 2、3、4、5mol·L^{-1}，对比碱的浓度对 $BiFeO_3$ 晶相及粒度的影响；然后把混合溶液装进反应釜中，分别在 120℃、150℃、180℃、210℃反应 6h，对比反应温度对 $BiFeO_3$ 晶相及粒度的影响。自然冷却，得到样品。从压力釜中取出的产物经过减压过滤后，再用去离子水充分洗涤，于 110℃干燥 4h，得到粉体样品。

2. 产物表征

在 X 射线衍射仪上测定产物的物相，铜靶 CuKα（λ=1.54056Å，1Å=0.1nm。2θ=20°～80°），在 JCPDS 卡片集中查出 $BiFeO_3$ 的多晶标准衍射卡片，将样品的 d 值和相对强度与标准卡片的数据相对照，确定产物是否是 $BiFeO_3$。用扫描射电子显微镜（SEM）直接观察样品粒子的尺寸与形貌。讨论反应温度及溶液的碱浓度对 $BiFeO_3$ 晶相及粒度的影响。

3. 阻燃消烟性能测试

将新制备的 $BiFeO_3$ 粉体应用于 PVC 的阻燃消烟处理。首先将 PVC、邻苯二甲酸二辛酯（DOP）、有机锡稳定剂、偶联剂、硬脂酸、硬脂酸钙和一定量的 $BiFeO_3$ 粉体混合均匀，然后放入混炼机上于 160℃混炼 10min，然后移入平板硫化机中，在 180℃、5MPa 下热压 3min，10MPa 下热压 5min，取出再冷压，最后制成待测样条。基本配方：PVC100g，DOP40g，有机锡稳定剂 3g，偶联剂 1g，硬脂酸 0.5g，硬脂酸钙 0.5g，$BiFeO_3$ 粉体为变量：5、10、15、20g。

按 GB/T2406-93 塑料燃烧性能试验方法-氧指数法标准，使用 JF-3 氧指数仪对各个试样测定，试样尺寸为 130mm×6.0mm×3.0mm。

用 JCY-2 烟密度测定仪测定 $BiFeO_3$对 PVC 的消烟性能的影响。试样尺寸为 2.5mm×6.0mm×2.5mm。

【思考题】

1. 水热法合成 $BiFeO_3$具有哪些优点？

2. 水热法制备纳米 $BiFeO_3$的过程中，哪些因素影响产物的纯度？

3. 水热法制备纳米 $BiFeO_3$的过程中，哪些因素对产物的粒度有影响？

实验 21 电化学法合成碘酸钾[32,33]

【实验目的】

掌握碘酸钾的电化学合成方法；了解电化学仪器的使用方法。

【实验原理】

碘酸钾是一种白色棱柱状的单斜晶系的无机化合物，相对密度 3.89，熔点 560℃，25℃时在水中的溶解度为 $9.16g \cdot mL^{-1}$。其水溶液呈中性，不溶于乙醇。

碘酸钾是工业上最重要的碘酸盐，在用碘与苛性碱反应生产碘化物的工艺过程中，可得副产物碘酸盐。

食盐加碘是防治缺碘病的主要措施之一，过去采用碘化钾作为食盐加碘剂，因其化学稳定性差，需另加硫代硫酸钠作为稳定剂，即使这样，放置四个月之后，碘的损失率仍高达 92%。自从 20 世纪 90 年代始全国执行碘酸钾代替碘化钾作为食盐加碘剂，其保存期可达三年之久。

过去常用氯酸钾直接氧化法制备碘酸钾，该法是在稀硝酸介质中，用氯酸钾氧化碘，然后用氢氧化钾中和碘酸氢钾，其反应式如下：

$$6I_2 + 11KClO_3 + 3H_2O = 6KH(IO_3)_2 + 5KCl + 3Cl_2$$

$$KH(IO_3)_2 + KOH = 2KIO_3 + H_2O$$

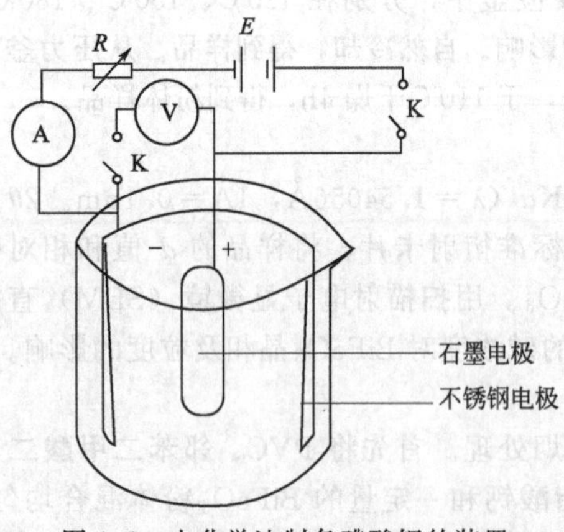

图 1.2 电化学法制备碘酸钾的装置

鉴于氯酸钾直接氧化法制碘酸钾，在反应过程中产生氯气，污染环境，又因产品中混有副反应产物，分离困难，成本高，所以，用电化学合成法代替氯酸钾氧化法。

电化学法制备碘酸钾的原理是，以石墨为阳极、不锈钢作阴极，以碘化钾溶液（加入少量重铬酸钾）为电解液，在一定的电流密度和温度下进行电解，实验装置如图 1.2 所示。在阳极上，碘化钾被氧化为碘酸钾，而阴极上则析出氢气，其电解反应的总反应方程式如下：

$$KI + 3H_2O = KIO_3 + 3H_2\uparrow$$

该法的主要优点如下。

① 串联多级连续电解的每个电解槽均处于最佳操作条件，根据连续电解过程的特点，每个电解槽的操作条件不随时间而变。

② 电解终端的次碘酸盐浓度极低。

【仪器与试剂】

GCA 型硅整流器（厦门整流器厂），WMZK-01 型温度指示控制器（上海医用仪表厂），

WS70-1 型红外线快速干燥器（上海宝山先进五金厂），PZ266 型直流数字电压表，78-1 型磁力搅拌器，TG3288 型分析天平（上海天平仪器厂），阴离子交换树脂膜，电解槽，101-1 型烘箱，12V 直流电源（或蓄电池），安培计（0～10A），滑线电阻器，电解槽，开关，阳极（石墨），阴极（不锈钢），抽滤装置。

碘（化学纯），碘化钾（化学纯），氢氧化钾（化学纯），重铬酸钾（化学纯）。

【实验操作】

（1）配制电解液　碘化钾 $200g \cdot L^{-1}$；重铬酸钾 $2g \cdot L^{-1}$。

（2）电解　将上述电解液置于电解槽中，用 KOH 溶液调节 pH 值至 8.5～9.5，保持电解液温度 40～50℃，接通直流电源，控制电流密度为 $25A \cdot dm^{-2}$，电解 6h 后，停止通电，出料。

（3）过滤　过滤电解液，收集滤液，去掉电解过程中石墨电极溶解下来的石墨粉和其他杂质。

（4）浓缩　将滤液在水浴中蒸发浓缩，至有大量结晶析出为止。

（5）结晶　将上述浓缩液冷却，置于冰箱中过夜，取出，抽滤，得碘酸钾的结晶产品。

（6）干燥　将结晶的碘酸钾放入真空干燥器中，即得干燥的白色结晶碘酸钾产品。

【数据处理】

调节电压在 3.7～3.9V 之间，调节温度和电流密度，测量产品产量，检测出产品纯度，从而计算出产品产率和电流效率。

【思考题】

1. 为什么不选石墨作为阴极？

2. 为什么溶液的 pH 值要维持在 8.5～9.5？

3. 加入重铬酸钾的目的是什么？

【扩展实验】

1. 将阴极材料换成石墨，试发现与本实验有什么区别？

2. 将阳极材料换成 PbO_2，与本实验对比，试发现哪一个产率和电流效率更高？

实验 22　高温合成法制备无水三氯化铬[34,35]

【实验目的】

掌握无水过渡金属卤化物的制备方法和实验操作技术。

【实验原理】

制备无水过渡金属卤化物一般有两种方法：一种是用水和过渡金属卤化物与脱水剂反应制得；另一种方法是用不含水的过渡金属或它的氧化物与卤化剂反应。

本实验就是用 Cr_2O_3 与 CCl_4 在高温下反应来制备无水 $CrCl_3$，在 600℃以上借 $CrCl_3$ 的升华作用和杂质分离开而制得。其反应式为：

$$Cr_2O_3 + 3CCl_4 \longrightarrow 2CrCl_3 + 3COCl_2$$

实验过程中会产生少量的光气，有剧毒，所以实验要在良好的通风条件下进行。实验中制得的无水 $CrCl_3$ 是疏松的紫色鳞状发亮结晶，对空气稳定，不和水作用，且和酸一般不作用，但在强加热条件下可以溶于浓硫酸。如果固态 $CrCl_3$ 中有痕量的 Cr^{2+} 存在，则与水迅速反应生成 Cr^{3+} 的水合物，将其溶液蒸发可析出暗绿色的 $[Cr(H_2O)_4Cl_2]Cl \cdot 2H_2O$ 晶体，若将暗绿色的溶液冷却到 0℃以下，并通入 HCl 气体，则可析出紫色的 $[Cr(H_2O)_6]Cl_3$ 晶体，用乙醚处理紫色溶液并通 HCl 气体后，就析出了另一种淡绿色的 $[Cr(H_2O)_5Cl]Cl_2 \cdot H_2O$ 晶体。实验装置如图 1.3 所示。

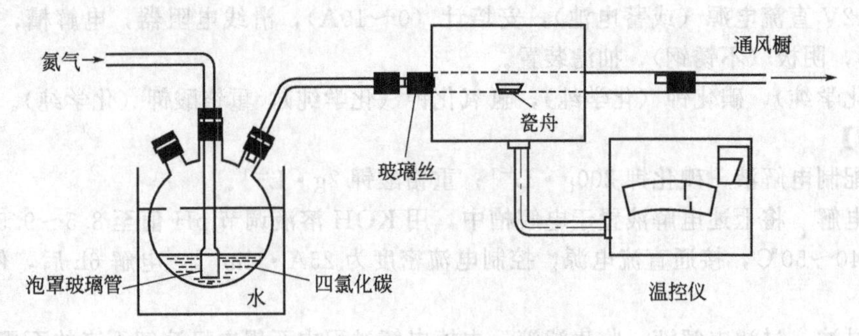

图 1.3　制备无水 $CrCl_3$ 的装置

【仪器与试剂】

管式电阻炉（ϕ35mm×300mm），氮气钢瓶，石英反应管（ϕ32mm×600mm，内径25mm），量筒（100mL、10mL），锥形瓶（500mL），滴定管（50mL），圆底烧瓶，水浴锅，电子天平。

Cr_2O_3（分析纯），H_2SO_4（分析纯），四氯化碳（化学纯），5%硫酸锰溶液，硝酸（分析纯），25%过硫酸铵溶液，1%硝酸银溶液，邻苯氨基苯甲酸指示剂，10%氯化钠溶液，0.05mol·L^{-1}硫酸亚铁铵标准溶液。

【实验操作】

1. 无水 $CrCl_3$ 的制备

连接实验装置，称取 1.5g Cr_2O_3 放在石英反应管的中央，摊平，在管式炉两端的石英管外用石棉绳绕好，使管与炉之间密闭。在圆底烧瓶中注入适量的四氯化碳溶液，四氯化碳溶液的液面要淹没氮气管的出气孔，将控温仪的温度指针调至 800℃，同时打开氮气钢瓶，使氮气慢慢通过四氯化碳，控制氮气流速为每分钟 200～250 个气泡，氮气流速过大会吹走 Cr_2O_3。打开加热电源，当反应管内温度升至 600℃以上时，反应所生成的 $CrCl_3$ 将升华并凝聚在石英管的右端。此时可看到有 $CrCl_3$ 的紫色薄片出现，反应进行约 2h 以后，在反应管中央几乎没有绿色的 Cr_2O_3 固体存在，表示反应已经结束。这时移去热水浴，切断电源。打开管式炉冷却，当炉温冷却至室温时，关闭氮气钢瓶的阀门，取出 $CrCl_3$，观察其颜色，外观，称量并计算其产率。

2. 无水 $CrCl_3$ 中 Cr 含量的测定

精确称取 2 份约 0.1g 样品，分别放入 500mL 锥形瓶中，每份加入 20mL 1∶1 的 H_2SO_4，加热至样品溶解。必要时可加入几滴硝酸，煮沸去除氮的氧化物，加水 150mL，加入 2 滴 5%硫酸锰溶液后，再加入 5mL 1%的硝酸银溶液和 10mL 25%过硫酸铵溶液，加热使 Cr^{3+} 氧化（出现紫红色的 MnO_4^-）。

继续煮沸至冒大气泡，使过量的过硫酸铵分解完全，稍冷加入 5mL 10%氯化钠溶液，再煮沸至 MnO_4^- 的紫红色消失。冷却至室温，加入 10mL 1∶1 的硫酸和 4～5 滴邻苯氨基苯甲酸指示剂，用 0.05mol·L^{-1}硫酸亚铁铵标准溶液滴定，当溶液由樱桃红色变为亮绿色到滴定终点，采用下式计算铬的百分含量：

$$w(\mathrm{Cr})=\frac{cV\times 0.01733}{G}\times 100\%$$

式中，c 为硫酸亚铁铵标准溶液的浓度；V 为硫酸亚铁铵标准溶液的体积；G 为样品质量。

【思考题】

1. 制备无水 $CrCl_3$ 时，为何要在氮气条件下进行？

2. 如何进一步提高无水 $CrCl_3$ 的产率和纯度？

实验 23 高温陶瓷材料——钛酸铝的制备[36,37]

【实验目的】

了解沉淀法制备钛酸铝的基本方法和原理；了解现代测试分析及表征手段。

【实验原理】

钛酸铝（Al_2TiO_5）具有接近零的热胀系数（$\alpha<1.5\times10^{-6}K^{-1}$）、低的热导率、非常好的抗热震性、低的密度、高的熔点（1860℃±10℃）、优越的耐蚀性、对铝和铁有良好的浇铸性等特点，是一种具有广泛应用前景的高熔点、高抗热震性的高温结构材料。目前，钛酸铝材料主要用于抗高温热震部件，如管道内衬、催化剂载体、排气管多折内衬、冶金用陶瓷和各种隔热材料等。但是，由于两方面的原因，使钛酸铝的应用受到限制，一是钛酸铝材料热膨胀各向异性，造成材料内部出现大量的微裂纹而使强度降低；二是在 750～1300℃的温度范围内钛酸铝不稳定，易分解生成相应的化合物 Al_2O_3 和 TiO_2，使其在高温应用受到限制。研究表明：Al_2TiO_5 陶瓷晶体粒径减小到临界粒径以下，能使 Al_2TiO_5 的强度及韧性大幅增加。因此 Al_2TiO_5 陶瓷的强度可望通过制备纳米材料得到解决。目前已报道的制备 Al_2TiO_5 粉体的方法有溶胶-凝胶法、等离子体法、流态化 CVD 法等。这些方法所采用的原料大多为金属醇盐。

本实验以低廉的 $Ti(SO_4)_2$ 和 $Al_2(SO_4)_3$ 为原料，以 NH_4HCO_3 为沉淀剂制得前驱体，然后经热处理得到均匀、无硬团聚的 Al_2TiO_5 陶瓷粉体。

【仪器与试剂】

烧杯，量筒，容量瓶，抽滤装置，烘箱，马弗炉，多晶 X 射线衍射仪，扫描电子显微镜（SEM）或透射电子显微镜（TEM）。

$Al_2(SO_4)_3$，$TiOSO_4$，$NH_3 \cdot H_2O$，NH_4HCO_3，无水乙醇。

【实验操作】

按常规方法配制 $Al_2(SO_4)_3$、$TiOSO_4$ 溶液，以 EDTA 络合滴定分析其浓度后备用。

按 Al∶Ti 摩尔比 2∶1 量取所需的 $Al_2(SO_4)_3$ 溶液及 $TiOSO_4$ 溶液，混合后调节溶液的 pH 值到 5.5 左右。

在搅拌情况下将金属离子混合液加入到 NH_4HCO_3 溶液中，同时维持体系的 pH 值在 6.0～6.5 之间。加料完毕后，静置，沉淀经过滤、洗涤，无水乙醇浸泡后于 70℃左右烘干，即得前驱体。将前驱体置于马弗炉中在 1350℃下灼烧 1.5h，得到 Al_2TiO_5 陶瓷粉料。所得产品经 XRD 表征并通过 TEM 或 SEM 观察粉料的形貌，估算粒径。

【思考题】

1. pH 值对 Al_2TiO_5 前驱体质量有何影响？

2. 如何研究前驱体在热处理过程中的相变过程？

实验 24 微波辐射法合成磷酸锌[27]

【实验目的】

了解磷酸锌的微波合成原理和方法；熟练掌握减压过滤的基本操作。

【实验原理】

磷酸锌 [$Zn_3(PO_4)_2 \cdot 2H_2O$] 是一种新型防锈颜料，利用它可配制各种防锈涂料，后者可代替氧化铝作为底漆。它的合成通常是用硫酸锌、磷酸和尿素在水浴加热下反应，反应过程中尿素分解放出氨气并生成铵盐，过去反应需 4h 才完成。本实验采用微波加热条件下进行反应，反应时间缩短为 10min。反应式为：

$$3ZnSO_4 + 2H_3PO_4 + 3(NH_2)_2CO + 7H_2O \xrightarrow{\text{微波辐射}} Zn_3(PO_4)_2 \cdot 4H_2O + 3(NH_4)_2SO_4 + 3CO_2$$

所得的四水合晶体在 110℃烘箱中脱水即得二水合晶体。

【仪器与试剂】

微波炉，台秤，吸滤装置，烧杯，表面皿，烘箱。

$ZnSO_4 \cdot 7H_2O$，尿素，磷酸，无水乙醇。

【实验操作】

称取 2.0g 硫酸锌于 50mL 烧杯中，加 1.0g 尿素和 1.0mL H_3PO_4，再加 20mL 水搅拌溶解，把烧杯置于 100mL 烧杯水浴中，盖上表面皿，放进微波炉里，以大火挡（约 600W）辐射 10min，烧杯内隆起白色沫状物，停止辐射加热后，取出烧杯，用蒸馏水浸取、洗涤数次，抽滤。晶体用水洗涤至滤液无 SO_4^{2-}，再用无水乙醇洗两次。产品在 110℃烘箱中脱水得到 $Zn_3(PO_4)_2 \cdot 2H_2O$，称量计算产率。

【思考题】

1. 还有哪些制备磷酸锌的方法？
2. 如何对产品进行定性检验？请拟出实验方案。
3. 为什么微波辐射加热能显著缩短反应时间，使用微波炉要注意哪些事项？

实验 25　微波法合成羟基磷灰石及分析表征[38,39]

【实验目的】

了解微波法合成羟基磷灰石的原理和方法；熟练并掌握研磨、抽滤、烘干等基本操作；掌握 EDTA 法和磷钼酸喹啉容量法测定钙磷含量的原理和方法；学习红外光谱（IR）、X 射线衍射分析（XRD）、透射电镜（TEM）等无机化合物表征方法。

【实验原理】

羟基磷灰石（hydroxyapatite，简称 HA），化学式 $Ca_5(PO_4)_3OH$，是人体和动物骨骼、牙齿的主要无机成分，具有良好的生物活性、生物相容性和可降解性，是重要的生物陶瓷材料。迄今为止，$Ca_5(PO_4)_3OH$ 尚未发现天然矿物，只能依赖人工合成。目前，HA 的制备方法有化学沉淀法、水热合成法、溶胶-凝胶法、微乳液法和微波法等，其中微波法因反应速度快、操作简便、副产物少、产率高、节约能源等优点得到广泛应用。

人工合成 HA 的原材料主要来源于化学原料、动物骨骼和珊瑚等，缺点是成本高，不利于可持续发展。与上述原料相比，鸡蛋壳是一种更为经济、环保的天然钙源。鸡蛋壳约占鸡蛋的 11%（质量分数），主要由无机矿物和有机质组成，其中无机物约占整个蛋壳的 96%，有机质约占 4%。其无机物主要成分为碳酸钙（94%），其余为磷酸钙（1%）和碳酸镁（1%）。本实验利用蛋壳这种天然钙源微波法合成 HA，并采用 EDTA 配位滴定法和磷钼酸喹啉容量法对其钙磷含量进行测定，采用红外光谱（IR）、X 射线衍射分析（XRD）、透射电镜（TEM）等方法对其进行表征。

【仪器与试剂】

数控超声波清洗器，微波炉，研钵，水浴锅，集热式恒温磁力搅拌器，抽滤装置，容量瓶（100mL），锥形瓶（250mL），量筒，烧杯（250mL），天平，电热鼓风干燥箱，远红外干燥箱，红外光谱仪，X射线衍射分析仪，透射电子显微镜。

废弃蛋壳，$CaHPO_4 \cdot H_2O$（分析纯），无水乙醇（分析纯），EDTA标准溶液，$MgSO_4$（分析纯），KOH（分析纯），NaOH标准溶液，盐酸标准溶液，钙指示剂（50.0g氯化钠+0.5g钙试剂羧酸钠研细混匀），混合指示剂（3份0.1%麝香草酚蓝乙醇液加2份0.1%酚酞），浓盐酸（分析纯），浓硝酸（分析纯），钼酸钠（分析纯），喹啉，柠檬酸（分析纯），苯二酸氢钾（分析纯）。

【实验操作】

1. 合成

（1）蛋壳粉的预处理　蛋壳洗净，超声波处理后壳膜分离，放入微波炉中100℃加热1min后研磨。

（2）微波法合成　以蛋壳粉和$CaHPO_4 \cdot 2H_2O$为反应物，按钙磷物质的量比为1.67进行称量。分别研磨5min，混合均匀后再研磨20min。混合物中加适量水，90℃水浴，恒温磁力搅拌4h。将混合物转移至聚四氟乙烯烧杯，放入微波炉高火持续加热15min。产物经抽滤并用去离子水及无水乙醇洗涤至pH值为7，所得产物在远红外干燥箱中烘干，备用。

2. 钙磷含量测定

（1）钙含量测定　称取样品0.2g，精确至0.0001g，用1∶1（体积比，下同）的盐酸溶解，去离子水定容于100mL容量瓶。移取10.00mL溶液，置于250mL锥形瓶中，加水稀释至100mL，加0.5%$MgSO_4$溶液1mL、$3.6mol \cdot L^{-1}$的KOH溶液5mL，使溶液的pH值略高于12，再加15mg钙指示剂，用EDTA标准溶液滴定，溶液由酒红色突变为纯蓝色，即为终点。钙含量的计算式为：

$$w_{Ca}=\frac{cV\times10^{-3}\times40.08}{m\dfrac{10}{100}}\times100\%$$

式中，c和V分别表示EDTA的浓度和用量，m为试样质量。

（2）磷含量测定　在含有柠檬酸的酸性溶液中，磷酸根与钼酸钠、喹啉生成磷钼酸喹啉沉淀，将沉淀溶解于NaOH标液中，用HCl回滴过量的碱，从而计算出P的含量。

$$H_3PO_4+3C_9H_7N+12Na_2MoO_4+24HNO_3 = (C_9H_7N)_3 \cdot H_3PO_4 \cdot 12MoO_3+24NaNO_3+12H_2O$$

$$(C_9H_7N)_3 \cdot H_3PO_4 \cdot 12MoO_3+26NaOH = 3C_9H_7N+Na_2HPO_4+12Na_2MoO_4+14H_2O$$

精确称取0.02g样品，置于250mL烧杯中，加1∶1盐酸4mL、浓硝酸1mL，加热溶解，蒸发至约2mL，取下烧杯，用去离子水冲洗杯壁并稀释到40mL。加入柠檬酸-钼酸钠溶液15mL，加热至沸，取下，在不断搅拌下趁热滴加5%的喹啉液2mL，继续加热至沸，取下。冷却，滤纸过滤，用冷水洗涤沉淀至无酸性，将沉淀及滤纸一起移入原烧杯中，并用小片滤纸擦净漏斗。搅散沉淀，加入NaOH标准溶液至沉淀溶解，并过量数毫升，记下读数V_1。加入混合指示剂5滴，用HCl标准溶液滴定至蓝色退去，并过量少许，记下体积V_2，再用NaOH标准溶液滴定至黄色变为蓝紫色，即为终点，记下读数V_3。

$$w_{P_2O_5}=\frac{m_1(V_1+V_3-V_2K)\times0.01337}{m_2V}\times100\%$$

式中，K为HCl与NaOH溶液的浓度比，m_1为苯二酸氢钾基准物的质量，V为消耗

NaOH 标准液的体积，m_2为样品的质量。

3. 分析表征

采用红外光谱（IR）、X 射线衍射分析（XRD）、透射电镜（TEM）等方法对产物进行表征。

(1) 红外分析　用 KBr 压片法对产物进行红外分析，观察谱图，在 $561.8cm^{-1}$，$603.2cm^{-1}$处是磷酸根的弯曲振动吸收峰，$669.6cm^{-1}$是结构羟基的弯曲振动吸收峰；$955.8cm^{-1}$，$1034.6cm^{-1}$，$1109.2cm^{-1}$处是磷酸根的伸缩振动吸收峰；$872.8cm^{-1}$处是碳酸根的吸收峰，且在 $1412.0cm^{-1}$和 $1461.8cm^{-1}$处出现分裂，说明碳酸根进入了羟基磷灰石结构中；$3431.8cm^{-1}$是水的吸收峰；$3564.5cm^{-1}$是结构羟基的伸缩振动吸收峰。

(2) X 射线衍射分析　用 X 射线衍射仪分析得到 $Ca_5(PO_4)_3OH$ 的 XRD 谱图，与标准 XRD 谱图相比较，确定结构。

(3) 透射电镜分析　用透射电子显微镜拍摄，观察 $Ca_5(PO_4)_3OH$ 的形貌粒度。

【思考题】

1. 测定钙含量实验中为什么要将溶液 pH 调节到略高于 12?

2. 测定磷含量实验中如果滤纸没有随沉淀一起转移会对结果造成什么影响?

实验 26　微波合成非晶形 ZrO_2 [40]

【实验目的】

学习利用微波手段制备材料的原理和方法；运用新的合成方法，直接合成非晶形 ZrO_2。

【实验原理】

微波加热自应用于化学领域以来得到了很大的发展。已被广泛应用于各种材料的合成。与其他方法相比有许多优点，如反应速率快，对某些反应可使反应速率较常规方法提高三个数量级；加热速度快，体系受热方式为体加热，其热效应来自于分子偶极矩的极高频率的振动，而非通常的热传导、对流等致热方式；还有微波的非热效应及过热效应等。微波加热合成可明显缩短反应时间，获得小的粒子尺寸、窄的粒径分布和高的纯度。将微波辐射加热应用于非晶型材料的制备，已成功制备了 CeO_2、Fe_2O_3、Bi_2S_3、HgS、ZnS 等材料。

过渡金属氧化物由于它们良好的物理、化学和磁性质，近年来受到了人们极大的关注。由于过渡金属氧化物及其混合物在陶瓷着色、催化剂、能量转换/存储、光学、磁性和电子的诸多方面的应用，关于其制备及性能的研究成为热点。目前，相当数量的注意集中在非晶型纳米相材料及粒子氧化物，用湿化学法和软化学法制备，与传统的固态方法相比，它们在处理温度、纯度、粒径、形貌控制和反应条件上存在优点。非晶型粉末有大的比表面积和高的化学活性，可以在非常低的温度下制备出化学成分均匀、致密的陶瓷体，获得高纯、化学成分均匀、超细、团聚程度小的超微粉是保证氧化锆增韧陶瓷样品具有高强度、韧性及其可靠性的关键。

微波加热合成非晶型 ZrO_2 纳米粒子的机理可能和一般的水解过程类似。首先，Zr^{4+}与水分子或 OH^-形成配合物，更进一步形成聚合物，$Zr(H_2O)_x(OH)_y^{(4-y)+}$；在水溶液中，水作为极性分子倾向于从氢氧化物中夺走质子，形成水合质子，如下式表示：

$$Zr(H_2O)_x(OH)_y^{(4-y)+} + H_2O \longrightarrow ZrO_2 \cdot nH_2O + H_3^+O$$

在微波加热环境中，由于快速、均相加热，其结果比常规加热能更快更多地同时形成晶核，而且，由于同时成核和均相加热，因而能获得均一的小粒子。同时，体系中加入 PEG,

作为分散支持剂，可以防止发生偏析现象，保持均匀沉淀。水解所需的 pH 值通过脲的水解控制。

本实验在 $Zr(NO_3)_4 \cdot 5H_2O$、聚乙二醇（PEG）和脲的水溶液中，通过微波加热合成非晶型 ZrO_2。

【仪器与试剂】

带回流装置微波炉（650W），圆底烧瓶（250mL），烧杯，离心机，红外灯。

$Zr(NO_3)_4 \cdot 5H_2O$，聚乙二醇（PEG）和脲的水溶液，所有试剂均为分析纯，实验全部使用蒸馏水，丙酮。

【实验操作】

（1）配制 $5\times10^{-2}mol \cdot L^{-1} Zr(NO_3)_4 \cdot 5H_2O$、$w$(PEG) 为 1%以及 $2mol \cdot L^{-1}$ 脲的混合溶液 100mL，置于 250mL 圆底烧瓶中。

（2）接上回流管，用 50%的功率（表示在每一个 30s 工作循环内，工作 15s，停 15s，而总功率不变，仍为 650W）微波反应 15min。

（3）自然冷却至室温，离心分离，用蒸馏水和丙酮洗涤几次，沉淀置红外灯下干燥。收集所得产品。

【数据处理】

计算 ZrO_2 的产率。

【思考题】

1. 微波合成 ZrO_2 的优点主要表现在哪几方面？
2. 在合成 ZrO_2 的操作过程中应注意哪些问题？

实验 27　醋酸亚铬的制备[41]

【实验目的】

了解铬的价态特点、铬（Ⅱ）化合物的性质；掌握醋酸亚铬的制备方法，学习在无氧的氢气氛下进行无机物制备的装置与操作；巩固沉淀的过滤、洗涤等基本操作。

【实验原理】

本实验在封闭体系中利用金属锌作还原剂，将三价铬还原为二价，再与醋酸钠溶液作用制得醋酸铬（Ⅱ）。反应体系中产生氢气（盐酸与锌粒反应制得）除了增大体系压力，使 Cr（Ⅱ）溶液进入 NaAc 溶液中外，还起到隔绝空气使体系保持还原性气氛的作用。

制备反应的离子方程式如下：

$$2Cr^{3+} + Zn = 2Cr^{2+} + Zn^{2+}$$

$$2Cr^{2+} + 4Ac^- + 2H_2O = (CrAc_2)_2 \cdot 2H_2O$$

【仪器与试剂】

锥形瓶（250mL），吸滤瓶，布氏漏斗，分液漏斗，烧杯（500mL），台秤，量筒。

无水 NaAc，$CrCl_3$，锌丝，浓盐酸，无水乙醇，无水乙醚。

【实验操作】

（1）按图 1.4 装配好制备醋酸亚铬的装置。

（2）将 100mL 蒸馏水煮沸 10min 后，隔绝空气加热，制备无氧水。

（3）取 5.0g 无水 NaAc 于锥形瓶中，加 12mL 无氧水配成溶液。

（4）在吸滤瓶中放 3.0g $CrCl_3$ 晶体、8.0g Zn 丝，加 6mL 无氧水，得到深绿色溶液。

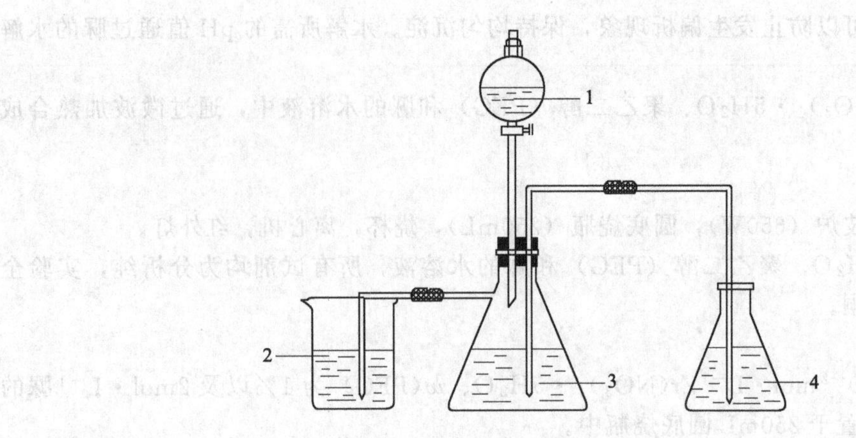

图 1.4　制备醋酸亚铬的装置

1—滴液漏斗（内装浓盐酸）；2—水封；3—吸滤瓶（内装 Zn 粒、$CrCl_3$ 和无氧水）；
4—锥形瓶（内装醋酸钠水溶液）

(5) 在分液漏斗中放 10mL 浓 HCl 溶液，打开通向烧杯的弹簧夹，夹紧通向锥形瓶的弹簧夹，向吸滤瓶中滴加 HCl，并不断摇动吸滤瓶，溶液逐渐变为亮绿色。

(6) 打开通向锥形瓶的弹簧夹，关闭通向烧杯的弹簧夹，使过量的 Zn 与 HCl 反应产生的氢气将溶液压至锥形瓶中。搅拌，形成红色醋酸亚铬晶体。

(7) 用双层滤纸过滤晶体。

(8) 用 15mL 无氧水洗涤数次，然后用少量无水乙醇、无水乙醚各洗涤 3 次。

(9) 晾干，称重。

(10) 回收。

【数据处理】

计算 $(CrAc_2)_2 \cdot 2H_2O$ 的产率。

【思考题】

1. 为何要用封闭的装置来制备醋酸铬（Ⅱ）?
2. 反应物锌要过量，为什么？产物为什么用乙醇、乙醚洗涤？
3. 根据醋酸铬（Ⅱ）的性质，该化合物应如何保存？

【扩展实验】

1. 装置的改进（见图 1.5）

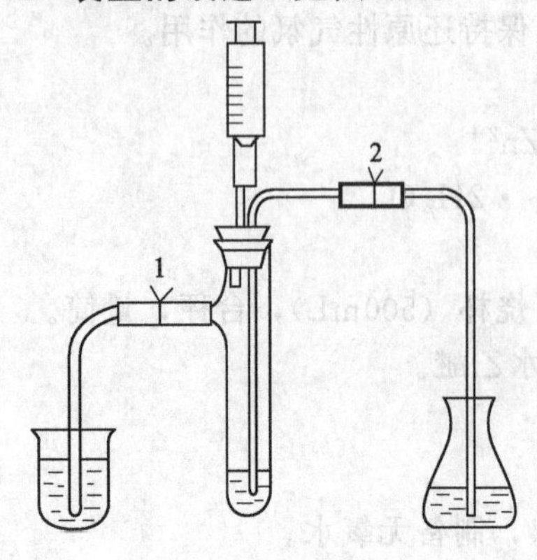

图 1.5　改进后的制备醋酸亚铬的装置

1,2—弹簧夹

(1) 将锥形瓶改为具支试管，以减少气体空间，有利于还原反应和二价铬溶液颜色的观察，以及容易将溶液压入醋酸钠中。

(2) 将滴液漏斗改为注射器，以避免氢气压力过大时，盐酸溶液难以下滴的现象发生。改进后的实验装置简单，便于学生观察实验现象。

(3) 在安装时注意将试管内的玻璃管口加工成滴管状，尽量接近试管底部，注射器可固定在铁架台上，其连接胶管略长些，方便摇动。

2. 药品的减量

按原来实验 3g 三氯化铬加量、醋酸钠过量系数为理论量 3 倍，采用改进的实验装置基本上可以得到3g左右的产品。对于该实验的目的来说，没有必要制备这么多的产物。应对有毒性产品的量加以控制，为此实验对六水合三氯化铬的量进行探索，如三氯化铬加入量小于0.5g，大部分同学得不到产品；而用量0.5g时，基本都可以得到0.2g左右的产品，实验现象也明显，既达到了实验目的又获得了环保的效果。

实验28　超声波辐射法制备超细SnO_2[42]

【实验目的】

了解超声波辐射法制备超细SnO_2的基本原理和方法。

【实验原理】

20世纪80年代以来，纳米材料的研究开发成为材料科学的热点。通常将尺寸在1～100nm之间，处于原子簇和宏观物体交接区域内的粒子称为纳米材料或超微粒。由于该类材料具有极细的晶粒和大量处于晶界和晶粒内缺陷中心的原子的存在，纳米材料在物理、化学性能上表现出许多奇异性质，因而得到广泛应用。

SnO_2是一种n型宽禁带半导体材料，具有优异的光电性能和气敏特性。纳米SnO_2由于兼具超细粒子和SnO_2的物化特性而被作为新型功能材料应用于功能陶瓷、电极材料、光学玻璃、有机合成催化剂、气敏和湿敏元件等方面。

制备纳米SnO_2有喷雾热解、溶胶-凝胶、化学沉淀、凝胶-燃烧等多种方法。

由于在高能超声场作用下，反应溶液中由于发生超声空化现象，提供了生成大量超细晶核所需要的能量，成核速率大大提高。在晶核生长阶段，颗粒不断产生团聚。此时，超声场引起的大量空泡破灭可产生强大的冲击波，破坏颗粒间的表面吸附并引起氢键等化学键的断裂，从而使颗粒相互脱离，有效抑制颗粒团聚。并且，超声场产生大量的微小气泡会吸附在颗粒表面，进而降低其比表面能，阻止颗粒的长大。因此，本实验以$SnCl_2 \cdot 2H_2O$为原料，在超声波条件下制备纳米SnO_2粉体。反应方程式如下：

$$2SnCl_2 \cdot 2H_2O + 4NH_3 \cdot H_2O + O_2 \longrightarrow 2SnO_2 + 4NH_4Cl + 6H_2O$$

【仪器与试剂】

超声波发生器，烧杯，量筒，滴管，离心机，真空干燥器，马弗炉。

$SnCl_2 \cdot 2H_2O$，$NH_3 \cdot H_2O$，HCl等均为分析纯试剂。

【实验操作】

(1) 称取5g $SnCl_2 \cdot 2H_2O$，加入一定量的HCl抑制$SnCl_2$的水解，加入适量水溶解。

(2) 在超声波作用下边搅拌边滴加$NH_3 \cdot H_2O$，调节pH=5.0左右，并持续振荡一定时间。

(3) 所得产品离心分离，并洗涤、过滤、烘干。

(4) 烘干后的产品在350℃的条件下煅烧30min，以使样品发生晶型转化。

(5) 称重，计算产率。

【思考题】

1. pH值的改变对于最终产物晶粒尺寸、产率有何影响？

2. 煅烧温度、煅烧时间对于最终产物的晶体结构有何影响？

实验 29　钨磷酸的制备

【实验目的】

学习 12-钨磷酸的制备方法；练习萃取分离操作。

【实验原理】

钨和钼在化学性质上的显著特点之一是在一定条件下，易自聚或与其他元素聚合，形成多酸或多酸盐。到目前为止，人们已经发现元素周期表中半数以上的元素都可以参与到多酸化合物组成中来。$[PW_{12}O_{40}]^{3-}$ 是一类具有凯格恩结构的杂多化合物的典型代表之一。

钨、磷等元素的简单化合物在溶液中经过酸化缩合便可生成 12-钨磷酸阴离子：

$$12WO_4^{2-}+HPO_4^{2-}+23H^+ \longrightarrow [PW_{12}O_{40}]^{3-}+12H_2O$$

在这个过程中，H^+ 与 WO_4^{2-} 中的氧结合形成 H_2O 分子，从而使得钨原子之间通过共享氧原子的配位形成多核簇状结构的杂多钨酸阴离子。该阴离子与抗衡阳离子 H^+ 结合，则得到 $H_3[PW_{12}O_{40}] \cdot xH_2O$。

【仪器与试剂】

电子台秤，量筒，烧杯，分液漏斗，蒸发皿，水浴锅。

钨酸钠，磷酸氢二钠，HCl($6mol \cdot L^{-1}$，浓)，乙醚，H_2O_2(3%) 或溴水。

【实验操作】

1. 12-钨磷酸钠溶液的制备

取 25g 钨酸钠和 4g 磷酸氢二钠溶于 150mL 热水中，溶液稍浑浊。在边加热边搅拌下，向溶液中以细流加入 25mL 浓盐酸，溶液澄清，继续加热 30s。若溶液呈蓝色，是由于钨（Ⅵ）还原的结果，需向溶液中滴加 3%过氧化氢或溴水至蓝色褪去，冷至室温。

2. 酸化乙醚萃取制取 12-钨磷酸

将烧杯中的溶液和析出的少量固体一并转移到分液漏斗中。向分液漏斗中加入 35mL 乙醚，再加入 10mL $6mol \cdot L^{-1}$ 盐酸，振荡（注意：防止气流将液体带出）。静置后液体分三层：上层是醚，中间是氯化钠、盐酸和其他物质的水溶液，下层是油状的十二钨磷酸醚合物。分出下层溶液，放入蒸发皿中。在水浴中蒸醚（小心！醚易燃），直至液体表面出现晶膜。若在蒸发过程中，液体变蓝，则需滴加少许 3%过氧化氢或溴水至蓝色褪去。将蒸发皿放在通风处（注意：防止落入灰尘），使醚在空气中渐渐挥发掉，即可得到白色或浅黄色 12-钨磷酸固体，约 17g。

【注意事项】

1. 由于 12-钨磷酸易被还原，也可用下面方法提取。用水洗，分出油状液体，并加少量乙醚，再分三层。将下层分出，用电吹风吹入干净的空气（防止尘埃使之还原）以除去乙醚。将析出的晶体移至玻璃板上，在空气中干燥直至乙醚味消失为止。

2. 乙醚沸点低，挥发性强，燃点低，易燃，易爆。因此，在使用时一定要加小心。

【思考题】

1. 12-钨磷酸具有较强的氧化性，与橡胶、纸张、塑料等有机物质接触，甚至与空气中灰尘接触时，均易被还原为“杂多蓝”。因此，在制备过程中，要注意哪些问题？

2. 通过实验总结“乙醚萃取法”制多酸的方法。

实验 30　12-钨硅酸的制备、结构及性质[27]

【实验目的】

学习 12-钨杂多酸的制备方法；用红外光谱、紫外吸收光谱、热重-差热谱对产品进行表征。

【实验原理】

易形成同多酸和杂多酸是钒、铌、钼、钨等元素的特征。在碱性溶液中 W(Ⅵ) 以正钨酸根 WO_4^{2-} 存在；随着溶液 pH 值减小，WO_4^{2-} 逐渐聚合成多酸根离子。在不同的 H^+ 与 WO_4^{2-} 物质的量之比下，WO_4^{2-} 聚合形成的同多酸阴离子类型如表 1.10 所示。

表 1.10　不同的 H^+ 与 WO_4^{2-} 物质的量之比下形成的同多酸阴离子类型

H^+/WO_4^{2-}(物质的量之比)	同多酸阴离子	
1.14	$[W_7O_{24}]^{6-}$	仲钨酸根(A)离子
1.17	$[W_{12}O_{42}H_2]^{10-}$	仲钨酸根(B)离子
1.50	α-$[H_2W_{12}O_{40}]^{6-}$	钨酸根离子
1.60	$[W_{10}O_{32}]^{4-}$	十钨酸根离子
…	…	……

若在上述酸化过程中，加入一定量的磷酸盐或硅酸盐，则可生成有确定组成的钨杂多酸根离子，如 $[PW_{12}O_{44}]^{3-}$、$[SiW_{12}O_{40}]^{4-}$ 等。其中，12-钨杂多酸阴离子 $[X^{n+}W_{12}O_{40}]^{(8-n)-}$ 的晶体结构称为 Keggin 结构，有典型性。它是每三个 WO_6 八面体两两共边形成一组共顶三聚体，四组这样的三聚体又各通过其他 6 个顶点两两共顶相连，构成图 1.6(a) 所示的多面体结构；处于中心的杂原子 X 则分别与 4 组三聚体的 4 个共顶氧原子连接，形成 XO_4 四面体，其键结构示于图 1.6(b)。

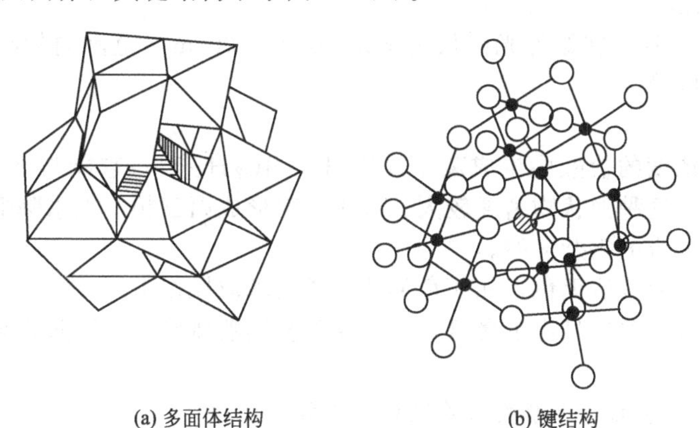

(a) 多面体结构　　(b) 键结构

图 1.6　Keggin 结构示意图

○为氧原子；◍为磷原子；●为钨原子

这类钨杂多酸自水溶液中结晶时，得到高水合状态的杂多酸（盐）结晶 $H_m[XW_{12}O_{40}]\cdot nH_2O$。后者易溶于水及含氧有机溶剂（乙醚、丙酮等)。它们遇强碱时被分解（生成什么物质?)，而在酸性水溶液中较稳定。本实验利用钨硅酸在强酸溶液中易与乙醚生成加合物(1)而被乙醚萃取的性质来制备 12-钨硅酸。钨硅酸高水合物，在空气中易风化，也易潮解。

12-钨硅酸不仅有强酸性，还有氧化还原性，在紫外光作用下，可以发生单电子或多电子还原反应。Keggin 构型的钨杂多酸在紫外区（260nm 附近）有特征吸收峰，这就是电子由配位氧原子向中心钨原子迁移的电荷迁移峰。

【仪器与试剂】

电子台秤，磁力恒温搅拌器，量筒，烧杯 50mL，蒸发皿，分液漏斗，微型抽滤装置，表面皿，吸量管，水浴锅，热重-差热分析仪，红外光谱仪，分光光度计。

$Na_2WO_4 \cdot 2H_2O$，$Na_2SiO_3 \cdot 9H_2O$，乙醚，浓盐酸。

【实验操作】

1. 12-钨硅酸的制备

称取 5.0g(约 0.0152mol) $Na_2WO_4 \cdot 2H_2O$ 置于烧杯中，加入 10mL 蒸馏水，再加入 0.35g(约 0.0012mol) $Na_2SiO_3 \cdot 9H_2O$，加热搅拌使其溶解，在微沸下以滴管缓慢地把 2mL 浓 HCl 边滴加边搅拌加入烧杯中。开始滴入 HCl，有黄钨酸沉淀出现，要继续滴加 HCl 并不断搅拌，直至不再有黄色沉淀时，便可停加盐酸（此过程约 10min)。

溶液抽滤，滤液冷却到室温，转移到分液漏斗中，再加入 4mL 乙醚，充分振摇萃取后静置（如未形成三相，再滴加 0.5～1mL 浓 HCl 再振摇萃取）。分出底层油状乙醚加合物到另一个分液漏斗中，再加入 1mL 浓盐酸、4mL 水及 2mL 乙醚，剧烈振摇后静置(2)（若油状物颜色偏黄，可重复萃取 1～2 次），分出澄清的第三相于蒸发皿中，加入少量蒸馏水(15～20 滴)，在 60℃水浴锅上蒸发浓缩，至溶液表面有晶体析出时为止，冷却放置(3)，得到无色透明的 12-$H_4[SiW_{12}O_{40}] \cdot nH_2O$ 晶体，抽滤吸干后，称重装瓶。

2. 测定产品热重（TG）曲线及差热分析（DTA）曲线

取少量未经风化的样品，在差热分析仪上，测定室温至 650℃范围内的 TG 曲线以及 DTA 曲线。并计算样品的含水量，以确定水合物中结晶水数目。

3. 测定紫外吸收光谱

配制 $5 \times 10^{-5} mol \cdot L^{-1}$ 的 12-钨硅酸溶液，用 1cm 比色皿，以蒸馏水为参比，在分光光度计上，记录波长范围为 200～400nm 的吸收曲线。

4. 测定红外光谱

将样品用 KBr 压片，在红外光谱仪上记录 $4000 \sim 400cm^{-1}$ 范围内的红外光谱图，并标识其主要的特征吸收峰。

【注释】

(1) 乙醚在高浓度的盐酸中生成离子 $[C_2H_5OHC_2H_5]^+$，它能与 Keggin 类型钨杂多酸阴离子缔合成盐，这种油状物密度较大，沉于底部形成第三相。加水降低酸度时，可使盐破坏而析出乙醚及相应的钨杂多酸。

(2) 此时油状物应澄清无色，如颜色偏黄可继续萃取操作 1～2 次。

(3) 钨硅酸溶液不要在日光下暴晒，也不要与金属器皿接触，以防止被还原。

【思考题】

1. 为什么钼、钨等元素易形成同多酸和杂多酸？

2. 在 $[SiW_{12}O_{40}]^{4-}$ 中有几种不同结构的氧原子？每种结构中氧原子各有多少个？

3. 钨硅酸有哪些性质？

实验 31　八钼酸铵的制备及表征[43]

【实验目的】

了解 α-八钼酸铵的制备原理和方法；熟练并掌握研磨、抽滤、烘干等基本操作；练习化学元素分析、粒度分析、拉曼光谱和扫描电子显微镜（SEM）等无机化合物表征方法。

【实验原理】

钼系化合物是迄今为止人们发现最好的、可同时用作许多高聚物的阻燃抑烟剂。在钼系化合物中，最主要的两种抑烟阻燃化合物为八钼酸铵和氧化钼。近几年在欧美，八钼酸铵已逐步取代了三氧化钼，在取得良好抑烟效果的同时，解决了三氧化钼对材料的染色问题和三氧化钼的粒度分布宽而造成的分散问题。八钼酸铵为白色粉末，分子式 $(NH_4)_4Mo_8O_{26}$，其产品因为晶体形貌不同而分为 α-八钼酸铵、β-八钼酸铵、χ-八钼酸铵。

本实验选择高纯氧化钼和二钼酸铵为原料制备 α-八钼酸铵，并采用化学元素分析、粒度分析、拉曼光谱和扫描电子显微镜（SEM）等方法对其进行表征。

反应方程式：　$2(NH_4)_2Mo_2O_7+4MoO_3 = \alpha\text{-}(NH_4)_4Mo_8O_{26}$

【仪器与试剂】

天平，电磁搅拌器，抽滤装置，研钵，电热鼓风干燥箱，元素分析仪，扫描电子显微镜，激光粒度分析仪，拉曼光谱仪。

二钼酸铵（分析纯），氧化钼（高纯）。

【实验操作】

1. 制备

将二钼酸铵溶于纯水中，搅拌至溶液澄清。称取高纯氧化钼，在搅拌情况下将氧化钼加入到二钼酸铵水溶液中，于 90～100℃反应 2.5h，调整混合液 pH 值为 3.0，生成白色黏稠状物质，过滤、烘干、粉碎、研磨，得 α-八钼酸铵。

2. 表征

(1) 化学元素和粒度分析　采用化学元素分析仪对产品 $\alpha\text{-}(NH_4)_4Mo_8O_{26}$ 中的钼含量进行分析，标准 $\alpha\text{-}(NH_4)_4Mo_8O_{26}$ 样品中钼含量为 61.10%。通过激光粒度分析仪对产品 $\alpha\text{-}(NH_4)_4Mo_8O_{26}$ 的粒度进行分析，观察其粒度分布。

(2) 拉曼光谱分析　为确定所制备的八钼酸铵的晶体结构，对其进行拉曼光谱表征。根据文献，α-八钼酸铵的拉曼光谱如图 1.7 所示，有两个主要的拉曼谱峰，1# 峰值范围为 964～965cm^{-1}，2# 峰值范围为 910～911cm^{-1}。

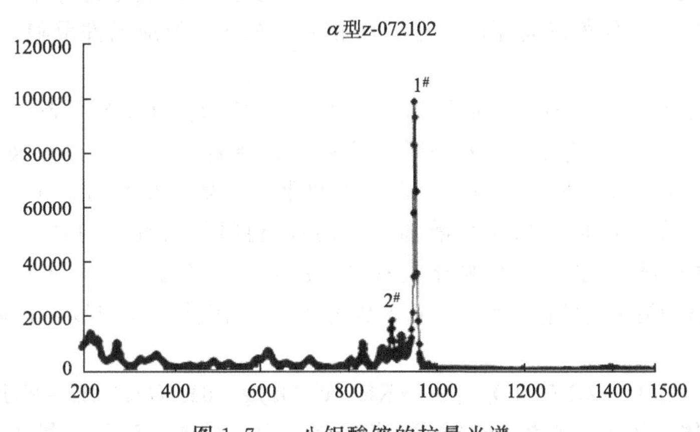

图 1.7　α-八钼酸铵的拉曼光谱

(3) 扫描电镜分析　用扫描电子显微镜拍摄，观察 $\alpha\text{-}(NH_4)_4Mo_8O_{26}$ 的微观形貌，如图 1.8 所示。

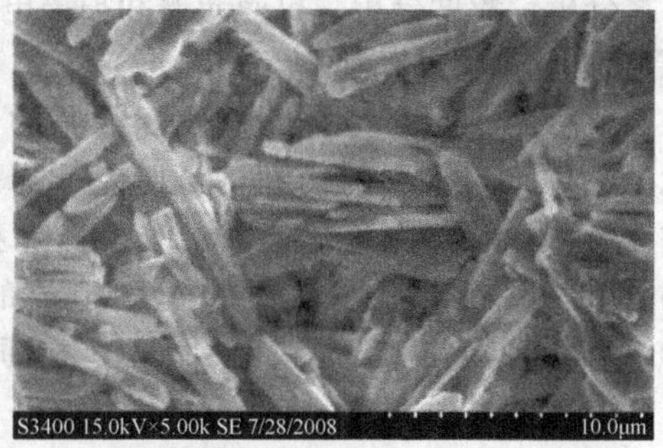

图 1.8 α-$(NH_4)_4Mo_8O_{26}$的扫描电镜照片

【思考题】

制备α-$(NH_4)_4Mo_8O_{26}$过程中，反应混合液的 pH 值过高或过低会产生什么影响?

实验 32 红色稀土发光材料 Y_2O_3：Eu 的制备[44,45]

【实验目的】

了解草酸沉淀法制备超细 Y_2O_3：Eu 荧光粉的基本原理和方法；熟练掌握稀土溶液的配制和标定方法，掌握减压过滤、加热焙烧等基本实验技能；了解医用紫外线分析仪、X 射线衍射仪、高倍光学显微镜等仪器的原理及使用方法。

【实验原理】

稀土离子的 f-f 跃迁所对应的发射线为锐线谱，且受外场的影响较小，是发光材料很好的激活中心。

Y_2O_3：Eu 体材料是一种重要的红色发光材料，由于它发光效率高，有较高的色纯度和光衰特性，已被广泛用于制作彩色电视显示器、三基色荧光灯、节能荧光灯、复印灯和紫外真空激发的气体放电彩色显示板。体材料的制备一般采用高温固相反应，由于灼烧温度高(1300℃以上)、灼烧时间长（4～5h），形成硬团聚体，产物粒径较大，一般为微米级，需进行球磨粉碎以减少其粒径，很难制得均相、均一粒度分布的氧化物粉体，在研磨过程中容易引入杂质且晶形破坏使得发光亮度减小。液相共沉淀法则反应条件温和，所得颗粒尺寸较均匀，设备简单。

该实验采用草酸作沉淀剂来制备性能优良的超细 Y_2O_3：Eu 荧光粉。采用高纯 Y_2O_3、Eu_2O_3 为原料，用硝酸将其溶解，用容量法分别标定其准确浓度。按目标产物 $(Y_{0.95}Eu_{0.05})_2O_3$（简写为 Y_2O_3：Eu）化学式的化学计量比量取 $Y(NO_3)_3$ 和 $Eu(NO_3)_3$ 溶液并混合均匀，向其中加入适量分散剂（PEG），利用其长链结构具有的空间位阻效应，来抑制沉淀颗粒的团聚，以达到好的分散效果。加入沉淀剂草酸（$H_2C_2O_4$），为了保证稀土沉淀完全，$H_2C_2O_4$ 应适当过量（过量系数为 1.2）。沉淀反应温度控制在 50～60℃。反应方程式如下：

$$3H_2C_2O_4+2RE(NO_3)_3 \longrightarrow RE_2(C_2O_4)_3+6HNO_3(RE=Y,Eu)$$

用氨水调节反应体系的 pH 值为 2～3。沉淀完全之后，过滤、洗涤，烘干。将草酸盐沉淀在 800℃下焙烧，即可制得 Y_2O_3：Eu 荧光粉。反应方程式如下：

$$RE_2(C_2O_4)_3+3/2O_2 \longrightarrow RE_2O_3+6CO_2$$

用医用紫外线分析仪观察 Y_2O_3：Eu 荧光粉的发光颜色及亮度，用 X 射线衍射仪

(XRD) 测量其物相结构，用高倍光学显微镜初步观察其粒度及分散性。

【仪器与试剂】

托盘天平，温度计，恒温水浴箱，烧杯（250mL×2，100mL×1），洗瓶，玻璃棒，容量瓶（250mL×2），布氏漏斗，吸滤瓶，滤纸，真空泵，pH 试纸（广泛），电炉，石棉网，酸式滴定管，锥形瓶（250mL×3），坩埚，烘箱，马弗炉，医用紫外线分析仪，X 射线衍射仪，扫描电镜等。

Y_2O_3(99.99%)，Eu_2O_3(99.99%)，浓 HNO_3，乙二胺四乙酸二钠盐（EDTA）标准溶液（0.01mol·L^{-1}），氨水，有机分散剂（PEG1000），无水乙醇，0.2%二甲酚橙溶液，20%六亚甲基四胺溶液，0.4mol·L^{-1}草酸溶液。

【实验操作】

1. 前驱体的制备

按目标产物化学式的计量比准确量取 0.3mol·L^{-1} $Y(NO_3)_3$ 和 0.1mol·L^{-1} $Eu(NO_3)_3$溶液并混合均匀，向其中加入适量分散剂，搅拌均匀，再向其中滴加浓度为 0.4mol·L^{-1}的草酸水溶液，控制反应的 pH 值在 2～3 之间。反应在 50℃恒温水浴器中进行，且不断搅拌。滴加完毕，继续搅拌 0.5h，静置 10min，减压过滤，用蒸馏水洗净沉淀表面附着的杂质离子，再用少量无水乙醇洗，以除去表面的物理吸附水，减少团聚，并加快后续的烘干速度。

2. 干燥及焙烧

将草酸盐前驱体置于烘箱中于 100℃干燥 1h。然后在马弗炉中于 800℃下焙烧 2h，即可得到超细 Y_2O_3：Eu。

3. 分析、表征

用医用紫外线分析仪观察其发光颜色及亮度，用 X 射线衍射仪（XRD）测量其物相结构，用扫描电镜观察其粒度及分散性。

【思考题】

1. 沉淀反应温度为什么要控制在 50～60℃，太高或太低，会有什么弊端？
2. 溶液 pH 值为什么要控制在 2～3 左右，不调节 pH 值或过高，会出现什么结果？
3. 试分析料液浓度的大小对产物的颗粒度及分散性有何影响？
4. 查阅资料了解影响 Y_2O_3：Eu 发光亮度的因素。

实验 33　镁铝水滑石的合成及产物中铝含量的测定[46～49]

【实验目的】

练习称量、溶解、加热、减压过滤、沉淀的洗涤以及滴定等基本操作；了解镁铝水滑石的合成原理；学习溶液中铝含量的配位滴定方法。

【实验原理】

层状双金属氢氧化物（layered double hydroxides，简称 LDHs）是一类近年来迅速发展的阴离子型黏土，又称水滑石，其组成通式为：$[M(\mathrm{II})_{1-x}M(\mathrm{III})_x(OH)_2]^{x+}A^{n-}_{x/n}\cdot mH_2O$，其中 M(Ⅱ) 是二价金属离子，M(Ⅲ) 是三价金属离子，A^{n-}是阴离子。这种材料由相互平行的层板组成，层板带有永久正电荷；层间具有可交换的阴离子以维持电荷平衡。通过离子交换可在层间嵌入不同的基团，制备许多功能材料，被广泛用作催化剂、吸附剂、阻燃剂及油田化学品等，已引起人们的关注。

其中典型的水滑石类化合物为镁铝水滑石［$Mg_6Al_2(OH)_{16}CO_3 \cdot 4H_2O$］，其结构非常类似于水镁石 $Mg(OH)_2$ 的结构，由 $Mg(OH)_6^{4-}$ 八面体共用菱形单元层，位于层板上的 Mg^{2+}可在一定范围内被半径相似的 Al^{3+} 同晶取代，使 Mg^{2+}、Al^{3+}、OH^- 层带正电荷，层间具有可交换的阴离子（如 CO_3^{2-}）与层板正电荷平衡，使整体结构呈中性。具体结构如图 1.9 所示。

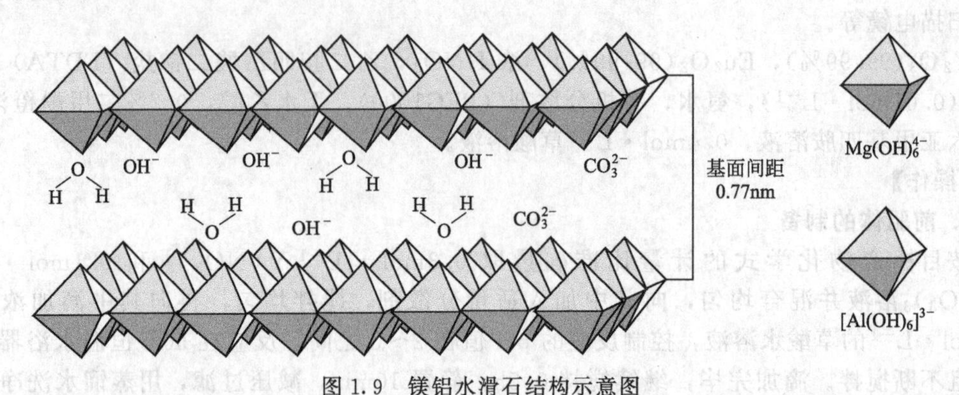

图 1.9　镁铝水滑石结构示意图

镁铝水滑石可由可溶性的镁盐和铝盐的混合溶液（按照一定的摩尔比）与 NaOH 和 Na_2CO_3 的混合溶液（按照一定的摩尔比）反应而制得。具体可用下式表示：

$$6Mg^{2+} + 2Al^{3+} + 16OH^- + CO_3^{2-} + 4H_2O \longrightarrow Mg_6Al_2(OH)_{16}CO_3 \cdot 4H_2O$$

镁铝水滑石中 Al^{3+} 的含量测定可由 EDTA 配位滴定法完成。首先，将水滑石用稀盐酸溶解，然后利用 $Al(OH)_3$ 的两性，往溶液中加入过量的 NaOH 过滤，Mg^{2+} 全部以 $Mg(OH)_2$转移在沉淀中，Al^{3+} 则以［$Al(OH)_6$］$^{3-}$ 的形式留在滤液中，将滤液定容，然后用 EDTA 进行配位滴定，则可测出 Al^{3+} 的含量。

【仪器与试剂】

分析天平，托盘天平，温度计，电热套，烧杯（250mL×2，100mL×1），三颈瓶，洗瓶，回流冷凝管，玻璃棒，布氏漏斗，吸滤瓶，滤纸，真空泵，pH 试纸（1～14），酸式滴定管，锥形瓶（250mL×3），烘箱，容量瓶（250mL×1，100mL×1）。

$Mg(NO_3)_2 \cdot 6H_2O$（分析纯），$Al(NO_3)_3 \cdot 9H_2O$（分析纯），NaOH(分析纯)，Na_2CO_3（分析纯），盐酸（1∶1），盐酸（1∶10），NaOH(1mol·L^{-1})，六亚甲基四胺（w 为 30%），事先标定好的 EDTA 标准溶液（0.05mol·L^{-1}），二甲酚橙指示剂（w 为 0.2%）。

锌标准溶液（0.05mol·L^{-1}）：准确称取基准物质金属锌 0.83g 左右于 100mL 烧杯中，盖上表面皿，从烧杯口加入 10mL 盐酸（1∶1），待锌完全溶解后，加入适量水，定量转移至 250mL 容量瓶中，稀释至刻度，摇匀。计算此溶液的准确浓度。

【实验操作】

1. 合成

称取 15.4g $Mg(NO_3)_2 \cdot 6H_2O$(0.06mol)、7.5g $Al(NO_3)_3 \cdot 9H_2O$(0.02mol)，放入烧杯，加入 80mL 去离子水，搅拌使全部溶解；另取 5.16g NaOH(0.13mol）和 4.24g Na_2CO_3(0.042mol）放入另一烧杯，加入 120mL 去离子水，搅拌使全部溶解。把两种混合溶液迅速加入到装有搅拌器的 250mL 的三颈瓶中。然后在 100℃下搅拌回流 4h，抽滤、洗涤至 pH＝8，70℃下烘干，称量、计算产率，用研钵研磨成细粉状，待用。

2. Al^{3+} 含量的测定

准确称取样品 1g 左右于 100mL 烧杯中，加稀盐酸（1∶10）至样品全部溶解（约需

30mL)，溶液加热煮沸，之后往溶液中加入 1mol·L^{-1}的 NaOH 溶液调节溶液的 pH 值大于 12（约 35mL），使 Mg^{2+} 沉淀完全，Al^{3+} 全部留在滤液中，过滤，将滤液定量转移至 100mL 容量瓶中，准确吸取该溶液 25.00mL 三份至三只 250mL 锥形瓶中，再滴加稀盐酸至沉淀刚好溶解为止，加 w 为 30%的六亚甲基四胺 5mL，使溶液的 pH 值为 5～6，再准确加入标定好的 EDTA(0.05mol·L^{-1}) 溶液 25.00mL，煮沸 3～5min，放冷置室温，加二甲酚橙指示剂 2～3 滴，用锌标准溶液（0.05mol·L^{-1}）滴定至溶液由黄色转变为红色，并以同样的步骤进行空白滴定，计算经空白校正后的测定结果，以 w(Al) 表示。

【思考题】

1. EDTA 标准溶液是如何配制与标定的？
2. 为什么通常测定铝用返滴法？
3. 铬黑 T 为什么不能用作测定铝的指示剂，在配合滴定中，对所用指示剂有何要求？

实验 34 室温固相反应法合成硫化镉半导体材料[27]

【实验目的】

学习室温固相反应法合成半导体材料的方法；学习用 X 射线衍射法表征化合物结构的方法；学习用热分析法研究化合物的热稳定性；练习固液分离操作和加热设备的使用。

【实验原理】

室温固相反应是近几年发展起来的一种新的研究领域。利用固相反应可以合成液相中不易合成的金属配合物、原子簇化合物、金属配合物的顺反几何异构体，以及不能在液相中稳定存在的固相配合物等。同时，由于固、液相反应过程中的反应机理不同，有时还可能产生不同的反应产物，因而有可能制得一些特殊的材料。

利用室温固相反应法合成精细陶瓷材料的研究刚刚兴起。与常用的气相法、液相法及固相粉碎法相比，它具有明显的优点，如合成工艺大大简化、原料的用量及副产物的排放量都显著减少；同时由于减少了中间步骤并且是低温反应，还可以避免粒子团聚，有利于产物纯度提高。

CdS 是典型的Ⅱ～Ⅵ族化合物半导体材料，在颜料、光电池和敏感材料领域有着重要的应用。其常用的合成方法是镉盐沉淀法和气相反应法。本实验用镉盐与硫化钠在室温下一步反应法制备 CdS，现象明显，反应速率快。合成产物的结构可用 X 射线衍射仪分析，热稳定性通过测试 TG-DTA 曲线研究。

【仪器与试剂】

电子台秤，小研钵，离心试管，小坩埚，多用滴管，烘箱，马弗炉，离心机，热重-差热分析仪，X 射线衍射仪（或红外光谱）。

$CdSO_4$(s) [或 $CdCl_2$(s)，$Cd(NO_3)_2$(s)]，Na_2S(s)，1.0mol·L^{-1} $BaCl_2$ 溶液，pH 试纸。

【实验操作】

(1) 按 2g CdS 的产量设计应加入 $CdSO_4 \cdot 8H_2O$ 和 $Na_2S \cdot 9H_2O$ 的量，用台秤称量后置于小研钵中研磨 10～20min，即生成橙红色的 CdS。

(2) 将产物用去离子水洗涤五次以上，上层清液用多用滴管吸出，用 pH 试纸检验清液的 pH 值小于 6，且用 $BaCl_2$ 检验无沉淀生成为止，得到纯净的 CdS 沉淀。

(3) 洗净的沉淀转移至离心试管离心分离（或用砂芯漏斗减压过滤）。吸净上层清液后称重，计算产率。

(4) 在自己的离心试管上贴上标签，放入105℃的烘箱中烘干样品（一般需6h以上）。此烘干样品可用于进行热分析、X射线衍射分析或红外光谱（IR）分析。为了使X射线衍射（XRD）图效果更明显，可将该样品于马弗炉中400℃煅烧1～2h，使晶形趋于完整。

(5) 在差热分析仪上测绘TG-DTA曲线。确定合成产物的热稳定性变化。

(6) 样品做X射线衍射分析（XRD），推测其结构。

【思考题】

1. 常用的化合物半导体有哪些？它们各有什么用途？

2. 试从热力学角度推测，能否用本实验方法合成ZnS。

实验35　固体超强酸的制备及表征[27]

【实验目的】

了解固体超强酸的概念；掌握固体超强酸的一种制备方法；利用IR、TG-DTA表征其结构及热稳定性。

【实验原理】

固体酸定义为能使碱性指示剂变色或能对碱实现化学吸附的固体。固体酸通常用酸度、酸强度、酸强度分布和酸类型四个指标来表征。其中酸强度是由一个固体酸去转变一个吸附的中性碱使其成为共轭酸的能力。如果这一过程是通过质子从固体转移到被吸附物的话，则可用Hammett函数H_0表示。

$$H_0 = pK_a + \lg \frac{[B]}{[BH^+]}$$

平衡时$H_0 = pK_a$，其中[B]和$[BH^+]$分别代表中性碱及其共轭酸的浓度。

超强酸是比100%的H_2SO_4还要强的酸，即$H_0 < -11.93$的酸。在物态上它们可分为液态与固态。液态超强酸的H_0为$-20 \sim -12$，固体超强酸H_0为$-16 \sim -12$。对固体超强酸的开发、研究近十几年发展很快。已合成的固体超强酸大多数与液体超强酸一样是含卤素的。如SbF_5-$SiO_2 \cdot TiO_2$、FSO_3H-$SiO_2 \cdot ZrO_2$、SbF_5-$TiO_2 \cdot ZrO_2$等，最近用硫酸根离子处理氧化物制备的新型固体超强酸M_xO_y-SO_4^{2-}。这类固体超强酸对烯烃双键异构化，烷烃骨架异构化，醇脱水、酯化、烯烃烷基化、酰化等许多反应都显示非常高的活性。在有机合成中不仅易分离，节省能源，而且具有不腐蚀反应装置，不污染环境，对水稳定，热稳定性高等优点，日益受到工业界的重视，特别是在精细化工中的应用日趋扩大，认识和研究开发固体超强酸是非常有意义的。

制备M_xO_y-SO_4^{2-}固体超强酸一般是将某些金属盐用氨水水解得到较纯的氢氧化物（或氧化物），再用一定浓度的硫酸根离子的水溶液处理，在一定温度下焙烧即可。但具体的合成条件非常重要。目前只发现有三种氧化物可合成这类超强酸，即SO_4^{2-}/ZrO_2、SO_4^{2-}/Fe_2O_3和SO_4^{2-}/TiO_2。研究表明，在制备这类超强酸时，必须使用无定形氧化物（或氢氧化物），不同的金属氧化物在用硫酸溶液处理时，都有一个最佳的硫酸浓度范围，对ZrO_2、TiO_2、Fe_2O_3所用硫酸分别为$0.25 \sim 0.5 mol \cdot L^{-1}$、$0.5 \sim 1.0 mol \cdot L^{-1}$和$0.25 \sim 0.5 mol \cdot L^{-1}$，这样能使处理后的表面化学物种$M_xO_y$与$SO_4^{2-}$以配位的状态存在，而不形成$Fe_2(SO_4)_3$或$ZrOSO_4$稳定的金属硫酸盐，氧化物表面上硫为高价氧化态是形成强酸性的必要条件。氧化物用硫酸处理后，其表面积和表面结构均发生很大变化。其表面结构决定于氧化物的性质。SO_4^{2-}/ZrO_2、SO_4^{2-}/Fe_2O_3 和 SO_4^{2-}/TiO_2 样品在IR谱中出现特征的吸收峰，即在 1390～1375cm^{-1}出现一个较强的锐线吸收峰，以及在 1200～900cm^{-1}范围出现幅度较宽的吸收带，这是由于 S═O 键的伸缩振动引起的。当吸附吡啶蒸气后，1390～1375cm^{-1}吸收峰将向低波数方向移动约 50cm^{-1}，这是由于吡啶分子的电子向 S═O 键上转移，使其键级降低的缘故，这个位移幅度大小与样品的酸催化活性相关联。

本实验合成 TiO_2/SO_4^{2-} 及 Fe_2O_3/SO_4^{2-} 固体超强酸，并通过 IR、TG-DTA 表征其结构和热稳定性。

【仪器与试剂】

坩埚，烧杯，抽滤装置，红外灯，马弗炉，TG-DTA 热分析仪，红外光谱仪。

$TiCl_4$，$FeCl_3 \cdot 6H_2O(s)$，28%氨水，H_2SO_4(1.0mol·L^{-1}、0.5mol·L^{-1})。

【实验操作】

1. TiO_2/SO_4^{2-} 的制备

在通风橱内，取 10mL $TiCl_4$ 于 100mL 烧杯中搅拌，加入氨水至溶液 pH＝8，生成白色沉淀。抽滤，用蒸馏水洗至无 Cl^-，得白色固体。在红外灯下烘干后研磨成粉末，过 100 目筛后，用 1.0mol·L^{-1} H_2SO_4 浸泡 14h，过滤。将粉末在红外灯下烘干，于马弗炉中在 450～500℃下活化 3h 后[1]，置于干燥器中备用。

2. Fe_2O_3/SO_4^{2-} 的制备

取 5g $FeCl_3 \cdot 6H_2O$ 于 100mL 烧杯中，加入 20mL 水搅拌溶解，再边搅拌边滴加氨水，使 $FeCl_3$ 水解沉淀，抽滤，洗涤沉淀至无 Cl^-，固体在 100℃以下烘干（一昼夜），并在 250℃下焙烧 3h 得 Fe_2O_3，研磨成粉末，过 200 目筛后用 0.5mol·L^{-1} H_2SO_4 浸泡 12h，过滤，于 110℃下烘干，然后在 600℃下焙烧 3h 左右[1]。置于干燥器中备用。

3. 分析测试

(1) 红外光谱的测定　取上述各样品，用 KBr 压片，分别做 IR 谱，观察各样品 IR 谱中特征吸收峰的差异。

(2) 固体超强酸的热稳定性　用上述各样品分别做 TG-DTA 热分析曲线，考察其热稳定性。条件选择：升温速率为 10℃·min^{-1}，N_2 气氛（50mL·min^{-1}）。

(3) 超强酸催化活性测定　以冰乙酸及乙醇为原料，自制固体超强酸作催化剂合成乙酸乙酯。并与用硫酸催化的结果作比较。

【注释】

(1) 活化温度和时间对固体超强酸的催化活性有较大影响。

【思考题】

1. 什么是固体超强酸？它有何用途？
2. 合成固体超强酸成败的关键步骤是什么？

实验 36　铬（Ⅲ）配合物的制备和分裂能的测定[50]

【实验目的】

了解不同配体对配合物中心离子 d 轨道能级分裂的影响；学习铬（Ⅲ）配合物的制备方法；了解配合物电子光谱的测定与绘制；了解配合物分裂能的测定。

【实验原理】

晶体场理论认为，过渡金属离子形成配合物时，在配体场的作用下，中心离子的 d 轨道发生能级分裂。配体场的对称性不同，分裂形式和分裂后轨道间的能量差也不同。在八面体场中，5个简并的d轨道分裂为2个能量较高的e_g轨道和3个能量较低的t_{2g}轨道。e_g轨道和t_{2g}轨道间的能量差称为分裂能，用Δ_o或（10Dq）表示。分裂能的大小取决于配体场的强弱。

配合物的分裂能可通过测定其电子光谱求得。对于中心离子价层电子构型为d^1～d^9的配合物，用分光光度计在不同的波长下测定其溶液的吸光度，以吸光度对波长作图即得到配合物的电子光谱。由电子光谱上相应吸收峰所对应的波长可以计算出分裂能Δ_o，计算公式如下：

$$\Delta_o=\frac{1}{\lambda}\times 10^7$$

式中，λ为波长，nm；Δ_o为分裂能，cm^{-1}。

对于d电子数不同的配合物，其电子光谱不同，计算Δ_o的方法也不同。例如，中心离子价层电子构型为$3d^1$的$[Ti(H_2O)_6]^{3+}$，只有一种d-d跃迁，其电子光谱上493nm处有1个吸收峰，其分裂能为$20300cm^{-1}$。本实验中，中心离子Cr^{3+}的价层电子构型为$3d^3$，有3种d-d跃迁，相应地在电子光谱上应有3个吸收峰，但实验中往往只能测得2个明显的吸收峰，第3个吸收峰则被强烈的电荷迁移吸收所覆盖。配体场理论研究结果表明，对于八面体场中的d^3电子构型的配合物，在电子光谱中应确定最大波长的吸收峰所对应的波长λ_{max}，然后代入上述公式求其分裂能Δ_o。

对于相同中心离子的配合物，按其Δ_o的相对大小将配位体排序，即得到光谱化学序列。

【仪器与试剂】

仪器：电子天平，水浴锅，紫外可见分光光度计，烧杯（100mL）3个，研钵1个，蒸发皿1个，量筒（50mL）1个，漏斗及吸滤瓶1套，表面皿1个，坐标纸。

药品：草酸（A. R.），草酸钾（A. R.），重铬酸钾（A. R.），硫酸铬钾（A. R.），乙二胺四乙酸二钠（EDTA，A. R.），三氯化铬（A. R.），丙酮（A. R.）。

【实验操作】

1. 铬配合物的合成

在50mL水中溶解3g草酸钾和7g草酸。再慢慢加入2.5g研细的重铬酸钾，并不断搅拌，待反应完毕后，蒸发溶液近干，使晶体析出。冷却后用漏斗及吸滤瓶过滤，并用丙酮洗涤晶体，得到暗绿色的$K_3[Cr(C_2O_4)_3]\cdot 3H_2O$晶体，在烘箱内于110℃下烘干。

2. 铬配合物溶液的配置

(1) $K_3[Cr(C_2O_4)_3]\cdot 3H_2O$溶液的配制　在电子天平上称取0.1g $K_3[Cr(C_2O_4)_3]\cdot 3H_2O$晶体，溶于50mL去离子水。

(2) $[Cr(H_2O)_6]^{3+}$溶液的配制　称取0.4g硫酸铬钾，溶于50mL去离子水中。

(3) $[Cr(EDTA)]^-$溶液的配制　称取0.05gEDTA溶于50mL水中，加热使其溶解，调pH＝3.5～5.0，然后加入0.05g三氯化铬，稍加热，得到紫色$[Cr(EDTA)]^-$溶液。

3. 配合物电子光谱的测定

在360～700nm波长范围内，以去离子水为参比液，测定上述配合物溶液的紫外可见吸收光谱。

从电子光谱上确定最大波长吸收峰所对应的波长λ_{max}，并计算各配合物的晶体场分裂能Δ_o，将得到的Δ_o数值与理论值进行对比。

【思考题】

1. 配合物中心离子的d轨道在八面体场中如何分裂？写出Cr（Ⅲ）八面体配合物中

Cr^{3+}的 d 电子排布式。

2. 晶体场分裂能的大小主要和哪些因素有关?

3. 写出 $C_2O_4^{2-}$、H_2O、EDTA 在光谱化学序列中的前后顺序。

4. 本实验中配合物的浓度是否影响 Δ_o 的测定?

5. 如何解释配位体场的强度对分列能 Δ_o 的影响?

实验 37　硫酸四氨合铜(Ⅱ)的制备、组成分析及物性测定[51,52]

【实验目的】

学习硫酸四氨合铜的制备方法并掌握其组成的测定方法;掌握蒸馏法测定氨的技术。

【实验原理】

配合物中铜离子的含量可通过比色分析测定。在配合物溶液中加入强碱,并加热使配合物破坏,氨就能挥发出来,用标准酸吸收,再用标准碱滴定剩余的酸,即可测得氨含量。硫酸根含量的确定用重量法。这样,就能确定配合物的化学式。

通过 X 射线粉末衍射法,就能确定配合物的晶体结构。

配合物中心离子铜的 d 电子组态及配合物的磁性可通过磁化率测定来确定。

在过渡金属配合物中,由于受配体的影响,中心离子的 d 轨道会分裂成能量不同的两组或两组以上的轨道,其能量最高和最低的 d 轨道之间的能量差称为分裂能,用 Δ 表示。可通过测定配合物的电子光谱,由一定的吸收峰所对应的波长来计算。当 d 电子数目不同,配合物的构型不同时,计算 Δ 值的方法也不同。d^1、d^4、d^6、d^9 电子构型为八面体和四面体,其电子光谱只有一个简单的吸收峰,可直接由吸收峰位置的波长来计算 Δ 值。

【仪器与试剂】

烧杯(50mL、100mL),表面皿,减压过滤装置,烘箱,测定氨的蒸馏装置,喷灯,锥形瓶,721 型或 722 型分光光度计,容量瓶(100mL 5 个、250mL 2 个),天平,古埃磁天平。

$CuSO_4 \cdot 5H_2O$(固体),氨水(浓、$2mol \cdot L^{-1}$、$1mol \cdot L^{-1}$),乙醇(无水、95%),乙醚,0.1% 甲基红,HCl 标准溶液($0.5mol \cdot L^{-1}$、$2mol \cdot L^{-1}$),NaOH 标准溶液(10%,$0.5mol \cdot L^{-1}$),$CuSO_4$ 标准溶液($0.2mol \cdot L^{-1}$),H_2SO_4($6mol \cdot L^{-1}$),硝酸($6mol \cdot L^{-1}$),$BaCl_2$($100g \cdot L^{-1}$)。

【实验操作】

1. 硫酸四氨合铜的制备

取 10g $CuSO_4 \cdot 5H_2O$ 溶于 14mL 水中,加入 20mL 浓氨水,沿烧杯壁慢慢滴加 35mL 95%的乙醇,然后盖上表面皿。静置析出晶体后,减压过滤,晶体用 1∶2 的乙醇与浓氨水的混合液洗涤,再用乙醇与乙醚的混合液淋洗,然后将其在 60℃左右烘干,称重,保存待用。

2. 硫酸四氨合铜的组成测定

(1) NH_3 的测定　称取 0.25～0.30g(称准至 0.0002g) 样品,放入 250mL 锥形瓶中,加 80mL 水溶解,再加入 10mL 10% 的 NaOH 溶液。在另一锥形瓶中,准确加入 30～35mL HCl 标准溶液($0.5mol \cdot L^{-1}$)、NaOH 标准溶液($0.5mol \cdot L^{-1}$),放入冰

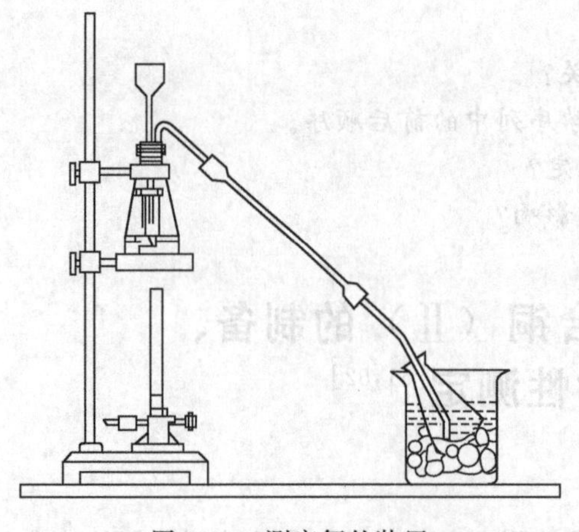

图 1.10　测定氨的装置

浴中冷却。

按图 1.10 装配好仪器，从漏斗中加入 3～5mL 10% NaOH 溶液于小试管中，漏斗下端插入液面下 2～3cm。加热样品，先用大火加热，当溶液接近沸腾时改用小火，保持微沸状态，蒸馏 1h 左右，即可将氨全部蒸出。蒸馏完毕后，取出插入 HCl 溶液中的导管，用蒸馏水冲洗导管内外，洗涤液收集在氨吸收瓶中，从冰浴中取出吸收瓶，加 2 滴 0.1% 的甲基红溶液，用标准 NaOH 溶液（$0.5mol \cdot L^{-1}$）滴定剩余的溶液。此过程中反应式如下：

$$Cu(NH_3)_4SO_4 + 2NaOH \xrightarrow{\triangle} CuO \downarrow + 4NH_3 \uparrow + Na_2SO_4 + H_2O$$

按下式计算 NH_3 含量：

$$w(NH_3) = \frac{(c_1V_1 - c_2V_2) \times 17.04}{G \times 1000} \times 100\%$$

式中　c_1，V_1——HCl 标准溶液的浓度和体积；

c_2，V_2——NaOH 标准溶液的浓度和体积；

G——样品质量；

17.04——NH_3的摩尔质量。

（2）SO_4^{2-} 的测定　用重量法分析 SO_4^{2-} 含量。

（3）Cu^{2+} 的测定　绘制工作曲线：取 $CuSO_4$ 标准溶液（$0.2mol \cdot L^{-1}$）配制 100mL 浓度分别为 $0.0100mol \cdot L^{-1}$、$0.0080mol \cdot L^{-1}$、$0.0050mol \cdot L^{-1}$、$0.0020mol \cdot L^{-1}$ 的 $CuSO_4$溶液。取上面配制的 4 种浓度的 $CuSO_4$ 溶液各 10.00mL，分别加入 10.00mL 氨水溶液（$2mol \cdot L^{-1}$），混合后用 2cm 比色皿在波长为 610nm 的条件下，用分光光度计测定溶液吸光度 A，以吸光度 A-Cu^{2+} 浓度作图。

Cu^{2+} 含量的测定：称取 0.34～0.37g（称准至 0.0002g）样品，用 5mL 水溶解后，滴加 H_2SO_4（$6mol \cdot L^{-1}$）至溶液从深蓝色变至蓝色（表示配合物已解离），定量转移到 250mL 容量瓶中，稀释至刻度，摇匀。取出 10.00mL，加入 10.00mL 氨水（$1mol \cdot L^{-1}$），混合均匀后，在与测定工作曲线相同的条件下测定吸光度。

根据测得的吸光度，从工作曲线上找出相应的 Cu^{2+} 浓度，并按下式计算 Cu^{2+} 含量：

$$w(Cu^{2+}) = \frac{c \times 63.54}{4G} \times 100\%$$

式中　c——工作曲线上查出的 Cu^{2+} 浓度；

G——样品质量；

63.54——Cu 的摩尔质量。

3. 硫酸四氨合铜的物性测定

（1）X 射线粉末衍射法确定$[Cu(NH_3)_4]SO_4 \cdot H_2O$ 的晶体结构　用 X 射线衍射仪在

以下条件时测定样品。

管电流：15mA(Cu 靶)；扫描速度：$4°\cdot min^{-1}$；扫描范围：2θ 从 10°～90°。

(2) 磁化率的测定　用古埃磁天平在磁场强度为 $3/4\pi\times10^6 A\cdot m^{-1}$(在数值上等于3000G) 的条件下测定样品的磁化率。

(3) 吸收曲线的测定　将样品配成浓度为 $0.01mol\cdot L^{-1}$的溶液，以蒸馏水作参考，在分光光度计的整个波长范围内，每隔 10nm 测一次吸光度。

【结果及讨论】

1. 实验结果

(1) 根据组成分析的实验结果，确定所测样品中 Cu^{2+}、NH_3、SO_4^{2-} 和 H_2O 的百分含量，并定出样品的实验式。

(2) 根据 X 衍射图确定该配合物的晶型。

(3) 根据测得的磁化率计算磁矩，并确定 Cu^{2+} 的外层电子结构。

(4) 根据测得的吸光度，作吸光度-波长曲线。在图上找出最大吸收处的波长，可用下式计算$[Cu(NH_3)_4]^{2+}$的分裂能。

$$\Delta=1/\lambda\times10^7(cm^{-1})$$

式中，λ 为最大吸收的波长，nm。

(5) 理论值和文献值

① 组分含量　理论值：Cu^{2+} 25.85%，NH_3 27.73%，SO_4^{2-} 39.08%，H_2O 7.33%。

② 晶形　文献值：正交晶系。

③ 磁矩值　文献值：1.72～2.20μ_B。

④ 分裂能　文献值：15100cm^{-1}。

2. 讨论

(1) 各组分的含量测定还可用其他方法。

① 用硫酸滴定铜氨配合物测得 NH_3 含量。反应式为：

$$Cu(NH_3)_n^{2+}+(n-2)H^+ +2H_2O = Cu(OH)_2+nNH_4^+$$

$$Cu(OH)_2+2H^+ = Cu^{2+}+2H_2O$$

在实验中，通过 pH 滴定测得滴定曲线，可得到以上两步反应完全时所用的酸的体积，从而计算 NH_3 的个数或 NH_3 的含量。

② 将铜氨配合物溶于过量的盐酸中，再用氢氧化钠滴定此溶液。通过 pH 滴定也能测得 NH_3 的含量。

③ 用氨气敏电极，直接电位法测定 NH_3 含量。

④ 用配合滴定，以铬黑 T 作指示剂，用 EDTA 滴定，测得 Cu^{2+} 含量。

⑤ 用碘量法测 Cu^{2+} 含量，在酸性溶液中 (pH=3～4)，$[Cu(NH_3)_4]^{2+}$ 被破坏，Cu^{2+} 与 I^- 作用，产生 I_2，再用 $Na_2S_2O_3$ 溶液滴定 I_2，即可得 Cu^{2+} 含量。

(2) 一般来说，根据磁性能判断配合物中心原子的氧化态、电子构型和立体结构有一定困难。因 Cu^{2+} 有三种可能的成键构型，两种不同的立体结构。这三种成键构型如下。

① 离子性　四面体。

② 共价性　四面正方形 dsp^2。

③ 共价性　四面体 sp^3。

其中每种都含有一个未成对的电子，因而无法区别，需用其他方法来确定。

(3) 讨论配位数。在一些书中铜配合物表示成$[Cu(H_2O)_6]^{2+}$、$[Cu(NH_3)_6]^{2+}$等，它

的配位数是 6，但在另一些书上则写成$[Cu(NH_3)_4]^{2+}$，配位数是 4。为什么会有两种不同的写法呢？较为确切的解释是：当 Cu^{2+} 溶解在过量的水中时，形成蓝色的水合离子$[Cu(H_2O)_6]^{2+}$。在$[Cu(H_2O)_6]^{2+}$中加入氨水时，形成深蓝色的$[Cu(NH_3)_4(H_2O)_2]^{2+}$，第 5、6 个两个水分子的取代较困难，只有在液氨中才能制得$[Cu(H_2O)_6]^{2+}$。在固体水合盐中一般配位数为 4。

(4) 讨论立体结构。Cu^{2+} 的配位离子是变形八面体或平面四方形结构，在$[Cu(NH_3)_4(H_2O)_2]^{2+}$中，四个 NH_3 以短键和 Cu^{2+}结合，经常用$[Cu(NH_3)_4(H_2O)_2]^{2+}$来表示，所以这个配离子也可以用四方形结构描述。用价键理论无法说明 Cu^{2+} 的配合物为平面四边形结构，因为形成 dsp^2 构型必须激发一个电子从 3d 进入 4p 轨道。据估计，在气态时这样的激发需能量 1422.56kJ，且电子位于高能量的 4p 轨道容易失去，这恰与实验事实相反，因为 Cu^{2+} 的配合物非常稳定，难以氧化成 Cu^{3+} 的配合物。

【思考题】

1. 重量法测定 SO_4^{2-} 含量时，为了得到较大结晶颗粒的 $BaSO_4$，沉淀条件是什么？
2. 在转移、洗涤、灼烧 $BaSO_4$ 时，应注意些什么？
3. 不同励磁电流下测得的样品摩尔磁化率是否相同？

实验 38　三氯化六氨合钴（Ⅲ）的制备和组成测定

【实验目的】

了解钴（Ⅲ）配合物的制备方法；学习三氯化六氨合钴（Ⅲ）中钴（Ⅲ）含量、氯含量的测定方法。

【实验原理】

根据有关电对的标准电极电势可以知道，在通常情况下，二价钴盐较三价钴盐稳定得多，而在它们的配合物状态下却正好相反，三价钴反而比二价钴稳定。因此，通常采用空气或过氧化氢氧化二价钴的方法，来制备三价钴盐的配合物。

氯化钴（Ⅲ）的氨合物有许多种，其制备方法各不相同。三氯化六氨合钴（Ⅲ）的制备条件是以活性炭为催化剂，用过氧化氢氧化有氨及氯化铵存在的氯化钴（Ⅱ）溶液。反应式为：

$$2CoCl_2+2NH_4Cl+10NH_3+H_2O_2 \xlongequal{} 2[Co(NH_3)_6]Cl_3+2H_2O$$

得到的固体粗产品中混有大量活性炭，可以将其溶解在酸性溶液中，过滤掉活性炭，在高的盐酸浓度下令其结晶出来。

$[Co(NH_3)_6]Cl_3$ 为橙黄色晶体，20℃在水中的溶解度为 0.26mol·L^{-1}。

$[Co(NH_3)_6]^{3+}$是很稳定的，其 $K_f^{\ominus}=1.6\times10^{35}$，因此在强碱的作用下（冷时）或强酸作用下基本不被分解，只有加入强碱并在沸热的条件下才分解。

$$2[Co(NH_3)_6]Cl_3+6NaOH \xrightarrow{沸热} 2Co(OH)_3+12NH_3+6NaCl$$

在酸性溶液中，Co^{3+}具有很强的氧化性($\varphi^{\ominus}_{Co^{3+}/Co^{2+}}=1.95V$)，易与许多还原剂发生氧化还原反应而转变成稳定的 Co^{2+}。

【仪器与试剂】

托盘天平，分析天平，锥形瓶（250mL、100mL），吸滤瓶，布氏漏斗，量筒（100mL、10mL），烧杯（500mL、100mL），酸式滴定管（50mL），碱式滴定管（50mL）。

$CoCl_2 \cdot 6H_2O$(s)，NH_4Cl(s)，KI(s)，活性炭，HCl(6mol·L^{-1}、浓)，H_2O_2(10%)，浓氨水，NaOH(2mol·L^{-1})，$Na_2S_2O_3$ 标准溶液（0.05mol·L^{-1}），K_2CrO_4(5%)[1]，冰，NaCl（0.1000mol·L^{-1}）[2]，$AgNO_3$ 标准溶液（0.1mol·L^{-1}）[3]，淀粉溶液。

【实验操作】

1. [$Co(NH_3)_6$]Cl_3 的制备

在100mL锥形瓶内加入4.5g研细的二氯化钴 $CoCl_2 \cdot 6H_2O$、3g氯化铵和5mL水。加热溶解后加入0.3g活性炭冷却后，加入10mL浓氨水，进一步用冰水冷却到10℃以下，缓慢加入10mL 10%的 H_2O_2，在水浴上加热至60℃左右，恒温20min（适当摇动锥形瓶）。以流水冷却后再以冰水冷却即有晶体析出（粗产品）。用布氏漏斗抽滤，将滤饼（用勺刮下）溶于含有1.5mL浓盐酸的40mL沸水中，趁热过滤。加5mL浓盐酸于滤液中，以冰水冷却，即有晶体析出。抽滤，用10mL无水乙醇洗涤，抽干，将滤饼连同滤纸一并取出放在一张纸上，置于干燥箱中，在105℃以下烘干25min，称重（精确至0.1g），计算产率。

2. [$Co(NH_3)_6$]Cl_3 中的钴（Ⅲ）含量测定

用减量法精确称取0.2g左右（精确至0.0001g）的产品于250mL锥形瓶中，加50mL水溶解。加2mol·L^{-1}NaOH溶液10mL。将锥形瓶放在水浴上（夹住锥形瓶放入盛水的大烧杯中）加热至沸，维持沸腾状态。待氨全部赶走后（如何检查？约1h可将氨全部蒸出），冷却，加入1g碘化钾固体及10mL 6mol·L^{-1} HCl溶液，于暗处（柜橱中）放置5min左右，用0.05mol·L^{-1} $Na_2S_2O_3$ 标准溶液（准确浓度临时告知）滴定至浅色，加入2mL 0.2%淀粉溶液后，再滴定至蓝色消失，呈稳定的粉红色。

3. 氯含量的测定

准确称取样品0.2g于锥形瓶内，用适量水溶解，以2mL 5%K_2CrO_4 为指示剂，在不断摇动下，滴入0.1mol·$L^{-1}$$AgNO_3$ 标准溶液，直至呈橙红色，即为终点（土色时已到终点，再加半滴）。记下 $AgNO_3$ 标准溶液的体积，计算出样品中氯的百分含量。

根据上述分析结果，求出产品的实验式。

【注释】

(1) K_2CrO_4（5%）溶液配制：溶解5g K_2CrO_4 于100mL水中。

(2) NaCl标准溶液（0.1000mol·L^{-1}）配制：称取预先在400℃干燥的5.8443g基准NaCl，溶解于水中，移入1000mL容量瓶中，用水稀释至刻度，摇匀。

(3) $AgNO_3$ 标准溶液（0.1mol·L^{-1}）配制及标定：称取16.9g $AgNO_3$ 溶解于水中，稀释至1L，摇匀，储于棕色试剂瓶中。

标定 $AgNO_3$ 标准溶液：吸取25mL 0.1000mol·L^{-1}NaCl标准溶液于250mL锥形瓶中，用水稀释至50mL，加1mL 5% K_2CrO_4 溶液，在不断摇动下用 $AgNO_3$ 标准溶液滴定，直至溶液由黄色变为稳定的橘红色，即为终点。

同时做空白实验。

$AgNO_3$ 标准溶液的浓度可按下式计算：

$$c(AgNO_3)=\frac{c(NaCl)\cdot V_1}{V-V_0}$$

式中，$c(AgNO_3)$ 为 $AgNO_3$ 标准溶液的浓度；V 为滴定用去 $AgNO_3$ 标准溶液的总体积；$c(NaCl)$ 为NaCl标准溶液的浓度；V_1 为NaCl标准溶液的体积；V_0 为空白滴定用去的 $AgNO_3$ 标准溶液的总体积。

【思考题】

1. 在制备过程中，在60℃左右的水浴加热20min的目的是什么？可否加热至沸？

2. 在加入H_2O_2和浓盐酸时都要求慢慢加入，为什么？它们在制备三氯化六氨合钴(Ⅲ)过程中起什么作用？

3. 在钴含量测定中，如果氨没有赶净，对分析结果有何影响？写出分析过程中涉及的反应式。

4. 将粗产品溶于含盐酸的沸水中，趁热过滤后，再加入浓盐酸的目的是什么？

实验39 葡萄糖酸锌的制备及锌含量测定[53,54]

【实验目的】

学习并掌握葡萄糖酸锌的合成；进一步巩固配合滴定分析法；了解锌的生物意义。

【实验原理】

锌是人体所需的微量元素之一，具有多种生物作用，参与核酸和蛋白质的合成，能增强人体免疫能力，促进儿童生长发育。人体缺锌会造成生长停滞、自发性味觉减退和创伤愈合不良等现象。以往常用硫酸锌作锌添加剂，但它对人体胃肠道有一定刺激作用，而且吸收率也比较低。葡萄糖酸锌则有吸收率高、副作用少、使用方便等特点，是20世纪80年代中期发展起来的一种补锌添加剂，特别是用作儿童食品、糖果的添加剂，应用日趋广泛。

葡萄糖酸锌（$C_{12}H_{22}O_{14}Zn$）为白色或接近白色的结晶性粉末，无臭略有不适味，溶于水，易溶于沸水，15℃时饱和溶液的质量分数为25%，不溶于无水乙醇、氯仿和乙醚。合成葡萄糖酸锌的方法有直接和间接合成法两大类。

直接合成法是以葡萄糖酸钙和硫酸锌（或硝酸锌）等为原料直接合成。其反应式为：

$$Ca(C_6H_{11}O_7)_2+ZnSO_4 = Zn(C_6H_{11}O_7)_2+CaSO_4$$

这类方法的缺点是产率低、产品纯度差。

间接合成法也是以葡萄糖酸钙为原料，经阳离子交换树脂得葡萄糖酸，再与氧化锌反应得葡萄糖酸锌。它具有工艺条件容易控制、产品质量较高等特点。

葡萄糖酸锌中锌含量采用配位滴定法测定，用NH_3-NH_4Cl缓冲溶液控制溶液$pH\approx10$，以铬黑T为指示剂，用EDTA标准溶液进行滴定。在$pH\approx10$的溶液中，铬黑T（EBT）与Zn^{2+}形成比较稳定的酒红色螯合物（Zn-EBT），而EDTA与Zn^{2+}能形成更为稳定的无色螯合物。因此，滴定至终点时，铬黑T便被EDTA从Zn-EBT中置换出来，游离的铬黑T在pH＝8～11的溶液中呈纯蓝色。

$$\underset{\text{酒红色}}{Zn-EBT}+EDTA = Zn-EDTA+\underset{\text{纯蓝色}}{EBT}$$

葡萄糖酸锌溶液中游离的锌离子也可与EDTA形成稳定的配合物，因此EDTA滴定法能确定葡萄糖酸锌的含量。

【仪器与试剂】

台秤，蒸发皿，布氏漏斗，吸滤瓶，离子交换柱（ϕ10～20mm，长25～30cm玻璃管），电子天平，滴定管（50mL），移液管（25mL），烧杯，容量瓶，电磁搅拌器。

葡萄糖酸钙，$ZnSO_4\cdot7H_2O$，ZnO，硫酸（$1mol\cdot L^{-1}$），乙醇（95%），强酸性苯乙烯阳离子交换树脂（001×7），强碱性季铵型阴离子交换树脂（201×7），$NH_3\cdot H_2O$-NH_4Cl缓冲溶液（$pH\approx10$），活性炭，EDTA标准溶液（$0.0500mol\cdot L^{-1}$），Zn粒，氨水（1∶1），HCl

$(6mol \cdot L^{-1})$，铬黑 T 固体指示剂（取铬黑 T0.1g 与磨细的干燥 NaCl 10g 研匀配成）。

【实验操作】

1. 直接合成法

称取葡萄糖酸钙 4.5g 于 50mL 烧杯中，加入 12mL 蒸馏水。另称取 $ZnSO_4 \cdot 7H_2O$ 3.0g，用 12mL 蒸馏水使之溶解，在不断搅拌下，把 $ZnSO_4$ 溶液逐滴加入葡萄糖酸钙溶液中，加完后在 90℃水浴中保温约 20min，抽滤除去 $CaSO_4$ 沉淀，溶液转入烧杯，加热近沸，加入少量活性炭脱色，趁热抽滤。滤液冷却至室温，加 10mL 95%乙醇（降低葡萄糖酸锌的溶解度），并不断搅拌，此时有胶状葡萄糖酸锌析出，充分搅拌后，用倾析法去除乙醇液，得葡萄糖酸锌粗品。

用适量水溶解葡萄糖酸锌粗品，加热（90℃）至溶解，趁热抽滤，滤液冷至室温，加 10mL 95%乙醇，充分搅拌，结晶析出后，抽滤至干，得精品，在 50℃烘干，称量。可得供压制片剂的葡萄糖酸锌。

2. 间接合成法

（1）粗制葡萄糖酸　烧杯中加入 25mL 蒸馏水和 $1mol \cdot L^{-1}$ 硫酸 1mL。加热升温至 90℃，在不断搅拌下分 2～3 次加入葡萄糖酸钙 4.5g，保持恒温反应 1h，趁热过滤，除去 $CaSO_4$ 沉淀物。滤液冷至室温后，再进行离子交换。

（2）离子交换　在玻璃柱底部填入少量玻璃纤维，将 3mL 强酸性苯乙烯阳离子交换树脂及 5mL 强碱性季铵型阴离子交换树脂和适量水的“糊状物”注入交换柱，用通条赶尽气泡。用去离子水淋洗树脂，在装柱过程中注意保持液面始终高于树脂层。

将粗制葡萄糖酸液以约 $1mL \cdot min^{-1}$ 的流量从上向下流过离子交换树脂柱，除去反应液中硫酸及其他有机杂质。交换柱下部收集得到的无色透明液体即为葡萄糖酸溶液。

（3）制备葡萄糖酸锌　取上述得到的葡萄糖酸溶液，分 2～3 次加入 1g 氧化锌，在60～80℃的温度下不断搅拌，反应约 1h，反应液的 pH 值保持在 5.8 左右，必要时适量滴加葡萄糖酸溶液。反应结束后，将透明状态溶液过滤，滤液浓缩至原体积的 1/3 左右。加入乙醇，经适当搅拌后放置，使葡萄糖酸锌充分结晶。抽滤至干，即制得白色葡萄糖酸锌结晶粉末，称量。

3. 葡萄糖酸锌含量测定

准确称取葡萄糖酸锌约 0.7g，加水 100mL，微热使之溶解，加 $NH_3 \cdot H_2O\text{-}NH_4Cl$ 缓冲溶液（pH≈10）5mL 与铬黑 T 指示剂少许，用 EDTA 标准溶液 $(0.05mol \cdot L^{-1})$ 滴定至溶液由酒红色转变为纯蓝色，平行测定 3 份，记录消耗 EDTA 的体积，计算锌的含量。

【注意事项】

1. 反应需在 90℃恒温水浴中进行。这是由于温度太高葡萄糖酸锌会分解，温度太低葡萄糖酸锌的溶解度降低。

2. 用乙醇为溶剂进行重结晶时，开始有大量胶状葡萄糖酸锌析出，不易搅拌，可用竹棒代替玻璃棒进行搅拌。乙醇溶液全部回收。

3. 在装柱过程中注意保持液面始终高于树脂层。

4. 配制锌标准溶液时，为防止锌与酸剧烈反应，必须加盖表面皿，定量转移须吹洗表面皿并多次淋洗烧杯。

5. 葡萄糖酸锌加水不溶时，可微热。

【注意事项】

1. 计算葡萄糖酸锌的产率。

2. 列表记录 EDTA 标定过程，计算 EDTA 浓度。

3. 列表记录葡萄糖酸锌测定过程，计算产品葡萄糖酸锌的纯度。

【思考题】

1. 根据葡萄糖酸锌制备的原理与步骤，比较直接法和间接法制备葡萄糖酸锌的优缺点。

2. 葡萄糖酸锌可以用哪几种方法进行结晶？

3. 可否用如下的化合物与葡萄糖酸钙反应来制备葡萄糖酸锌？为什么？ZnO，$ZnCO_3$，$ZnCl_2$，Zn（$CH_3COO)_2$

4. 试设计一方案制备葡萄糖酸亚铁。

5. 试解释以铬黑T为指示剂的标定实验中的几个现象：

(1) 滴加氨水至开始出现白色沉淀；

(2) 加入缓冲溶液后沉淀又消失；

(3) 用 EDTA 标准溶液滴定至溶液由酒红色变为纯蓝色。

6. 用铬黑T做指示剂时，为什么要控制 pH≈10?

7. 葡萄糖酸锌含量测定结果若不符合规定，可能有哪些原因引起？

实验 40　8-羟基喹啉铝配合物的合成表征及发光性质[55]

【实验目的】

用无机合成的方法制备 8-羟基喹啉铝二元配合物；用红外光谱、紫外光谱、荧光光谱等测定方法进行表征并了解其发光特性。

【实验原理】

8-羟基喹啉铝配合物（AlQ_3）是用于有机电致发光材料的金属配合物，有机电致发光器件（OLED）被认为是继阴极射线显示器件（CRT）、液晶显示屏（LCD）、等离子显示器件（PDP）后的新一代显示器件，是目前平板显示领域的研究热点。OLED 具有主动发光、耗能低、寿命长、亮度高、高对比度、响应速度快、易加工、可实现超薄大屏幕显示等优点，是新一代照明和显示技术最有力的竞争者。近年来，有机电致发光材料和器件的研究取得了长足进步，其主要技术指标已经接近或达到实际应用的要求。而材料是该技术的核心，材料的分子设计、合成以及相关物理性能的研究是该技术的关键问题。本实验所合成的 8-羟基喹啉铝配合物（AlQ_3）是目前所报道的最好的电子传输材料之一。AlQ_3 作为 OLED 基础材料的地位至今无法动摇，它几乎满足了 OLED 对发光材料的所有要求：①本身具有一定的电子传输能力；②可以真空蒸镀成致密的薄膜；③具有较好的稳定性；④有较好的荧光量子效率。AlQ_3 固态薄膜的荧光发射峰在 520～530nm，是很好的绿光材料。

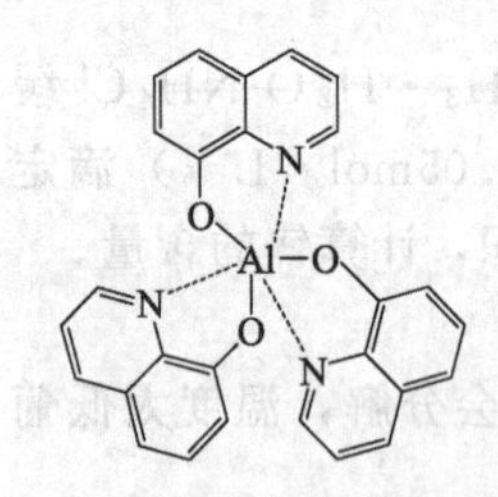

AlQ_3 的分子结构

AlQ_3 是由金属铝离子（Al^{3+}）与三个 8-羟基喹啉（HQ）分子形成的金属螯合物，因而在干燥的环境中具有较强的稳定性，分解温度高。

合成 AlQ_3 的基本原理是将 Al^{3+} 水溶液与 HQ 的阴离子结合，调节溶液的 pH 值使 AlQ_3 在最佳沉淀环境下析出。Al^{3+} 可选用硝酸铝或硫酸铝的水溶液，利用氢氧化钠或乙酸铵调节溶液的 pH 值。反应强烈程度依赖于反应介质的酸碱度。AlQ_3 完全沉淀时 pH 值为 4.2～9.8，反应方程式如下：

$$3HQ + Al^{3+} + 3OH^- \longrightarrow AlQ_3 \downarrow + 3H_2O$$

若金属离子和配体没有发生配位反应，则配体的各红外特征频率仍然不变。若发生反应，则其特征频率必然发生变化。

【仪器与试剂】

电子台秤，真空干燥箱，HQ(8-羟基喹啉)、无水乙醇、$Al(NO_3)\cdot 9H_2O$，NaOH。

【实验操作】

1. 配合物的合成

称取 HQ3.5g 溶于 50mL 无水乙醇中，搅拌至完全溶解（可适当加热）；称取 7.5g $Al(NO_3)\cdot 9H_2O$ 溶于 100mL 去离子水，将 2.7g NaOH 溶于 30mL 去离子水。将 HQ 溶液倒入 $Al(NO_3)$ 溶液中充分搅拌，静置 15min 后，将 NaOH 溶液缓慢滴入该混合液中，看到有絮状沉淀析出。放置一段时间后减压过滤，用去离子水洗涤沉淀 8～10 次，产物置于真空干燥箱中，在 150℃下烘干即可得到 AlQ_3 样品。

2. 配合物的表征

配合物合成后，进行组成分析、红外吸收光谱、紫外-可见吸收光谱、荧光光谱分析等表征。

(1) 配合物的红外光谱测定　把制备的配合物和配体在相同条件下，测定红外光谱。填写表 1.11，比较基团的特征频率，然后进行讨论。

表 1.11　AlQ_3 和 HQ 的特征频率

化合物	ν_{C-N}	$\nu_{as,COO-}$	$\nu_{s,coo-}$	ν_{c-o}	ν_{Al-O}
AlO_3					
HQ					

(2) 配合物的紫外-可见光谱测定　以 DMF 为溶剂测定配体和配合物的紫外-可见吸收光谱（180～600nm），再根据配体和配合物的最大吸收峰的吸光度和浓度计算相应的摩尔吸光系数（表 1.12）。

$$\varepsilon_{max}=A/lc$$

式中，l 为液层厚度，cm；c 是溶液浓度，$mol\cdot L^{-1}$。

表 1.12　AlQ_3 和 HQ 的紫外-可见光谱数据

化合物	浓度 /$mol\cdot L^{-1}$	第一吸收峰			第二吸收峰		
		A	λ_{max} /nm	ε_{max} /$L\cdot mol^{-1}\cdot cm^{-1}$	A	λ_{max}/nm	ε_{max} /$L\cdot mol^{-1}\cdot cm^{-1}$
HQ							
AlO_3							

(3) 配合物的荧光光谱　光致发光光谱由荧光光谱仪测定，测试方法和紫外吸收光谱类似，以紫外光谱最大吸收峰对应的波长为激发光源，进行荧光测试，该荧光发射峰在 520nm 左右，是极具应用价值的绿光材料。

【思考题】

1. 在配合物合成过程中应注意哪些问题？

2. HQ 含有芳香环在紫外光区有吸收，当形成配合物后谱带会否发生移动？强度有无改变？

3. 用红外光谱、紫外光谱、荧光光谱表征配合物的生成应注意哪些问题？

实验 41　碱式硫酸镁晶须的合成

【实验目的】

掌握常温合成-水热反应方式制备碱式硫酸镁晶须的方法；学习用 X 射线衍射、红外分析、元素分析及显微观察确定无机化合物的结构及晶型。

【实验原理】

$$6MgSO_4 + 10NaOH + 3H_2O \longrightarrow MgSO_4 \cdot 5Mg(OH)_2 \cdot 3H_2O + 5Na_2SO_4$$

晶体生长过程可能经历晶核诱导期、生长期及破碎期三个阶段。

晶核诱导期：在室温下将 NaOH 加入 $MgSO_4$ 溶液后，形成凝胶状 $Mg(OH)_2$，充分搅拌使 $Mg(OH)_2$ 以微小胶粒状均匀分散于含 Mg^{2+}、SO_4^{2-}、OH^-、Na^+ 的水溶液中。此时可能没有 $MgSO_4 \cdot 5Mg(OH)_2 \cdot 3H_2O$ 晶核形成，当温度逐渐升至 160℃水热条件时，将逐渐生成 $MgSO_4 \cdot 5Mg(OH)_2 \cdot 3H_2O$ 晶核。

生长期：开始形成 $MgSO_4 \cdot 5Mg(OH)_2 \cdot 3H_2O$ 晶核后，由于 $MgSO_4$ 为 $MgSO_4 \cdot 5Mg(OH)_2 \cdot 3H_2O$ 晶体提供了单向生长的条件，另外，在高浓度 $MgSO_4$ 溶液中存在 $MgSO_4 \cdot 5Mg(OH)_2 \cdot nH_2O$的过饱和溶解度现象，为晶体生长提供了动力。此时，形成晶须的组分按 $MgSO_4 \cdot 5Mg(OH)_2 \cdot 3H_2O$ 的结构模块与晶体的晶面相碰撞，然后滑向针状晶体的尖端，并嵌入尖端凹陷处，从而保证晶体不断生长，形成晶须。经过一段时间，多个晶须的尖端处逐渐靠近，并黏结形成簇状，继续生长形成扇形晶须。

破碎期：扇形晶须是一种介稳态晶体物相，在水热条件下随着时间的推移，处于介稳态的晶体不可避免地要逐渐变为稳定态晶体，出现扇形晶须的破碎分解，成为聚集程度较低的单个晶须，甚至有长度变短现象。

控制合理的条件，可使碱式硫酸镁生长为晶须。

【仪器与试剂】

电子台秤，集热式恒温磁力搅拌器，圆底烧瓶，1L 高压反应釜，抽滤装置，红外光谱仪（IR），显微镜，X 射线衍射仪（XRD），透射电镜。

NaOH（分析纯），$MgSO_4 \cdot 7H_2O$（分析纯），无水乙醇，无水乙醚，稀盐酸。

【实验操作】

1. 碱式硫酸镁晶须的制备

分别称取七水合硫酸镁 122.5g 溶于 355mL 水中，氢氧化钠 10.7g 溶于 32mL 水中，在 50～60℃、搅拌（$400r \cdot min^{-1}$）条件下将氢氧化钠溶液缓慢加入硫酸镁溶液中，继续搅拌 15min，而后停止搅拌，将所得的絮状氢氧化镁沉淀连同溶液一起转移到 1L 高压反应釜中，逐渐升温（$2℃ \cdot min^{-1}$）至 155～175℃，压力达到 0.5～0.82MPa，恒温反应 8h 左右后自然冷却至室温，打开反应釜过滤产物，并依次用 70～85℃热水、室温下的水洗涤至无硫酸根离子，再依次用无水乙醇、无水乙醚洗涤，然后将产品自然干燥。

2. 合成产物的表征

化学组成分析：用化学分析方法确定产物组成。具体方法如下：准确称取已充分干燥的样品，用过量已知浓度的稀盐酸溶解，所得溶液用于测定 Mg^{2+}、SO_4^{2-}、OH^-及 H_2O 含量。

Mg^{2+}：EDTA 络合滴定法。

SO_4^{2-}：$BaCl_2$ 重量法。

OH^-：NaOH 中和滴定法（用 NaOH 标准溶液滴定溶液中的过量盐酸，计算出 OH^- 的含量）。

H_2O：重量差减法（样品质量减去 Mg^{2+}、SO_4^{2-}、OH^- 含量）。

红外分析：用 KBr 压片法对产物 $MgSO_4 \cdot 5Mg(OH)_2 \cdot 3H_2O$ 进行红外分析，观察谱图，在 3653.50cm^{-1}处为水的伸缩振动峰，1633.59cm^{-1}为 H—O—H 的弯曲振动吸收峰，1118.94cm^{-1}和 643.85cm^{-1}是 SO_4^{2-} 的伸缩振动峰。

X 射线衍射分析：用 X 射线衍射分析仪得 $MgSO_4 \cdot 5Mg(OH)_2 \cdot 3H_2O$ 的 XRD 谱图，与标准 XRD 图相比较，确定结构。

透射电镜分析：用透射电子显微镜拍摄。观察晶体形状，为针状晶体，计算长径比。

实验 42　磁阻材料 $La_{0.67}Sr_{0.33}MnO_3$ 的制备与表征[56,57]

【实验目的】

了解固相化学反应与溶液化学反应的差别；了解氧化物导电性质随温度的变化；了解氧化物物质的磁性。

【实验原理】

$La_{0.67}Sr_{0.33}MnO_3$ 是一种多功能材料，该种材料既可以作为燃料电池的导电电解质传导电子，也可以用作催化剂催化氧化污水中的还原性污染物，又可以作为信息储存材料，如计算机硬盘、磁带、磁头材料等。

本实验以 MnO_2、La_2O_3、$SrCO_3$ 为原料，经过配料、研磨、多次不同温度下烧结得到所需的产品。一般经过 800℃预烧和 1000℃、1100℃烧结多次得到所需物质。其中发生较为复杂的化学反应，总化学反应为：

$$\frac{1}{3}La_2O_3+\frac{1}{3}SrCO_3+MnO_2 \xrightarrow{1100℃} La_{2/3}Sr_{1/3}MnO_3+\frac{1}{3}CO_2+\frac{1}{6}O_2$$

【仪器与试剂】

分析天平，托盘天平，研钵，马弗炉（1200℃），X 射线衍射仪，振动样品磁强计，毫伏表，毫安表，稳压电源和数根导线，电烙铁，压片机。

MnO_2（分析纯），La_2O_3（分析纯），$SrCO_3$（分析纯），银浆。

【实验操作】

1. 样品制备

称量 10.0000g 分析纯 La_2O_3、4.5276g $SrCO_3$ 和 8.0061g MnO_2 倒入研钵中研磨 30min，用压片机压成一定形状片状物，放入坩埚中于 800℃烧结 8h，在马弗炉中自然冷却至室温，然后于 1100℃烧结 16h，在马弗炉中自然冷却至室温。

2. 样品表征

（1）结构表征：将片状样品用研钵研磨成很细的粉体，以备用 X 射线衍射仪进行晶型结构表征。

（2）称量毫克级样品用振动样品磁强计表征该样品磁性随温度的变化。

（3）将样品研磨压成一定大小的片状物并切成一定几何形状后涂银浆，在 100℃烧结 1.0h，然后升温至 400℃烧结 1.5h，再升温至 500℃和 600℃各 2h。然后焊

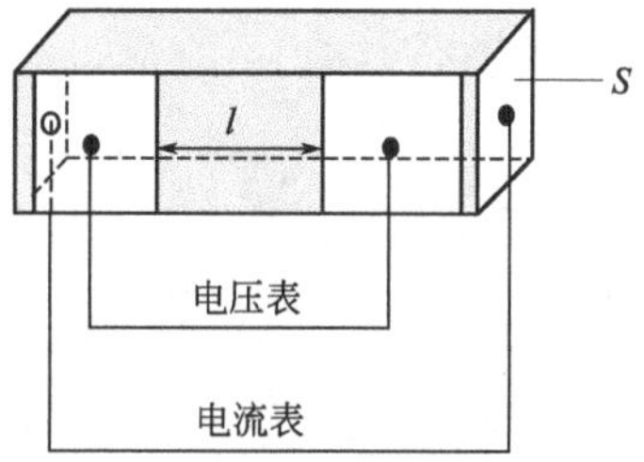

图 1.11　四引线法测定电阻示意图

S—横截面积；l—两个接点间的实际距离

接导线，用四引线法测定电阻随温度的变化，如图 1.11 所示。

【数据处理】

1. 通过 X 射线衍射分析样品的可能的晶体结构。
2. 将该样品的磁矩随温度的变化绘制成图，分析磁矩随温度的变化趋势。
3. 将电流电压数据换算成电阻，绘制样品电阻随温度的变化趋势，并判断该样品呈现什么类型的导电性质。

【思考题】

1. 金属的电阻率随温度的升高变化趋势是怎样的？
2. 半导体的电阻率随温度的降低是怎样变化的？
3. 氧化物磁性与该离子 d 轨道中电子数有何关系？

第2章 金属有机化合物的制备

实验43 二茂铁的制备[58～60]

【实验目的】

掌握二茂铁的结构与芳香性；掌握二茂铁的制备方法；掌握环戊二烯二聚体的解聚原理和方法；掌握 N_2 保护、真空干燥等操作。

【实验原理】

二茂铁是橙色固体，由两个环戊二烯负离子与 Fe^{2+} 结合而成，具有反常的稳定性（470℃以上才分解），可用作火箭燃料添加剂、汽油抗爆剂和紫外吸收剂等。二茂铁具有夹心面包似的夹层结构，两环交错，呈中心对称，即铁原子被夹在两个环中间，10个碳原子等同地与 Fe^{2+} 键合，达到惰性气体氪外电子层18个电子的结构。二茂铁具有芳香性，比苯易于发生亲电取代反应，但对氧化剂的敏感性限制了它在合成中的应用。二茂铁的反应通常需在隔绝空气下进行。二茂铁发生乙酰化时，由于催化剂和反应条件不同，可得到一乙酰或1,1′-二乙酰二茂铁。因乙酰基的致钝作用，两个乙酰基并不在同一环上。虽然二茂铁的交叉构象是优势的，但二乙酰基二茂铁只有一种，这表明环戊二烯能够围绕着与金属键合的轴旋转。反应式如下：

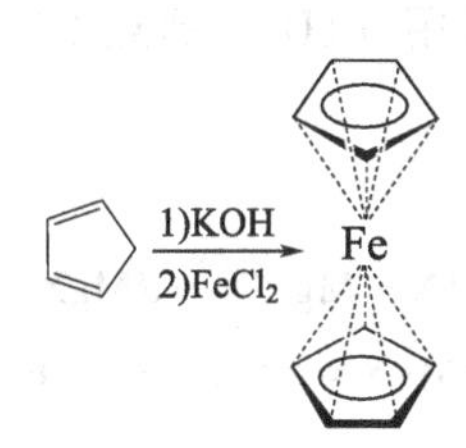

【试剂】

4mL二聚环戊二烯，乙二醇二甲醚，氢氧化钾，四水合氯化亚铁，二甲基亚砜。

【实验操作】

1. 环戊二烯二聚体的解聚

在10mL烧瓶内加入4mL二聚环戊二烯，安装分馏柱、冷凝管、接液管和接收瓶（圆底烧瓶）。先加热回流40min，再进行精馏，得到约2mL环戊二烯。

2. 二茂铁的制备

在50mL三颈瓶内投放一搅拌子，将其一侧颈与 N_2 袋相连，另一侧颈与装有硅油的集气瓶相连，中间安置恒压滴液漏斗。在烧瓶中加入10mL乙二醇二甲醚和4.5g研细的KOH粉末。控制 N_2 的通入量（硅油中氮气泡匀速放出），以赶出烧瓶中的空气，并缓慢搅拌。加入1.3mL环戊二烯，3min后，将混合物猛烈搅拌10min，开始滴加由1.5g四水合氯化亚铁和 5mL 二甲基亚砜配制成的溶液，控制滴加速度，约 45min 加完。滴毕后，继续搅拌 30min。

停止通入 N_2，将混合液倒入 100mL 烧杯中，依次加入 15mL 的 HCl 溶液（1∶1）、20mL 水，搅拌悬浮液 15min 后，用玻璃砂芯漏斗抽滤，用水洗涤（3mL×4），把产物转移至表面皿上，真空干燥。称量，计算产率。

本实验约需 4h。

【思考题】

1. 为何二茂铁具有芳香性？
2. 加入 KOH 粉末的目的是什么？
3. 实验中环戊二烯与氯化亚铁之间的摩尔比是多少？
4. 在合成二茂铁的过程中，为何需要用 N_2 保护？
5. 二茂铁能够发生哪些反应？

实验 44　苯基溴化镁和三苯甲醇的制备[60]

【实验目的】

掌握醇的制备方法；掌握 Grignard 试剂的制备方法与操作；掌握由 Grignard 试剂制备醇的原理；练习无水操作；掌握蒸馏、水蒸气蒸馏等操作。

【实验原理】

卤代烷和溴代芳烃与金屑镁在无水乙醚中反应生成烃基卤化镁，称为 Grignard 试剂。Grignard 试剂是烃基卤化镁与二烃基镁和卤化镁的平衡混合物。乙醚在 Grignard 试剂制备中有着重要的作用，氧原子上的非键电子与带部分正电荷的镁作用生成络合物；乙醚的溶剂化作用使有机镁化合物更稳定，并溶于乙醚；且乙醚价格低廉，沸点低，反应结束后也易于除去。芳香型和乙烯型氯化物，则需用 THF（沸点 66℃）为溶剂，才能发生反应以制备相应的 Grignard 试剂。

$$RX + Mg \xrightarrow{Et_2O} RMgX$$

$$2RMgX \rightleftharpoons R_2Mg + MgX_2$$

$$\begin{array}{c} Et \diagdown \ddot{O} \diagup Et \\ R—Mg—X \\ Et \diagup \ddot{O} \diagdown Et \end{array}$$

卤代烷生成 Grignard 试剂的活性次序为 RI＞RBr＞RCl。氯化物反应较难开始，碘化物价格较贵，且容易在金属表面上发生偶合反应生成偶合产物（R—R），实验室通常使用活性居中的溴化物。

Grignard 试剂中 C—Mg 键是极化的，带部分负电荷的碳有亲核性，能与醛、酮、羧酸衍生物、环氧化合物及二氧化碳等发生反应，生成卤化镁络合物，由冷的无机酸水解生成相应的醇、羧酸和酮等化合物，是增长碳链的重要方法之一。对强酸敏感的醇类化合物可用 NH_4Cl 溶液进行水解。

$$>C{=}O + RMgX \longrightarrow R-\overset{|}{\underset{|}{C}}-OMgX \xrightarrow{H_3^+O} R-\overset{|}{\underset{|}{C}}-OH$$

$$R'COOCH_3 + 2RMgX \longrightarrow R'-\overset{R}{\underset{R}{C}}-OMgX \xrightarrow{H_3^+O} R'-\overset{R}{\underset{R}{C}}-OH$$

$$\text{环氧乙烷} + RMgX \longrightarrow \xrightarrow{H_3^+O} RCH_2CH_2OH$$

$$CO_2 + RMgX \longrightarrow \xrightarrow{H_3^+O} RCOOH$$

$$R'CN + RMgX \longrightarrow R'(R)C{=}NMgX \xrightarrow{H_3^+O} R'(R)C{=}O$$

Grignard 试剂的制备及反应必须在无水条件下进行，所用仪器和试剂均需干燥。微量的水会抑制反应的引发，且会将形成的 Grignard 试剂水解（生成烃）而影响产率。此外，Grignard 试剂还与氧、二氧化碳作用，与卤代烷发生偶合。

$$2RMgX + O_2 \longrightarrow 2ROMgX$$

$$RMgX + RX \longrightarrow R-R + MgX_2$$

Grignard 试剂不宜长时间保存，有时需在惰性气体保护下进行反应。以乙醚作溶剂时，由于醚有较高的蒸气压，可排除反应器中大部分空气。用活泼的卤代烃和碘化物制备 Grignard 试剂时，偶合反应是其主要副反应，可以采取搅拌、控制卤代烃的滴加速度和降低溶液浓度等措施，以减少副反应的发生。Grignard 反应是放热反应，卤代烃的滴加速度不宜过快，必要时应用冷水冷却。当反应开始后，应调节滴加速度，使反应物保持微沸为宜。对活性较差的卤化物或反应不易发生时，可加入少许碘粒、1,2-二溴乙烷或事先已制好的 Grignard试剂引发反应。

方法Ⅰ　苯基溴化镁与苯甲酸乙酯反应合成三苯甲醇

$$C_6H_5-Br + Mg \xrightarrow{Et_2O} C_6H_5-MgBr$$

$$C_6H_5-MgBr + C_6H_5-COOEt \xrightarrow{Et_2O} Ph_2C(OEt)(OMgBr) \longrightarrow Ph_2C{=}O$$

$$Ph_2C{=}O + PhMgBr \xrightarrow{Et_2O} Ph_3C-OMgBr \xrightarrow{NH_4Cl/H_2O} Ph_3C-OH$$

【试剂】

0.5g(0.021mol) 镁屑，3.3g(2.2mL，0.021mol) 溴苯（新蒸），1.33g(1.3mL，0.009mol) 苯甲酸乙酯，无水乙醚，2.5g 氯化铵，乙醇。

【实验操作】

1. 苯基溴化镁的制备

取 0.5g 镁屑及一小粒碘于 50mL 三颈瓶中，在三颈瓶上安装搅拌器、回流冷凝管及恒压滴液漏斗（经预先干燥处理），在冷凝管的上口装置氯化钙干燥管。称取 3.3g 溴苯及 8mL 无水乙醚混合液于恒压滴液漏斗中。先将 1/3 的混合液滴入烧瓶中，数分钟后即见到镁屑的表面有气泡产生，溶液轻微浑浊，碘的颜色逐渐消失。若没有发生反应，可稍加热或用手掌温热烧瓶以引发反应。反应发生后，开启搅拌，并缓缓滴入其余溴苯的乙醚溶液，控制滴加速度，以保持溶液呈微沸状态为宜。滴毕后，再加热回流 0.5h，使镁屑作用完全，得到苯基溴化镁的乙醚溶液。

2. 三苯甲醇的制备

将制备的苯基溴化镁溶液置于冷水浴中，开启搅拌。自恒压滴液漏斗中滴加 1.3mL 苯甲酸乙酯和 3mL 无水乙醚的混合液，控制滴加速度，以保持反应平稳进行。滴毕后，将反应混合物加热回流 0.5h，使反应进行完全，这时可以观察到反应物明显地分为两层。停止加热，在冰水浴冷却和搅拌下，慢慢滴加由 2.5g 氯化铵配成的饱和水溶液（约需 9mL 水），以分解加成产物。

将反应装置改为蒸馏装置，水浴加热蒸去乙醚，并回收。再将残余物进行水蒸气蒸馏，以除去未反应的溴苯及联苯等副产物。瓶中剩余物冷却后凝为固体，抽滤、洗涤、收集，得三苯甲醇粗品。

将粗产物用 80% 的乙醇重结晶。经干燥，称量，得三苯甲醇 1.5～1.7g，测定熔点（161～162℃）。

纯的三苯甲醇为无色棱状晶体，熔点 162.5℃。

3. 三苯甲基碳正离子的检验

取少许三苯甲醇（约 0.02g）及 2mL 冰醋酸于洁净、干燥的试管中。温热，使三苯甲醇溶解。向试管中滴加 2～3 滴浓硫酸，立即变成橙红色溶液。加入 2mL 水，橙红色消失，并有白色沉淀生成。试解释现象，并写出所发生变化的反应式。

本实验约需 7h。

方法Ⅱ　苯基溴化镁与二苯酮反应合成三苯甲醇

$$Ph_2C{=}O + PhMgBr \xrightarrow{Et_2O} Ph{-}C(Ph)_2{-}OMgBr \xrightarrow{NH_4Cl/H_2O} Ph{-}C(Ph)_2{-}OH$$

【试剂】

0.36g(0.015mol) 镁屑，2.4g(1.6mL，0.015mol) 溴苯（新蒸），2.8g(0.015mol) 二苯酮，无水乙醚，3g 氯化铵，乙醇。

【实验操作】

1. 苯基溴化镁的制备

用 0.36g 镁屑和 1.6mL 溴苯（溶于 7.5mL 无水乙醚）制成 Grignard 试剂。所用仪器装置及实验操作同方法Ⅰ。

2. 三苯甲醇的制备

将制备好的苯基溴化镁溶液置于冷水浴中，开启搅拌。自恒压滴液漏斗中，滴加 2.8g 二苯酮溶于 7.5mL 无水乙醚所配成的溶液中。滴毕后，加热回流 0.5h。然后用 3g 氯化铵配成饱和溶液（约需 11mL 水）分解加成产物，蒸去乙醚后进行水蒸气蒸馏，以除去未反应的溴苯及联苯等副产物。冷却，抽滤固体，经乙醇-水重结晶，得到纯净的三苯甲醇结晶，约 2～3g，测定熔点（约 161～162℃）。

3. 三苯甲基碳正离子的检验

三苯甲基碳正离子的检验同方法Ⅰ。

本实验约需 7h。

【思考题】

1. 本实验过程中，有哪些可能的副反应发生？如何避免？

2. 在本实验中，如果溴苯加得太快或一次加入有什么不好？

3. 在 Grignard 试剂的制备过程中，应注意哪些问题？

4. Grignard 试剂能和哪些化合物发生反应？能生成哪些化合物？

5. 三苯甲基碳自由基、正离子和负离子稳定吗？为什么？

实验 45　正丁基锂的制备与含量测定[61,62]

正丁基锂（*n*-butyllithium，$CH_3CH_2CH_2CH_2Li$）为液体，室温下稳定，受热消去氢化锂，遇水分解。熔点－76℃，沸点 80～90℃（0.0001mmHg）。能溶于烃和醚，与醚、胺和硫醚形成络合物。

【实验目的】

掌握烷基锂试剂的制备方法、性质和应用；练习无水、无氧操作；掌握烷基锂试剂的测定方法。

【反应式】

$$CH_3CH_2CH_2CH_2X + 2Li \xrightarrow[\text{或正己烷}]{Et_2O} CH_3CH_2CH_2CH_2Li + LiX$$

【试剂】

无水乙醚，锂丝，正溴丁烷，正己烷，氯代正丁烷。

【实验操作】

1. 正丁基锂的乙醚溶液的制备

在无水、无氧的 N_2 保护下，在装有搅拌器、低温温度计、导气管、干燥管和恒压滴液漏斗的 250mL 干燥四颈瓶中，加入 100mL 无水乙醚和剪碎的 4.3g(0.62mol) 锂丝，在干冰-丙酮浴中冷却到－10℃。在搅拌下，滴加由 34.2g(0.25mol) 正溴丁烷和 50mL 无水乙醚配成的溶液。当溶液变浑浊，且锂丝上呈现金属光泽的亮斑时，表示反应开始。30min 内，将余下的正溴丁烷溶液滴加到四颈瓶中。滴毕后，慢慢温热至 0～10℃，并继续搅拌 1～2h。在氮气保护下，通过塞有玻璃丝的玻璃管过滤，将正丁基锂的乙醚溶液转移到事先充氮的容器中贮存。

2. 正丁基锂的正己烷溶液的制备

在 N_2 保护下，取 120mL 正己烷和 4.8g(0.7mol) 锂丝于装有恒压滴液漏斗、温度计和回流冷凝管（在冷凝管的上口装置氯化钙干燥管）的三颈瓶中。滴加 29.6g(0.32mmol) 氯代正丁烷（注意反应引发后为紫灰色，开始时应该滴加较慢，反应放热比较剧烈，特别注意别冲料），缓慢升温，保持平稳沸腾，约需 1h 滴完。滴毕后，继续回流反应 1.5h，冷却，静置过夜，上层清液为丁基锂溶液，氮气保护下，通过塞有玻璃丝的玻璃管过滤，滤液充氮保存。

3. 残渣处理

将上面的残渣带瓶放在一个装有沙土的盆中，置于安全的地方，暴露在空气中（1～2 个月也不会自燃）。待体系中固体变为白色时，立刻倒出来，在空地上远远地往上面泼水即可。如果当地气候比较潮湿，开始几天应在瓶口加上干燥管。如果急用反应瓶，在转移出正丁基锂溶液后，可以在 N_2 保护下，冰盐浴冷却，缓慢地滴加叔丁醇处理。

4. 正丁基锂含量的测定

取 1mL 正丁基锂溶液于盛有 20mL 蒸馏水的 100mL 锥形瓶中，加入 1～2 滴酚酞试剂，用盐酸标准溶液滴定，纪录消耗盐酸的体积V_1。

另取100mL锥形瓶，氮气保护下加入10mL无水乙醚、1mL苄氯、1mL正丁基锂溶液，剧烈摇动，用红外灯照射加热反应。再加入20mL蒸馏水，滴加1~2滴酚酞试剂，用盐酸标准溶液滴定，记录消耗盐酸的体积V_2。则

$$M_{BuLi}=(V_1-V_2)M_{HCl}/V_{BuLi}$$

本实验约需7h。

附：正丁基锂含量的测定，也可以采用单滴定法标定。

滴定试剂：$1mol \cdot L^{-1}$的仲丁醇/二甲苯溶液（仲丁醇和二甲苯均须用活化过的5A分子筛干燥）。

指示剂：2,2′-联吡啶。

溶剂：二甲苯（须用活化过的5A分子筛干燥）。

[实验操作]

在氩气（或氮气）下，向带翻口塞的100mL的三颈瓶中加入磁子、20mL二甲苯、少量指示剂，用一带精确刻度的2mL注射器准确量取2mL丁基锂，快速转移到瓶中[注射器中的空气需要用氩气（或氮气）置换，且抽取丁基锂时需排除针筒中的氩气，并在丁基锂溶液中来回抽排几次，以免针筒中微量的水和空气影响滴定的准确度]，体系变为紫红色。然后将针筒（用同一个针筒的目的是为了减小滴定误差）洗干净，吹干。用滴定剂洗涤2~3次后，准确量取滴定剂滴定至体系突变为黄色，为滴定终点。

重复滴定一次，两次误差在2%以内，则可认为结果准确。

计算丁基锂的摩尔浓度。

【注意事项】

1. 丁基锂遇空气极易自燃，量取时，针头尖端在空气中会冒火星。
2. 整个过程中须用氮气或氩气保护，特别需要注意安全。
3. 丁基锂着火时，须用沙土灭火。平时须在伸手可及的地方备有灭火的沙土。
4. 制备和使用丁基锂时，最好不要一个人单独操作，以免有意外情况时，一个人无法处理。

【思考题】

1. 丁基锂在有机合成中有何用途？
2. 在丁基锂的制备过程中应注意哪些事项？

实验46 二甲基铜锂的制备[63,64]

【实验目的】

掌握二甲基铜锂的制备方法和应用；掌握低温、N_2保护等操作。

【反应式】

$$2CH_3Li+CuI \xrightarrow{Et_2O} (CH_3)_2CuLi+LiI$$

【试剂】

碘化亚铜，绝对无水乙醚，甲基锂溶液。

【实验操作】

在50mL圆底烧瓶中，加入0.5g(2.6mmol)碘化亚铜和5mL绝对无水乙醚，在N_2保

护下，用干冰降温至−20℃，用注射器向烧瓶中滴加甲基锂溶液，渐渐析出黄色固体（甲基铜），继续缓慢滴加，至黄色固体恰好溶解，停止滴加。静置，上层无色澄清液体即为二甲基铜锂的乙醚溶液。将二甲基铜锂的乙醚溶液进行低温与密封保存。

本实验约需 2h。

【注意事项】

二甲基铜锂对空气与水敏感。

【思考题】

1. 二甲基铜锂在有机合成中有何用途？
2. 在二甲基铜锂的制备过程中应注意哪些？

实验 47　二乙基铜锂的制备[64~66]

【实验目的】

掌握二乙基铜锂的制备方法和应用；掌握低温、N_2 保护等操作。

【反应式】

$$CuBr + SMe_2 \xrightarrow{\text{石油醚}} CuBr \cdot SMe_2$$

$$CH_3CH_2Br + 2Li \xrightarrow{\text{石油醚}} CH_3CH_2Li + LiBr$$

$$2CH_3CH_2Li + CuBr \cdot SMe_2 \xrightarrow{Et_2O} 2(CH_3CH_2)_2CuLi + LiBr + SMe_2$$

【试剂】

二甲硫醚，溴化亚铜，石油醚，锂丝，溴乙烷，绝对无水乙醚。

【实验操作】

1. 溴化亚铜的二甲基硫醚配合物的制备

取 100mL 二甲基硫醚于 1000mL 烧杯中，搅拌下缓慢加入新制的 9.56g(0.0667mol) 溴化亚铜（反应放热）。待溴化亚铜全部溶解后，加入 300mL 石油醚（60～90℃），搅拌，析出白色晶体。抽滤，真空干燥，得 $CuBr \cdot SMe_2$ 粗品 12.3g。

将 $CuBr \cdot SMe_2$ 粗品溶于 200mL 二甲基硫醚中，过滤，除去不溶性杂质。向滤液中缓慢加入石油醚（60～90℃），用玻璃棒摩擦瓶壁，析出白色片状晶体。过滤，用石油醚洗涤，真空干燥，N_2 保护下保存备用。

2. 乙基锂的制备

在 N_2 保护下，取 50mL 石油醚（30～60℃）和 0.7g（0.1mol）锂丝于装有滴液漏斗、温度计和回流冷凝管（冷凝管上端接氯化钙干燥管）的 250mL 三颈烧瓶中。剧烈搅拌下，开始滴加 5.45g（0.05mmol）溴乙烷与石油醚混合物，反应引发后略变灰色，控制滴加速度，以保持平稳沸腾，约需 1h 滴加完毕，继续回流反应 1.5h，至锂周围无气泡产生为止。冷却，静置过夜，上层清液为丁基锂溶液，氮气保护下过滤，滤液充氮保存。参照正丁基锂溶液含量的测定方法测定乙基锂溶液的含量。

3. 二乙基铜锂的制备

将装有低温温度计和翻口塞的圆底烧瓶，抽真空充氮气 3 次。在 N_2 保护下，加入 2.7g (13.125mmol)$CuBr \cdot SMe_2$，用注射器加入 25mL 新蒸的绝对无水乙醚。搅拌，然后以干冰-丙酮浴将反应液冷却至−50℃，用注射器缓慢加入 18.8mL 1.33mol・L^{-1} 的乙基锂乙醚溶液，反应放热，控制温度不超过－30℃。加毕后，于－30℃继续搅拌1h。将溶液于－25℃保存备用。

本实验约需7h。

【思考题】

1. 二乙基铜锂在有机合成中有何用途？

2. 在二乙基铜锂的制备过程中应注意什么？

第3章 有机化合物的常量合成

实验48 正溴丁烷的制备[60,67]

卤代烃是一类重要的有机合成中间体和溶剂。通过卤代烷的亲核取代反应，能制备腈、胺、醚等多种化合物。在无水乙醚中，卤代烃与镁作用制备的Grignard试剂，还可以和醛、酮、酯等羰基化合物及二氧化碳等反应，以制备不同结构的醇、醛、酮、羧酸等。

卤代烷可通过多种方法来制备。实验室制备卤代烷最常用的方法是醇与HX通过亲核取代反应转变为卤代物。而采用烷烃的自由基卤代、烯烃与氢卤酸的亲电加成反应，会得到多种异构体的混合物而难以分离。

【实验目的】

掌握卤代烷的制备原理和方法；掌握有害气体吸收、回流、蒸馏、洗涤、干燥等操作；掌握多相体系中判断有机相的方法；掌握卤代烷、醇、醚的性质与反应。

【实验原理】

实验室制备卤代烷最常用的方法是将相应的醇通过亲核取代反应转变为卤代物，常用的试剂有HX、PCl_3和$SOCl_2$等。

$$n\text{-}C_4H_9OH + HBr \xrightarrow[95\%]{H_2SO_4} n\text{-}C_4H_9Br + H_2O$$

$$t\text{-}C_4H_9OH + HCl \xrightarrow[85\%]{25℃} t\text{-}C_4H_9Cl + H_2O$$

$$3n\text{-}C_4H_9OH + PI_3 \xrightarrow[90\%]{} 3n\text{-}C_4H_9I + H_3PO_3$$

$$n\text{-}C_5H_{11}OH + SOCl_2 \xrightarrow[80\%]{\text{吡啶}} n\text{-}C_5H_{11}Cl + SO_2 + HCl$$

醇与HX的反应是制备卤代烷最方便的方法，叔醇按S_N1机理，伯醇主要按S_N2机理进行。酸的主要作用是使醇羟基发生质子化，将较难离去的—OH基团转变成较易离去的H_2O分子，以加快反应的进行。

消去与取代是竞争性反应，对于仲醇，还可能存在重排反应。因此，针对不同的反应底物，可能有醚、烯烃或重排的副产物。

醇与HX反应的活性与醇的结构、HX的种类有关。活性次序为：叔醇＞仲醇＞伯醇，HI＞HBr＞HCl。叔醇在无催化剂存在下，室温下即可与HX反应；仲醇需温热及酸催化以促进与HX反应；伯醇则需要更剧烈的反应条件及更强的催化剂。

$$(CH_3)_3COH + HCl \rightleftharpoons (CH_3)_3C-\overset{+}{\underset{|\atop H}{O}}-H + Cl^-$$

$$(CH_3)_3C-\overset{+}{\underset{|\atop H}{O}}-H \longrightarrow (CH_3)_3C^+ + H_2O$$

$$(CH_3)_3C^+ + Cl^- \longrightarrow (CH_3)_3CCl \qquad S_N1$$

$$RCH_2OH + H_2SO_4 \rightleftharpoons RCH_2-\overset{+}{\underset{|\atop H}{O}}-H + HSO_4^-$$

$$Br^- + H_2\overset{R\atop|}{C}-\overset{+}{O}H_2 \longrightarrow RCH_2Br + H_2O \qquad S_N2$$

将醇转变为溴化物时，也可用 NaBr 及过量的浓硫酸来代替 HBr。但不适于制备相对分子质量较大的溴化物，因高浓度的盐会降低醇在反应介质中的溶解度。相对分子质量较大的溴化物可通过醇与干燥的溴化氢直接加热制备，或通过与 PBr_3 作用来制备。

$$n\text{-}C_4H_9OH + NaBr + H_2SO_4 \xrightarrow{\triangle} n\text{-}C_4H_9Br + NaHSO_4 + H_2O$$

氯化物常用溶有 $ZnCl_2$ 的浓盐酸溶液与伯醇、仲醇来制备。伯醇则需与 $ZnCl_2$ 饱和的浓盐酸一起加热。$SOCl_2$ 也是制备氯化物的良好试剂，具有无副反应、产率及纯度高，及便于提纯等优点。

碘化物很容易通过醇与氢碘酸反应来制备，更经济的方法是与碘和磷（PI_3）作用，也可以通过相应的氯化物或溴化物与 NaI 在丙酮溶液中发生卤素的交换反应来制备。

由于有更便宜和易得的氯化物和溴化物，一般在合成中很少使用碘化物，然而液态的碘甲烷由于其操作方便却是相应的氯甲烷和溴甲烷很难代替的（卤甲烷的沸点：氯甲烷 −24℃，溴甲烷 5℃，碘甲烷 43℃）。

主反应：

$$NaBr + H_2SO_4 \longrightarrow HBr + NaHSO_4$$

$$n\text{-}C_4H_9OH + HBr \xrightarrow{H_2SO_4} n\text{-}C_4H_9Br + H_2O$$

副反应：

$$CH_3CH_2CH_2CH_2OH \xrightarrow{H_2SO_4} CH_3CH_2CH{=}CH_2 + H_2O$$

$$2n\text{-}C_4H_9OH \xrightarrow{H_2SO_4} (n\text{-}C_4H_9)_2O + H_2O$$

$$2HBr + H_2SO_4(\text{浓}) \longrightarrow Br_2 + SO_2 + 2H_2O$$

【试剂】

3.7g(4.6mL，0.05mol) 正丁醇，6.5g(0.065mol) 无水溴化钠，浓硫酸，饱和碳酸氢钠溶液，无水氯化钙。

【实验操作】

量取 5mL 水于 100mL 圆底烧瓶中，搅拌下小心加入 7mL 浓硫酸，并混合均匀。冷却至室温后，再依次加入 4.6mL 正丁醇、6.5g 研细的溴化钠[(1)]和几粒沸石，并安装回流冷凝管，冷凝管上端安装气体吸收装置，用 5% 的 NaOH 水溶液作吸收剂。搅拌下加热至沸，调节电压使反应物保持平稳回流，因无机盐水溶液有较大的相对密度，不久就会分层，上层液体即为正溴丁烷。回流反应约 30～40min（将反应周期延长至 1h，仅增加 1%～2% 的产率）。停止加热，待反应液冷却后，移去回流冷凝管，安装蒸馏头，改为蒸馏装置，蒸出正溴丁烷粗品[2]。

将馏出液移至分液漏斗中，加入等体积的水进行洗涤（注意判断产物是在上层，还是在下层）[3]。将有机相转入另一干燥的分液漏斗中，用等体积的浓硫酸洗涤[4]，尽量分去硫酸层。将有机相依次用等体积的水、饱和碳酸氢钠溶液和水洗涤后，转入干燥的锥形瓶中。用1～2g黄豆粒大小的无水氯化钙干燥，间歇摇动锥形瓶，直至液体清亮为止。

将干燥好的产物过滤到干燥的蒸馏瓶中，加热蒸馏，收集99～103℃的馏分[5]，得正溴丁烷3～4g。

纯正溴丁烷的沸点为101.6℃，折射率n_D^{20}为1.4399。

本实验约需6h。

【注释】

（1）如用含结晶水的溴化钠（$NaBr \cdot 2H_2O$），可按物质的量换算，并相应减少后面的用水量。

（2）正溴丁烷是否蒸完，可从下列几个方面来判断：

① 馏出液是否由浑浊变为澄清；

② 反应瓶上层油层是否消失；

③ 取一试管收集几滴馏出液，加水摇动，观察有无油珠出现。蒸馏不溶于水的有机物时，常可用此法检验。稍冷后，将瓶内物趁热倒出，以免硫酸氢钠等冷却后结块，不易倒出。

（3）如水洗后产物尚呈红色，是由于浓硫酸氧化溴化氢生成游离溴的缘故，可加入几毫升饱和亚硫酸氢钠溶液洗涤除去。

$$2NaBr + 3H_2SO_4(浓) \longrightarrow Br_2 + SO_2 + 2H_2O + 2NaHSO_4$$

$$Br_2 + 3NaHSO_4 \longrightarrow 2NaBr + NaHSO_4 + 2SO_2 + H_2O$$

（4）浓硫酸能溶解粗产物中的少量未反应的正丁醇及副产物正丁醚等杂质。在以后的蒸馏中，由于正丁醇和正溴丁烷可形成共沸物（沸点98.6℃，含正丁醇13%）而难以除去，还会降低正溴丁烷的产率。

（5）本实验制备的正溴丁烷经气相色谱分析，均含有1%～2%的2-溴丁烷。制备正溴丁烷时，随回流时间增加，2-溴丁烷的含量增大，但回流到一定时间后，2-溴丁烷的量就不再增加。2-溴丁烷的生成可能是由于在酸性介质中，反应也会部分以S_N1机制进行的结果。

【思考题】

1. 在正溴丁烷的制备过程中，硫酸所起的作用是什么？硫酸的用量和浓度过大或过小对本实验有何影响？

2. 反应后的粗产物中含有哪些杂质？各步洗涤的目的是什么？

3. 用分液漏斗洗涤粗产物时，正溴丁烷时而在上层，时而在下层，当不知道产物的相对密度时，应采用什么简便的方法加以判断？

4. 为什么用饱和碳酸氢钠溶液洗涤前先要用水洗1次？

5. 用分液漏斗洗涤产物时，为什么摇动后要及时放气？应如何操作？

实验49　1,2-二溴乙烷的制备[60,68]

烯烃在液态或溶液中很容易与卤素（例如：氯或溴）发生加成反应生成二卤化物，反应无需催化剂或光照，常温下即可迅速而定量地完成。此反应不仅可以用来制备邻二卤代物，也可以用于烯烃的定性检验和双键的定量测定。

1,2-二溴乙烷为无色、具有不愉快甜味的液体，用作有机合成及熏蒸消毒的溶剂，是医药和有机合成的中间体，也可用作汽油抗爆剂的添加剂。

【实验目的】

掌握制备1,2-二卤代烷的原理和方法；掌握醇的消除、烯烃的加成反应机理；掌握溴等有毒性试剂的量取、使用方法；巩固分液漏斗的使用、液体化合物的洗涤、干燥、蒸馏等基本操作。

【实验原理】

$$C_2H_5OH \xrightarrow[170℃]{H_2SO_4} CH_2{=}CH_2 \xrightarrow{Br_2} BrCH_2CH_2Br$$

浓硫酸既是脱水剂，又是氧化剂。因此，在反应过程中还伴有乙醇被氧化的副反应发生，产生二氧化碳、二氧化硫等气体。二氧化硫能与溴发生反应，所以生成的乙烯须经过氢氧化钠溶液洗涤，以除去这些酸性气体杂质。反应完毕后，粗产物中杂有少量未反应的溴，可以采用水和氢氧化钠溶液洗涤的方法除去。

$$Br_2 + 2H_2O + SO_2 \longrightarrow 2HBr + H_2SO_4$$

$$3Br_2 + 6OH^- \longrightarrow 5Br^- + BrO_3^- + 3H_2O$$

【试剂】

8g(2.6mL，0.05mol) 溴，10mL 乙醇，浓硫酸，5%和10%氢氧化钠溶液。

【实验操作】

按图3.1装置仪器。

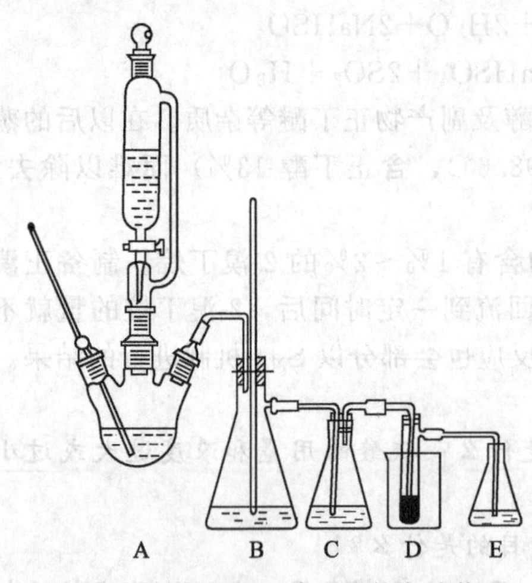

图3.1 制备1,2-二溴乙烷的实验装置

在100mL三颈瓶（A，乙烯发生器）内加入3g干净粗砂（以免加热产生乙烯时出现泡沫，影响反应的进行）。将温度计从其一侧口插入到反应液中，中间瓶口安装恒压滴液漏斗（使反应系统与漏斗的压力相平衡，漏斗内的液体借重力滴下），另一侧口安装乙烯导出管，并与50mL吸滤瓶（B，安全瓶）相连。加少量水于安全瓶中，并将1根长玻璃管插到水面以下，如发现玻管内水柱上升很高甚至喷出时，应立即停止反应，检查系统是否堵塞。洗气瓶（C，50mL锥形瓶）内装20mL 5% NaOH溶液，以吸收乙烯中的酸气。反应管（D，吸滤管）内装4g溴[1]，上面覆盖1～2mL水，以减少溴的挥发，管外用冷水冷却。吸收瓶E内装12mL 5%的NaOH溶液，以吸收被气体带出的少量溴。仪器连接部分务求严密，反应管前的所有瓶口，必须使用橡皮塞[2]。

安装好仪器后，检查装置的气密性。待检查无误后，在冰水浴冷却和搅拌下，将20mL浓硫酸缓慢滴加到10mL 95%乙醇中。取出5mL混合液加入到A中，将剩余部分移入至恒压滴液漏斗中。打开C与D的连接，开始加热三颈瓶A，待温度上升至约120℃时，系统内大部分空气已被排除，连接C与D。当瓶内反应物温度升至170℃左右时，即有乙烯生成，安全管中水柱升至一定高度。维持反应液温度在180℃左右，并从漏斗慢慢滴加乙醇-硫酸混合液，反应产生的乙烯被溴吸收（要求产生的乙烯气体连续而均匀地通入装有溴的反应管中）。如果滴加速度过快，产生的乙烯来不及被溴吸收而跑掉，同时会带走一些溴进入E，造成溴的损失，并消耗过多的乙醇-硫酸液。当溴的颜色全部褪掉时，反应即可结束[3]。依次拆下反应管 E、D、C、B，然后停止加热。

将 D 中的产物移到分液漏斗中，依次用等体积的水、10%NaOH 溶液洗涤，再用等体积的水洗涤 2 次。将有机相加适量无水氯化钙干燥。待溶液透明澄清后，过滤，蒸馏，收集 129～133℃馏分，得 1,2-二溴乙烷 5～6g。

纯 1,2-二溴乙烷的沸点为 131.4℃，折射率 n_D^{20} 为 1.5387。

本实验约需 8h。

【注释】

(1) 溴为剧毒、强腐蚀性试剂，取用时应特别小心。量取溴的操作必须在通风橱中进行，并戴防护眼镜及橡胶手套，注意不要吸入溴的蒸气。如不慎被溴灼伤皮肤，应立即用稀乙醇冲洗或甘油按摩，然后涂以硼酸凡士林。量取溴的一个简便方法是，先将溴加到放在铁圈上的分液漏斗中，然后根据所需要的量滴到量筒中，或先将溴移入滴定管中，再根据需要的量滴到量筒中。

(2) 仪器连接是否严密，是本实验成败的关键。不得有漏气处，否则就没有足够压力使乙烯通入反应管，使给定的乙醇-硫酸混合液所产生的乙烯不足以使溴褪色，必须补充。

(3) 因 1,2-二溴乙烷的凝固点为 9℃，为避免产物凝固，反应进行到后期时，吸滤管的冷却温度最好不要太低。

【思考题】

1. 为什么将乙烯通入反应管之前需将系统内大部分空气排出？
2. 本实验中的恒压漏斗、安全瓶、洗涤瓶和吸收瓶各起什么作用？
3. 在本实验中，下列现象对 1,2-二溴乙烷的产率有何影响？

① 盛溴的抽滤管变得太热；

② 乙烯通过溴液时很迅速地鼓泡；

③ 仪器装置不严密带有缝隙；

④ 干燥后的产物未经过滤除去干燥剂而直接进行蒸馏。

实验 50　对甲苯磺酸钠的制备[69]

磺化是向有机分子引入磺酸基的反应。磺酸基的引入可赋予有机物水溶性、酸性、表面活性等性能。磺酸盐主要作为阴离子表面活性剂使用，如洗涤剂、乳化剂等。芳基磺酸衍生物又是制备染料、医药、农药等的重要中间体。芳环上的磺基还可转化为羟基、氨基、卤素、氰基等基团，从而制得一系列中间体。同时，利用磺化反应的可逆性，可实现有机合成中的定位。此外，从芳磺酰氯可制得芳磺酰胺和芳磺酸酯等一系列产物。因此，磺化在精细有机合成中占有十分重要的地位。

磺化反应可分为直接磺化和间接磺化两类。直接磺化包括以下几种方法。

① 过量硫酸磺化法　大多数芳香族化合物的磺化采用此法。用浓硫酸进行磺化时，反应生成的水使硫酸浓度下降、反应速率降低，因此要使用过量的磺化剂。难磺化的芳烃要用发烟硫酸磺化。

② 三氧化硫磺化法　三氧化硫磺化的优点是不生成水、反应快、废液少，三氧化硫的用量可接近理论量。但三氧化硫过于活泼，易生成砜类等副产物。为降低其活性，需加入惰性溶剂（液体二氧化硫、低沸点卤代烷如二氯甲烷、二氯乙烷、四氯乙烷等）。

③ 共沸脱水磺化法　通过未反应的芳烃利用共沸原理将反应生成的水不断带出，使硫酸浓度不致下降太多，此法的硫酸利用率高。

④ 烘焙磺化法　用于某些芳伯胺的磺化。将芳胺与等摩尔浓硫酸形成固态硫酸盐，于180～230℃烘焙。

⑤ 氯磺酸磺化法　用等摩尔的氯磺酸使芳烃磺化。若用摩尔比为1∶(4～5)或更多的氯磺酸，可制得磺酰氯。

⑥ 加成磺化法　某些烯烃可以与亚硫酸氢盐发生加成磺化。如顺丁烯二酸二异辛酯与亚硫酸氢钠在水介质中在110～120℃反应而得琥珀酸二辛酯-2-磺酸钠盐。当脂肪族化合物分子中的卤素比较活泼时，可与亚硫酸钠发生取代反应从而被磺基所置换。

【实验目的】

掌握芳烃磺化的原理、方法；理解和掌握化学平衡移动的原理；掌握芳磺酸的性质；掌握芳磺酸的成盐方法。

【实验原理】

甲苯与磺化剂硫酸在加热回流状态下，发生磺化反应，主要生成对甲苯磺酸，磺化产物与氯化钠作用得到对甲苯磺酸钠。

主反应：$C_6H_5-CH_3 \underset{\triangle}{\overset{H_2SO_4}{\rightleftharpoons}} H_3C-C_6H_4-SO_3H \underset{\triangle}{\overset{NaCl}{\rightleftharpoons}} H_3C-C_6H_4-SO_3Na$

副反应：$C_6H_5-CH_3 \underset{\triangle}{\overset{H_2SO_4}{\rightleftharpoons}} o\text{-}(SO_3H)C_6H_4-CH_3$

【试剂】

浓硫酸，甲苯，粉状碳酸氢钠，氯化钠。

【实验操作】

1. 对甲苯磺酸的制备

在100mL三口烧瓶上安装温度计、恒压滴液漏斗和回流冷凝管，加入10mL浓硫酸，打开冷却水，搅拌加热至100～110℃(1)，慢慢滴加7.5mL甲苯，约20min滴加完。加完后继续保温反应10min，油层消失表明反应完成，停止加热，冷却，加入3mL水，慢慢冷却，有白色晶体析出。

2. 对甲苯磺酸钠的制备

缓慢加入50mL水，搅拌下分批加入8g粉状碳酸氢钠(2)，中和部分酸。加入15g氯化钠(3)，加热至沸，使氯化钠完全溶解。如有不溶物，应趁热过滤。将滤液冷却至室温，析出晶体，减压过滤，得粗品。

将粗品转移至烧杯中，加入50mL水，搅拌、加热使粗品完全溶解，加入12g氯化钠(4)，加热至沸，使氯化钠完全溶解。稍冷，加入约1g活性炭，趁热过滤，将滤液冷却至室温，析出晶体，减压过滤，干燥，得对甲苯磺酸钠。

【注释】

(1) 磺化反应生成的产物与温度有关，低温有利于生成邻位异构体，较高温度有利于生成对位异构体，更高温度有利于生成二磺酸产物。

(2) $NaHCO_3$中和生成$NaHSO_4$，其水溶性较大；而用Na_2CO_3中和，易将硫酸完全中和，生成水溶性较小的Na_2SO_4，易使产品中夹杂有硫酸钠。

(3) 将甲苯磺酸转化成钠盐。

(4) 对甲苯磺酸钠为白色片状晶体，一般为二水结晶物，易溶于水(20℃时67g，80℃时260g)，在甲醇中可溶，在多数有机溶剂中微溶。盐析作用，使对甲苯磺酸钠晶体析出。

【思考题】

1. 中和酸时，为什么用 $NaHCO_3$ 而不用 Na_2CO_3？
2. NaCl 起什么作用？用量过多或过少，对实验结果有什么影响？
3. 用浓硫酸作磺化剂制备对甲苯磺酸钠的优缺点是什么？
4. 在对甲苯磺酸钠的合成中搅拌的目的是什么？
5. 在对甲苯磺酸钠的合成中，怎样才能保证产品的纯度？

实验 51 丙磺酸内酯的制备[70]

丙磺酸内酯是一种用途广泛的中间体，应用于制革、油墨及染料的合成。作为印染整理剂，经丙磺酸内酯处理后的棉纤维，染料的阳离子染色性大大提高。在电镀工业中，丙磺酸内酯用做镀铜抛光剂和整平添加剂。丙磺酸内酯是阳离子型或两性离子型表面活性剂的重要合成原料。该物质还可用于聚碳酸酯防火剂、润滑油增稠剂、聚丙烯抗静电剂、聚乙烯亚胺交联剂等的合成。

【实验目的】

掌握烯烃与亚硫酸氢盐发生加成反应进行磺化的原理、方法；掌握磺酸内酯的合成方法；掌握减压浓缩等操作。

【实验原理】

以丙烯醇为原料，在一定条件下与 $NaHSO_3$ 进行加成，生成 3-羟基丙磺酸钠，酸化得 3-羟基丙磺酸，在脱水剂存在下，3-羟基丙磺酸于 120～140℃ 发生环化脱水而得丙磺酸内酯。

$$CH_2{=}CHCH_2OH \xrightarrow{NaHSO_3} HO(CH_2)_3SO_3Na \xrightarrow{H^+} HO(CH_2)_3SO_3Na \xrightarrow[\triangle]{-H_2O} \text{(环状 O–SO}_2\text{)}$$

【试剂】

$NaHSO_3$，Na_2SO_3，$Na_2S_2O_8$，丙烯醇，无水乙醇，浓盐酸，苯。

【实验操作】

（1）3-羟基丙磺酸钠　称取 20.8g 的 $NaHSO_3$ 和 8.4g Na_2SO_3 于烧杯中，加人 70mL 水，搅拌溶解得 A 液。

称取 4.2g Na_2SO_3 和 50mL 水于三颈瓶中，搅拌溶解，加热至 40℃，再向三颈瓶中加入 0.71g $Na_2S_2O_8$(1)，在剧烈搅拌下慢慢滴加 A 液和 12g 丙烯醇。恒温 40℃搅拌反应 3h。反应结束后，将反应液减压蒸发浓缩至有白色固体析出，冷却至室温，加入 100mL 无水乙醇，静置 5h。减压抽虑，收集滤液。

（2）3-羟基丙磺酸　将所得滤液加热减压浓缩至 15mL，冷却至室温，加入 20mL 浓盐酸，静置 0.5h 左右。抽滤，再将滤液加热减压浓缩，得淡黄色 3-羟基丙磺酸，约 18.5g。

（3）3-丙磺酸内酯　量取 45mL 苯于三口圆底烧瓶中，安装回流冷凝管，油浴加热至 130℃，从恒压滴液漏斗中滴加由 0.1mol（14.0g）3-羟基丙磺酸和 15mL 无水乙醇组成的混合溶液，加热反应 12h(2)。反应完毕，用分液漏斗分离出上层液体，减压蒸发浓缩脱除乙醇后，置于冰水浴中冷却至 0℃，析出固体，过滤，用少量无水乙醇洗涤，干燥，得丙磺酸内酯晶体 10.6g。

【注释】

（1）$Na_2S_2O_8$ 为引发剂，Na_2SO_3 为氧化保护剂。

（2）通过3-羟基丙磺酸的分子内脱水酯化反应得到1,3-丙磺酸内酯，可采用的制备方法有两种：真空法和共沸脱水法。真空法是在120～170℃温度范围内，在30mmHg以下，使3-羟基丙磺酸发生分子内环化脱水反应；共沸脱水法是以苯为共沸脱水剂，在微沸条件下脱水制备1,3-丙磺酸内酯。

【思考题】

1. 如何合成丁磺酸内酯？

2. 除 $NaHSO_3$ 外，还可以用哪些磺化试剂与丙烯醇作用得到3-羟基丙磺酸？

实验52 β-萘乙醚的制备[71,72]

醚是有机合成中常用的溶剂，大多数有机化合物在醚中都有良好的溶解性。

醇的分子间脱水是制备单纯醚的常用方法。实验室常用的脱水剂是浓硫酸，酸的作用是将醇的羟基转变成更好的离去基团。这种方法通常用来从低级伯醇合成相应的简单醚。除硫酸外，还可用磷酸和离子交换树脂做催化剂。由于反应是可逆的，通常采用蒸出产物或水的方法，使反应朝有利于生成醚的方向移动。同时必须严格控制反应温度，以减少副反应（生成烯烃与二烷基硫酸酯）的发生。

在制备乙醚时，反应温度（140℃）比乙醇的沸点（78℃）高得多，需先将催化剂加热到所需温度，将乙醇滴入到催化剂中，以免乙醇蒸出。由于乙醚的沸点（34.6℃）低，生成后即被蒸出。在制备正丁醚时，正丁醇的沸点（117.7℃）和正丁醚的沸点（142℃）较高，正丁醇的相对密度小于水，且在水中溶解度较小，可使用水分器除去反应生成的水，以提高正丁醚的产率。

仲醇及叔醇的分子间脱水反应通常为单分子的亲核取代反应（S_N1），并伴随有较多的消去产物。因此，用醇脱水制备醚时最好使用伯醇，以获得较高的产率。

制备混醚和冠醚常用的方法是Williamson合成法，即通过卤代烷、磺酸酯或硫酸酯与醇钠或酚钠反应来制备，这是一个双分子的亲核取代反应（S_N2）。由于同时容易发生双分子的消去反应，因此最好使用伯卤代烷，而叔卤代烷不能用于此反应。通过酚钠与卤代烷或硫酸酯的反应可制备芳醚，通常是将酚和卤代烷或硫酸酯与碱性试剂一起进行加热。

β-萘乙醚（nerolin）又称橙花醚，是一种醚类合成香料。其稀溶液具有类似橙花和洋槐花的香味，并伴有甜味和草莓、菠萝的香味。主要用作橙花、草莓等香料的调合香料，也可直接作为橙花精使用，用于某些日化用品；也可用作其他香料（如玫瑰香料、柠檬香料）的定香剂。β-萘乙醚是一个烷基芳基醚，可采用Williamson醚合成法，通过β-萘酚钾盐或钠盐与溴乙烷或碘乙烷作用来制备；也可由β-萘酚与乙醇的脱水来制备。

【实验目的】

掌握醚的合成原理与方法；掌握卤代烃的性质与反应；巩固回流、蒸馏、脱色、重结晶等基本操作。

【反应式】

$$\text{C}_{10}\text{H}_7\text{OH} + NaOH \longrightarrow \text{C}_{10}\text{H}_7\text{ONa} + H_2O$$

$$\text{C}_{10}\text{H}_7\text{ONa} + C_2H_5Br \longrightarrow \text{C}_{10}\text{H}_7\text{OC}_2\text{H}_5 + NaBr$$

【试剂】

β-萘酚[1] 3.6g(0.025mol)，溴乙烷 2mL(2.9g，0.027mol)，无水乙醇 20mL，氢氧化钠[2] 1.1g。

【实验操作】

称取 1.1g 固体氢氧化钠于装有磁子的 50mL 圆底烧瓶中，加入 20mL 无水乙醇，搅拌使之溶解。依次加入β-萘酚 3.6g 和溴乙烷 2mL，加热回流 5～6h。停止加热[3]。

待混合物冷却之后，将回流装置改为蒸馏装置。加热蒸馏，回收大部分乙醇。将残余混合物倒入盛有 40mL 水的 100mL 烧杯中，用冷水冷却。过滤，用水洗涤 2 次，得粗产物。

将粗品β-萘乙醚放入 50mL 圆底烧瓶中，装上回流冷凝管，逐渐加入 95%乙醇，同时加热至回流，使β-萘乙醚恰好溶解完全，记下 95%乙醇的用量 $V_{乙醇}$，再多加入约 15% $V_{乙醇}$ 的溶剂。加活性炭，继续加热 5min 脱色，热过滤，洗涤，收集滤液。冷却至室温，再用冷水浴冷却。抽滤，洗涤，得片状白色结晶。烘干、称量，得β-萘乙醚约 2.4g，测定熔点，计算产率。

纯品β-萘乙醚为无色片状结晶，熔点为 37～38℃，沸点为 281～282℃。

【注释】

(1) β-萘酚有毒，对皮肤、黏膜有强烈刺激作用，称取时要当心。若触及皮肤，应立即用肥皂清洗。浓硫酸有强腐蚀性，若不慎溅到皮肤上，马上用清水冲洗。

(2) 也可用氢氧化钾，但所得粗产物熔点常常很低，且难以后处理。

(3) 电热套温度不宜过高，否则溴乙烷易逸出。反应 5～6h 后几乎无游离酚存在。

【思考题】

1. 能否使用碳酸氢钠代替氢氧化钠？

2. 除了用重结晶法提纯β-萘乙醚外，还可采用其他什么方法？

3. 能否通过乙醇钠和溴苯发生反应来制备β-萘乙醚？

实验 53　2-溴甲基-3-硝基苯甲酸甲酯的制备[73,74]

溴代反应是有机化学中的一个重要反应，常用液溴作溴化试剂。使用液溴时，反应选择性差，酚、芳胺等化合物一般得到多溴代产物；且使用液溴时操作不安全，易产生污染。为此人们一直在寻找一些安全、污染小、选择性高的溴化试剂。

四溴环己二烯酮四溴环酮可用作酚、芳胺、烯烃、多烯烃、不饱和醇、不饱和酮、含氮杂环等化合物的选择性溴化试剂，具有反应条件温和、选择性强、产率高等优点。

溴合二氧六环（由二氧六环与液溴反应制得）与苯酚在乙醚中反应得到高产率(91.4%）的 4-溴苯酚；与取代苯乙酮进行选择性溴代反应，生成α-溴代苯乙酮。具有反应条件温和、选择性高等特点。

5,5-二溴丙二酸亚异丙酯（从丙二酸亚异丙酯直接溴代而得）可作为温和的选择性试剂，对酮、芳胺进行选择性溴代。

N-溴代丁二酰亚胺（NBS）是一种常用溴化剂，用于烯烃与烷基芳烃α-H 的溴代和酚、芳胺类化合物的单溴代反应，是一种自由基取代反应。溴化剂是从 NBS 生成的低浓度溴。

2-溴甲基-3-硝基苯甲酸酯是来那度胺的中间体。来那度胺通过激活 T 细胞产生白介素-2(IL-2)，增强 NK 细胞的免疫活性，发挥免疫调节作用；可引起骨髓瘤细胞的凋亡，抑制由细胞因子和骨髓基质细胞介导的肿瘤细胞抗药性的产生，具有抗血管生成作用。

【实验目的】

掌握自由基取代反应的机理；掌握烯烃与烷基芳烃 α-H 的溴代的方法；掌握 NBS 的性质以及在有机合成中的应用；巩固热回流、洗涤、干燥等操作。

【实验原理】

卤代化合物是许多合成反应的起始原料，易于从母体烃类通过采用卤素单质或其他卤化剂的自由基取代反应制得。*N*-溴代丁二酰亚胺（NBS）试剂在有机反应中的传统应用是烯丙位氢、苄位氢以及羰基 α-位氢的溴代。

在光引发剂偶氮二异丁腈（azobisisobutyronitrile，AIBN）或过氧化苯甲酰（benzoyl peroxide，BPO）作用下，产生自由基，利用 NBS 进行芳香侧链自由基 α-溴代，使 2-甲基-3-硝基苯甲酸甲酯在 CCl_4 溶液中通过 Wohl-Ziegler（沃尔-齐格勒）反应获得到 2-溴甲基-3-硝基苯甲酸酯。在反应混合物中微量的酸或湿气存在下，NBS 分解产生低浓度的溴作为溴化试剂。通常以 CCl_4 作为反应介质，NBS 在 CCl_4 中溶解度极小且密度比 CCl_4 大，沉在溶液下面，随着反应进行，NBS 逐渐消失，生成的丁二酰亚胺也不溶于 CCl_4，但密度比 CCl_4 小，浮在溶液上面，反应完毕后可以过滤回收。

NBr + HBr → NH + Br_2

COOMe, CH_3, NO_2 —AIBN, NBS / △→ COOMe, CH_2Br, NO_2

【试剂】

2-甲基-3-硝基苯甲酸甲酯（工业级），NBS（工业级），AIBN（工业级），四氯化碳，二氯甲烷，碳酸氢钠，无水硫酸钠。

【实验操作】

在干燥的 100mL 圆底烧瓶中加入 2-甲基-3-硝基苯甲酸甲酯（4.4g，0.0225mol）、40mL 四氯化碳，搅拌下加入 4.1g（0.0225mol）NBS(1)。搅拌、加热至回流(2)（也可用 254nm 紫外灯照射 5min，引发反应后，撤下紫外灯光照），继续加热回流反应 24h(3)。冷却至室温，过滤(4)，用四氯化碳洗涤。滤液减压蒸去四氯化碳，剩余物用乙醚-石油醚（5∶1）重结晶，得淡黄色 2-溴甲基-3-硝基苯甲酸甲酯固体。

2-溴甲基-3-硝基苯甲酸甲酯的熔点为 65～67℃。

【注释】

（1）NBS 不溶于四氯化碳，形成较为稠厚的混合物。

（2）AIBN 分解温度为 50～70℃，当反应温度未达到 70℃时，AIBN 不能完全被诱发为自由基，没有溴自由基，NBS 侧链 α-溴代反应不能发生。

（3）当 NBS 全部消失，转化为浮在液体表面的丁二酰亚胺时，表明反应已经结束。

（4）除去产生的丁二酰亚胺。

【思考题】

1. 如何合成本实验所用的原料 2-甲基-3-硝基苯甲酸甲酯？
2. NBS 在有机合成中有哪些应用？
3. 用环己烯与溴发生反应，能否得到 3-溴代环己烯？

实验 54　环戊酮的制备[60,74]

【实验目的】

掌握醛酮的制备方法；掌握羧酸的性质；掌握二元羧酸盐加热脱羧制备环酮的原理；巩固盐析、干燥、蒸馏等操作。

【实验原理】

通过二元羧酸盐（钙或钡盐）加热脱羧是制备对称五元和六元环酮的一种方法，随着二元羧酸碳原子数的增加环变大时，产率很快下降。

【反应式】

$$\text{(环己烷-1,2-二甲酸示意) COOH, COOH} \xrightarrow[290^\circ C]{Ba(OH)_2} \text{环戊酮} + CO_2 + H_2O$$

【试剂】

10g(0.07mol) 己二酸，0.5g 氢氧化钡，碳酸钾。

【实验操作】

称取 12g 己二酸与 0.6g 氢氧化钡（或 0.5g 氟化钾）于研钵中，研磨混合后，转入 25mL 圆底烧瓶中，装成蒸馏装置。蒸馏头口装一支温度计，温度计末端距瓶底约 0.2cm，接液瓶置于冰水浴中。搅拌下加热混合物，使氢氧化钡固体与熔融的酸混合。当固体完全熔化后，较快地加热升温，直至温度达到 285℃。

保持 285～295℃之间进行脱羧反应(1)，将带有水和少量己二酸的环戊酮慢慢蒸出，直至瓶内仅有少量干燥的残渣为止(2)，约需 1.5h。

将上述馏出液转入小的分液漏斗中，加固体碳酸钾(3)使水层饱和。分去水层，有机层用无水碳酸钾干燥后。滤除干燥剂后，蒸馏，收集 128～131℃馏分，得环戊酮 3～4g。

纯品环戊酮的沸点为 130.6℃，折射率 n_D^{20}1.4366。

本实验约需 4h。

【注释】

(1) 若温度高于 300℃，未作用的己二酸也被很快蒸出，故温度应尽可能控制在 285℃以下。

(2) 如瓶内残渣不易洗掉，可加入几毫升乙醇和 2～3 粒氢氧化钠，放置过夜后再用水洗。

(3) 加碳酸钾既可中和蒸馏液中的少量己二酸，还可起到盐析作用，以减少环戊酮在水中的溶解度。

【思考题】

1. 在本实验中，氢氧化钡的作用是什么？
2. 除本实验的方法外，还有什么方法可用来制备环戊酮？
3. 把己二酸钠盐和碱石灰的混合物熔融，得到的主要产物是什么？

实验 55　维生素 K_3 的制备[75,76]

【实验目的】

掌握醌的制备方法；掌握醌与亚硫酸氢钠的加成反应；巩固重结晶等操作。

【反应式】

CH_3 $\xrightarrow[H_2SO_4]{Na_2Cr_2O_7}$ O CH_3 O $\xrightarrow{NaHSO_3}$ O SO_3Na CH_3 O

【试剂】

试剂	规格	用量/g	物质的量/mol	摩尔比
β-甲基萘	化学纯	4.7	0.033	1
重铬酸钠	化学纯	23	0.078	2.4
浓硫酸	化学纯	28	0.285	8.7
丙酮	化学纯	10		
亚硫酸氢钠	化学纯	3	0.028	
95%乙醇	化学纯	15mL		

【实验操作】

1. 甲萘醌的制备

将重铬酸钠 23g 溶于 35mL 水中，与浓硫酸(1) 28g 混合后备用。

在装有搅拌器、恒压滴液漏斗及球形冷凝管的 100mL 三颈瓶中，加入 4.7g β-甲基萘和 10g 丙酮，搅拌至溶解。于 38～40℃下进行水浴加热，并缓慢滴加重铬酸钠与浓硫酸的混合液至反应瓶中。加毕后，于 40℃继续反应 30min。然后，将水浴温度加热升至 60℃，再反应 1h。

趁热将反应物倒入大量水中，使甲萘醌析出，过滤，晶体用水洗 3 次，压紧，抽干，称量。

2. 维生素 K_3 的制备

在装有搅拌器、球形冷凝管的 50mL 三颈瓶中，加入制备的甲萘醌、亚硫酸氢钠 3g (溶于 5mL 水中)，搅拌均匀。再加入 95%乙醇 8mL(2)，搅拌反应 30min，冷却至 10℃，使结晶析出。过滤，结晶用少许冷乙醇洗涤，抽干，得维生素 K_3 粗品。

3. 精制

在装有球形冷凝管的 50mL 圆底烧瓶内，加入维生素 K_3 粗品、粗品 4 倍量的 95%乙醇及 0.2g 亚硫酸氢钠，在 70℃以下搅拌溶解，加入粗品量 1.5%的活性炭。水浴 68～70℃保温脱色 15min，趁热过滤。将滤液冷至 10℃以下，析出结晶。过滤，用少量冷乙醇洗涤，干燥，得维生素 K_3，称量，计算收率。

本实验约需 4h。

【注释】

(1) 需将浓硫酸缓慢加入到重铬酸钠水溶液中。

(2) 乙醇的加入，可增加甲萘醌的溶解度，以利于反应的进行。

【思考题】

1. 氧化反应中为何要控制反应温度，温度高了对产品有何影响？

2. 亚硫酸氢钠能与哪些羰基化合物发生反应？羰基化合物与亚硫酸氢钠的反应有何用途？

实验 56　溴苯的制备[60,77]

芳香族卤代物是指卤素直接与芳环相连接的化合物。可通过苯或取代苯在 Lewis 酸的催化下与卤素发生亲电取代反应来制备（还可通过重氮盐间接制备）。常用的催化剂有三卤化铁、氯化铝等。进行溴代时，由于无水溴化铁极易吸水，不便保存，实验室中通常用铁屑作催化剂，铁屑与溴作用生成溴化铁。机理为：

$$C_6H_6 + Br_2 \xrightarrow[\text{或}FeBr_3]{Fe} C_6H_5Br + HBr$$

$$2Fe+3Br_2 \longrightarrow 2FeBr_3$$

$$FeBr_3 + Br_2 \rightleftharpoons Br^+[FeBr_4]^-$$

$$C_6H_6 + Br^+ \rightleftharpoons \left[C_6H_6Br^+\right] \longrightarrow C_6H_5Br + H^+$$

$$FeBr_4^- H^+ \longrightarrow FeBr_3 + HBr$$

苯的溴化是放热反应。在实际操作中，为了避免反应过于剧烈，减少副产物二溴苯的生成，通常使用过量的苯，并将溴慢慢滴加到苯中。增大溴的比例有利于二溴苯的生成。由于水会使溴化铁水解，使反应难以进行，因此所用试剂和仪器均应无水和干燥。为了避免卤素与苯环发生加成反应，应避光进行。氯苯也可用类似的方法制备，苯的碘代只有在氧化剂存在下，反应才能顺利进行。

$$2C_6H_6 + I_2 + [O] \xrightarrow[87\%]{HNO_3} 2C_6H_5I + H_2O$$

【实验目的】

掌握芳香族化合物亲电取代反应的机理与规律；掌握卤代芳烃的制备方法；巩固气体吸收、分液、洗涤、干燥、蒸馏等操作。

【反应式】

主反应：

$$C_6H_6 + Br_2 \xrightarrow{Fe} C_6H_5\text{—}Br + HBr$$

副反应：

$$2Br\text{—}C_6H_5 + 2Br_2 \xrightarrow{Fe} Br\text{—}C_6H_4\text{—}Br\ (\text{对位}) + C_6H_4Br_2\ (\text{邻位}) + 2HBr$$

苯发生溴代反应的主要副产物是对二溴苯。苯、溴苯（沸点 156℃）和对二溴苯（沸点 220℃）沸点虽相差较大，但通过普通蒸馏仍很难分开，故最初收集的馏分范围较宽。蒸去溴苯后的残液经乙醇重结晶后得对二溴苯。

【试剂】

4g(1.3mL，0.025mol) 溴，2.5g(2.9mL，0.03mol) 无水苯，0.1g 铁屑，饱和亚硫酸氢钠溶液，95％乙醇，无水氯化钙。

【实验操作】

方法一：普通合成法

(1) 常量合成　在 50mL 三颈瓶[1]内加入搅拌磁子、2.9mL 无水苯和 0.1g 铁屑。装置冷凝管、温度计和恒压滴液漏斗，冷凝管上端连溴化氢气体吸收装置。取 1.3mL 溴于恒压滴液漏斗中。先向三颈瓶中滴入 0.2mL 溴，不要搅动，片刻诱导期后（必要时可用水浴温热），反应即开始，有 HBr 气体放出。开始搅拌，并缓慢滴加其余的溴，控制滴加速度，以维持反应物微沸为宜，约 10min 加完。加完溴后，再于 70～80℃反应 15min，至冷凝管中无红色溴蒸气，且几乎无 HBr 气体逸出为止。

向反应瓶内加入 8mL 水[2]，搅拌 2min 后，抽滤，以除去少量铁屑。将粗产物转入分液漏斗中，静置，分去水层后，依次用 5mL 饱和亚硫酸氢钠[3]溶液和 12mL 水洗涤。经无水氯化钙干燥后，过滤，用苯洗涤。将滤液和洗液置于圆底烧瓶中，加热，先蒸去苯。继续加热，当温度上升至 135℃时，换空气冷凝管，继续蒸馏，收集 145～170℃之间的馏分。将此馏分再重蒸一次，收集 154～160℃的馏分，得溴苯 2～3g。

将第一次蒸馏的残液趁热倒在表面皿上，凝固后，用滤纸吸收邻二溴苯（熔点 7.1℃）后，将固体置于 10mL 锥形瓶中，加热并滴加 95%乙醇，直至固体全部溶解后再多加 0.2～0.5mL 乙醇（约需 1.5mL）。稍冷后，加入少许活性炭（约 0.1g），水浴温热后用折叠滤纸过滤。

待滤液冷却后即有片状晶体析出。抽滤，得约 0.15g 对二溴苯。产物干燥后测熔点。

纯品对二溴苯的熔点为 87.33℃。纯品溴苯的沸点为 156℃，折射率为 1.5597。

本实验约需 6h。

(2) 小量合成　取 2.2mL 苯、50mg 铁粉和搅拌磁子于二颈烧瓶中，一瓶口装上冷凝管，另一瓶口插入装有 1mL 溴的注射器。先滴入少许溴，反应开始后，启动搅拌器，然后分几次滴加其余溴，使溶液呈微沸状态，加完溴后，将烧瓶置于 60～70℃水浴中加热 10min，直到不再有溴化氢气体逸出为止。

反应物冷却后，用毛细滴管将反应物移至离心试管中，再分别用 2mL 水、1mL 10%氢氧化钠洗涤一次，最后用水洗涤二次（每次 2mL）。粗产品用无水氯化钙干燥后，移至 5mL 圆底烧瓶中，上接一微型蒸馏头，水浴先蒸出未反应的苯，再换一只微型蒸馏头，隔石棉网加热，收集 140～160℃馏分，产量约 2g，产率约 60%。

方法二：超声波合成法

取 1.7mL 苯和 0.05g 铁粉于 10mL 的圆底烧瓶中，并将烧瓶固定在水槽式超声波清洗反应器内，装置回流装置和气体吸收装置。启动超声波发生器，量取 1.0mL 的溴，由瓶口一次性加到反应瓶中，立即装上回流冷凝管，超声辐射 20～30min 至瓶内溴的颜色基本褪去，停止反应。

蒸馏，收集 150～175℃之间的馏分，得一次蒸馏产物（主要为溴苯）。将此馏分再蒸一次，收集 152～158℃之间的馏分，产量为 2.0～3.0g。溴苯的 IR 谱图见图 3.2。

【注释】

(1) 玻璃仪器必须干燥。

(2) 加水的目的是除去溴化铁、溴化氢及部分溴。

(3) 由于溴在水中溶解度较小，用饱和亚硫酸氢钠溶液洗涤，以除去溴。

【思考题】

1. 反应过程中，所用仪器为何必须干燥？

2. 在制备溴苯时，应该过量的是溴还是苯？为什么？

3. 试设计合成对二溴苯的实验方案。

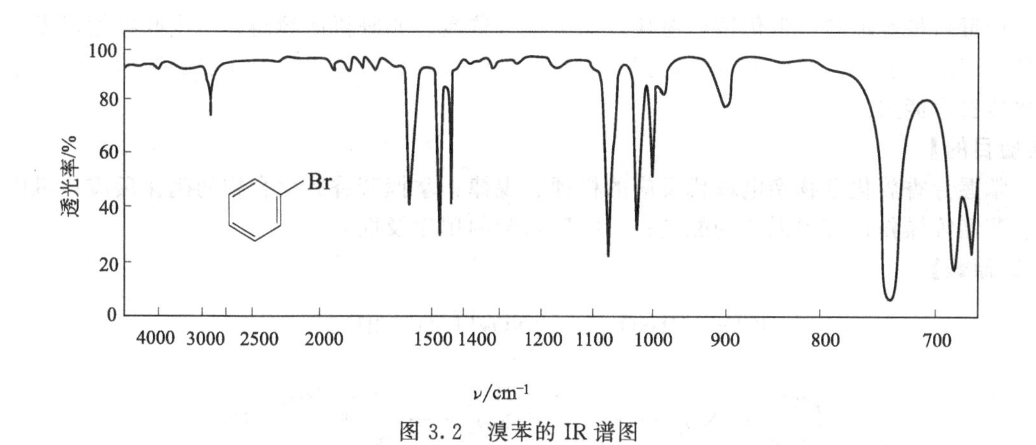

图 3.2　溴苯的 IR 谱图

实验 57　硝基苯的制备[60,77]

硝基化合物（特别是含有多个硝基的化合物）往往非常容易爆炸。不适当的操作和一些混杂物很容易造成放热反应。例如：三硝基苯酚（苦味酸）、三硝基甲苯（TNT）和三硝基间苯二酚（收敛酸）等。

硝化反应是制备芳香族硝基化合物的主要方法，也是芳香族化合物最重要的亲电取代反应之一。由于芳香硝基化合物很容易被还原为芳胺，通过芳胺和重氮盐可间接地转化为多种芳香族化合物，因而是一类重要的有机合成中间体。

芳香烃的硝化较易进行，在浓硫酸存在下与浓硝酸作用，氢原子被硝基取代，生成相应的硝基化合物，例如：

$$C_6H_6 + HNO_3(浓) \xrightarrow[50\sim55℃]{H_2SO_4(浓)} C_6H_5NO_2 + H_2O$$

针对不同的硝化对象，可以使用浓硝酸与浓硫酸的混合物（混合酸），也可以单独使用硝酸或硝酸的冰乙酸及乙酸酐的溶液作为硝化试剂。硝化试剂和反应条件的选择，主要根据硝化对象的反应活性、在反应介质中的溶解度及产物是否容易分离提纯等因素。对氧化剂敏感的酚类化合物的硝化一般采用稀硝酸作为硝化剂。

硝化反应通常在较低的温度下进行。在较高的温度下，由于硝酸的氧化作用往往导致原料的损失。对于用混酸难硝化的化合物，可以采用发烟硫酸（含 60%以上的三氧化硫）或发烟硝酸，如硝基苯可利用发烟硝酸和浓硫酸的混合物转化为间二硝基苯（收率 90%）。

硝基苯(1)为淡黄色透明油状液体，有苦杏仁味，微溶于水，易溶于苯、乙醇、乙醚等大多数有机溶剂；是一种重要的有机合成原料，最大的用途是生产苯胺，亦用于生产多种医药、农药和染料中间体。例如用硝基苯经磺化生产硝基苯磺酸。也可直接还原重排生产对氨基酚，还可以进一步硝化制得一系列中间体等。同时还是重要的有机溶剂，硝基苯可溶解有机物和许多无机盐（$AlCl_3$、$FeCl_3$ 等），有时也可作为反应介质或重结晶的溶剂。硝基苯是毒性物质，通过呼吸道、消化道和皮肤侵入人体，主要作用于血液、肝及中枢神经系统，可使血红蛋白变为高铁血红蛋白，失去运输氧的能力，引起缺氧。硝基苯中毒可分为急性或亚急性，后者居多。急性中毒时表现为头痛眩晕、恶心呕吐、面色灰白，舌尖、唇、手指、足趾发紫，甚至呼吸困难、意识不清、抽筋或惊厥。亚急性中毒与上述症状相似，但时间较长。中毒后虽经治愈，但仍留后遗症，如头痛、贫血、心脏机能障碍等。皮肤接触可发生渗出性湿疹。硝基苯一旦污染水源，就会引起水质严重恶化，使水的色味受到影响，并严重影响水体自净能力。

【实验目的】

掌握芳香族化合物亲电取代反应的机理、规律；掌握芳香族化合物的硝化反应；巩固萃取、蒸馏等操作；练习混酸的配制；了解硝基苯的用途及性质。

【实验原理】

$$HNO_3 + 2H_2SO_4 \rightleftharpoons {}^{+}NO_2 + H_3O^{+} + 2HSO_4^{-}$$

$$C_6H_6 + {}^{+}NO_2 \longrightarrow [C_6H_6NO_2]^{+} \longrightarrow C_6H_5NO_2 + H^{+}$$

浓硫酸的作用是提供强酸性介质，有利于生成硝酰正离子（${}^{+}NO_2$），它是真正的亲电试剂。

$$C_6H_6 + HNO_3(浓) \xrightarrow[50\sim55^{\circ}C]{H_2SO_4(浓)} C_6H_5NO_2 + H_2O$$

【试剂】

4g(4.5mL，0.05mol) 苯，6.4g(4.5mL，0.1mol) 浓硝酸（$\rho=1.42g\cdot mL^{-1}$），9g(5mL，0.09mol) 浓硫酸（$\rho=1.84g\cdot mL^{-1}$），5%氢氧化钠溶液，无水氯化钙。

【实验操作】

在 100mL 锥形瓶中，加入 4.5mL 浓硝酸[(2)]。在冷却和搅拌下，缓慢加入 5mL 浓硫酸，制成混合酸，冷却备用。

取 4.5mL 苯于 50mL 三颈瓶中，安装温度计（水银球浸入到液面以下）、滴液漏斗、回流冷凝管、抽气接头（用橡胶管连接通入水槽）。搅拌下，自恒压滴液漏斗逐滴加入混酸。控制滴加速度，使反应温度维持在 50～55℃之间（勿超过 60℃）[(3)]，必要时可用冷水浴冷却。滴毕后，将三颈瓶置于 60℃左右的热水浴中，继续搅拌反应 15～30min。冷却，停止反应。

待反应物冷至室温后，将反应物转入到盛有 25mL 水的分液漏斗中。充分摇振，静置分层。将硝基苯粗品转入另一分液漏斗中，依次用等体积的水、5%氢氧化钠溶液和水洗涤[(4)]，用无水氯化钙干燥。将酸液倒入废液缸。

将干燥好的硝基苯滤入蒸馏瓶中，装好蒸馏装置（接空气冷凝管）。加热蒸馏，收集 205～210℃馏分[(5)]，得硝基苯约 4.5g。

纯品硝基苯为淡黄色的透明液体，沸点为 210.8℃，折射率 n_D^{20} 为 1.5562。

本实验约需 4h。

【注释】

(1) 硝基化合物有较大的毒性，吸入多量蒸气或被皮肤接触吸收，均会引起中毒！所以处理硝基苯或其他硝基化合物时。必须通谨慎小心，尽可能戴橡胶手套，如不慎触及皮肤，应立即用少量乙醇擦洗，再用肥皂及温水洗涤。

(2) 一般工业浓硝酸的 $\rho=1.52g\cdot mL^{-1}$，用此酸反应时，极易得到较多的二硝基苯。为此可用 3.3mL 水、20mL 浓硫酸和 18mL 工业浓硝酸组成的混酸进行硝化。

(3) 硝化反应系放热反应，若温度超过 60℃，有较多的二硝基苯生成，且有部分硝酸和苯挥发逸出。

(4) 洗涤硝基苯时，特别是用氢氧化钠溶液洗涤时，不可过分用力摇荡，否则会使产品乳化而难以分层。若遇此情况，可加入固体氯化钙或氯化钠饱和溶液，或加数滴酒精，静置片刻，即可分层。

(5) 因残留在烧瓶中的二硝基苯在高温时易发生剧烈分解，故在蒸馏产品时，不可蒸干或使温度超过 214℃。

【思考题】

1. 为什么要控制反应温度在 50～55℃之间？为何温度不宜过高？
2. 粗产物依次用水、碱液、水洗涤的目的是什么？
3. 甲苯和苯甲酸的硝化产物是什么？反应条件有何差异？为什么？
4. 如果粗产物中有少量硝酸没有除掉，在蒸馏过程中会发生什么现象？
5. 硝基化合物有较大的毒性，实验中应注意什么？

实验 58　对二叔丁基苯的制备[60,77,78]

芳烃在 Lewis 酸催化下的烃基化反应称作 Fridel-Crafts 烃基化反应。实验室通常采用无水 $AlCl_3$ 作催化剂，其他催化剂（$ZnCl_2$、$FeCl_3$、BF_3 及质子酸 HF 和 H_2SO_4 等）针对不同的反应底物也有类似的催化活性。除卤代烷（包括芳烷基卤，如 $ArCH_2Cl$、$ArCHCl_2$）外，其他能产生碳正离子的化合物（如烯、醇等）也可作为烷基化试剂。若使用多卤代烷，则可得到二芳基和多芳基烷烃。卤代芳烃不能作为芳基化试剂。烃基化是典型的亲电取代反应：

$$RX + AlCl_3 \rightleftharpoons R^+[AlCl_3X]^- \rightleftharpoons R^+ + [AlCl_3X]^-$$

$$C_6H_6 + R^+ \rightleftharpoons [C_6H_6R]^+ \rightleftharpoons C_6H_5R + H^+$$

$$[AlCl_3X]^- + H^+ \rightleftharpoons AlCl_3 + HX$$

烃基化反应是放热反应，但有一个诱导期，所以操作时应注意温度的变化。由于氯化铝遇水或潮气会分解失效，故反应时所用仪器和试剂都应是干燥和无水的。催化剂起协助产生亲电试剂——碳正离子的作用。因氯化铝反应后又重新产生，故用量为催化剂量。

烃基化反应有一定的局限性，一是由于生成的烷基苯比苯更活泼，容易发生多元取代，生成二烷基和多烷基苯，这可通过加入大大过量的芳烃和控制反应温度来加以抑制；二是发生重排反应，由于反应是通过碳正离子机理来进行的，当使用伯和仲卤代烷时，主要得到烷基结构改变的重排产物。例如：

$$C_6H_6 + CH_3CH_2CH_2Cl \xrightarrow[0℃]{AlCl_3} \underset{31\%\sim35\%}{C_6H_5CH_2CH_2CH_3} + \underset{65\%\sim69\%}{C_6H_5CH(CH_3)-CH_3}$$

显然这是由于生成的伯碳正离子不稳定，容易重排成更稳定的仲或叔碳正离子造成的：

$$CH_3-CH(H)-\overset{+}{C}H_2 \longrightarrow CH_3-\overset{+}{C}H-CH_3$$

重排的程度取决于试剂的性质、温度、溶剂及催化剂等因素，因此，烃基化反应不能用来制备侧链上含三个碳原子以上的直链烷基苯。

工业上通常采用烯烃作烃基化试剂，使用氯化铝-氯化氢-烃的液态络合物、磷酸、无水氟化氢及浓硫酸等作催化剂。

【实验目的】

掌握傅-克烷基化反应制备烷基苯的原理和方法；掌握有害气体吸收、回流、重结晶等操作；掌握无水操作。

【反应式】

$$C_6H_6 + 2(CH_3)_3CCl \xrightarrow{AlCl_3} p\text{-}C_6H_4[C(CH_3)_3]_2 + 2HCl$$

【试剂】

4.3g(5mL，0.045mol) 叔丁基氯，2.2g(2.5mL，0.0286mol) 无水苯，无水 $AlCl_3$，乙醚，甲醇，无水硫酸镁。

【实验操作】

迅速称取 0.5g 无水 $AlCl_3$ (1) 于带塞的试管中备用。

取 5mL 叔丁基氯和 2.5mL 无水苯于 50mL 干燥的二颈瓶中(2)。侧口安装温度计，温度计插入瓶底。另一口连接气体吸收装置(3)。将二颈瓶置于冰水浴中，搅拌，冷却至 5℃以下，迅速加入约 1/3 的无水氯化铝，搅拌使充分混合。诱导期之后，开始发生反应，冒泡并放出 HCl 气体。5min 后，分 2 批加入剩余的无水 $AlCl_3$，间隔 10～15min，维持反应温度在 5～10℃之间，反应至无明显的 HCl 气体放出为止，有白色固体析出。

将烧瓶从冰浴中移出。在室温下放置 5min 后，加入约 5mL 冰水分解反应物。然后用乙醚萃取（10mL×2），静置后弃去水层，醚层用等体积的饱和氯化钠溶液洗涤后，加入无水硫酸镁干燥。

将干燥后的溶液滤入烧瓶中，加热蒸去乙醚，并用水泵减压以除去残留溶剂，得到油状物，冷却、固化，过滤。再用 5mL 甲醇溶解粗产物，然后冰浴冷却，得到针状或片状结晶，减压过滤，用少量冷甲醇洗涤产物，干燥，得对二叔丁基苯 1～2g，熔点 77～78℃。

纯品对二叔丁基苯为白色结晶，熔点 78℃。

本实验约需 4h。

【注释】

(1) 无水 $AlCl_3$ 的质量是关键，研细、称量及投料等操作均要迅速，避免长时间暴露在空气中。

(2) 也可用锥形瓶代替烧瓶，采用外部冰浴冷却的方式控制反应温度，锥形瓶应通过插有玻璃管的橡皮塞连接气体吸收装置。

(3) 烧瓶最好通过干燥管连接气体吸收装置。以隔绝潮气，吸收装置的玻璃漏斗应略有倾斜，使漏斗口一半在水面上，这样既能防止气体逸出，又能防止水被倒吸至反应瓶中。

【思考题】

1. 本实验中，烃基化反应为什么要在 5～10℃下进行？温度过高有什么不好？

2. 重结晶后的母液中可能含有哪些副产物？

3. 如何合成正丙基苯？

实验 59　苯乙酮的制备[60]

Fridel-Crafts 酰基化是制备芳香酮的主要方法。在无水氯化铝存在下，酰氯或酸酐与活泼的芳香化合物反应，可高产率地得到烷基芳基酮或二芳基酮。

$$RCOCl + ArH \xrightarrow{AlCl_3} RCOAr + HCl$$

$$Ar'COCl + ArH \xrightarrow{AlCl_3} Ar'COAr + HCl$$

$$(RCO)_2O + 2ArH \xrightarrow{AlCl_3} 2RCOAr + H_2O$$

反应历程为：

$$RCOCl + AlCl_3 \rightleftharpoons [RCO^+][AlCl_4]^- \rightleftharpoons RCO^+ + [AlCl_4]^-$$

$$C_6H_6 + R\overset{+}{C}O \longrightarrow [C_6H_6(H)(COR)]^+ \longrightarrow C_6H_5COR + H^+$$

$$[AlCl_4]^- + H^+ \longrightarrow AlCl_3 + HCl$$

$AlCl_3$ 的作用是产生亲电试剂——酰基正离子，酰基化反应与烷基化反应不同。烷基化反应所用 $AlCl_3$ 是催化量（0.1mol），而在酰基化反应中，当用酰氯作酰基化试剂时，$AlCl_3$ 的用量约为 1.1mol。因 $AlCl_3$ 与反应中产生的芳酮形成络合物$[ArCOR]^+[AlCl_4]^-$。当使用酸酐时，则需使用 2.1mol 的 $AlCl_3$，因反应中产生的有机酸也会与 $AlCl_3$ 反应。与烷基化反应的另一不同点是，由于酰基的致钝作用，阻碍了进一步的取代发生，故产物纯度高，无多元取代产物和重排产物（酰基阳离子通过共振作用增加了稳定性）。因此，制备纯净的侧链烷基苯通常是通过酰基化反应再还原羰基来实现的。

与酰氯相比，酸酐原料易得，纯度高，操作方便，无明显的副反应或有害气体放出；反应平稳且产率高，产生的芳酮容易提纯。一些二元酸酐如马来酸酐及邻苯二甲酸酐通过酰基化反应制得的酮酸是重要的有机合成中间体。

酰化反应通常用过量的芳烃或二硫化碳、二氯甲烷和硝基苯等作溶剂。

【实验目的】

掌握傅-克酰基化反应的原理；掌握傅-克酰基化制备芳香酮的方法；掌握无水操作及机械搅拌的使用方法；巩固萃取、液体的干燥、蒸馏等操作。

【反应式】

$$C_6H_6 + (CH_3CO)_2O \xrightarrow{AlCl_3} C_6H_5COCH_3 + CH_3CO_2H$$

【试剂】

3.8g(3.5mL，0.036mol) 乙酸酐，15mL(0.17mol) 无水苯，10g(0.075mol) 无水 $AlCl_3$，浓盐酸，5%的 NaOH 溶液，无水硫酸镁。

【实验操作】

迅速称取 10g 研细的无水 $AlCl_3$(1) 于 100mL 三颈瓶(2) 中，装置搅拌器、冷凝管和滴液漏斗，冷凝管上端依次安装氯化钙干燥管与氯化氢气体吸收装置。加入 15mL 无水苯后，开启搅拌，自滴液漏斗缓慢滴加 3.5mL 乙酸酐，控制滴加速度勿使反应过于剧烈，以三颈瓶稍热为宜，约 10～15min 滴加完毕。滴毕后，加热回流 15～20min，直至不再有氯化氢气体逸出为止。

将反应物冷却至室温，在搅拌下加入水，初始时有不溶物出现，继续加水至不溶物溶解。将混合物转入分液漏斗中，分出有机层，水层用苯萃取（5mL×2）。合并有机层和苯萃取液，依次用等体积的 5%NaOH 溶液和水洗涤，用无水硫酸镁干燥。

将干燥后的粗产物过滤，用苯洗涤。合并滤液与洗液，加热，先蒸除苯(3)。当温度上升至 140℃左右时，停止加热，稍冷却后改换为空气冷凝装置，收集 198～202℃馏分(4)，得苯乙酮 2～3g。

纯品苯乙酮的沸点为 202.0℃，熔点为 20.5℃，折射率 n_D^{20} 为 1.5372。

本实验约需 6h。

【注释】

(1) 无水 $AlCl_3$ 的质量是关键，研细、称量及投料均要迅速，避免长时间暴露在空气中。可在带塞的锥形瓶中称量。

(2) 仪器和试剂均需充分干燥，否则影响反应顺利进行，和空气相通的部位应装置干燥管。

(3) 由于最终产物不多，宜选用较小的蒸馏瓶，可采用分液漏斗将苯溶液分批加入到蒸馏瓶中。

(4) 也可以通过减压蒸馏进行纯化。苯乙酮在不同压力下的沸点见表 3.1。

表 3.1 苯乙酮在不同压力下的沸点

压力/mmHg	4	5	6	7	8	9	10	25	30	40	50	60	100	150	200
沸点/℃	6	64	68	71	73	76	78	98	102	109.4	115.5	120	133.6	146	155

注：1mmHg=133.3224Pa。

【思考题】

1. 水和潮气对本实验有何影响？在装置仪器和操作中应注意哪些事项？
2. 在烷基化和酰基化反应中，氯化铝的用量有何不同？为什么？
3. 下列试剂在无水氯化铝存在下相互作用，写出主要产物。

① 过量苯+$ClCH_2CH_2Cl$　　② 氯苯和丙酸酐

③ 甲苯和邻苯二甲酸酐　　④ 溴苯和乙酸酐

实验 60　3-苯基-1-(4-甲基苯基)-丙烯-1-酮的制备[60,77]

二苯基丙烯酮又叫查耳酮，是合成黄酮类化合物的重要中间体。查耳酮广泛存在于自然界中，对植物抵抗疾病、寄生虫等起重要作用。由于查耳酮分子结构具有较大的柔性，能与不同的受体结合，因此具有广泛的生物活性和药理作用。

【实验目的】

掌握羟醛缩合反应的机理及其在有机合成中的应用；掌握 α,β-不饱和醛、酮的制备方法；巩固重结晶等操作。

【实验原理】

在稀碱或稀酸的催化下，具有 α-H 的醛（或酮）分子中的 α-H 加到另一个醛（或酮）分子的羰基氧上，其余部分加到羰基碳上，生成 β-羟基醛（或酮）叫做羟醛缩合或醇醛缩合（aldol condensation）。通过羟醛缩合，可以在分子中形成新的碳碳键，并增长碳链。β-

羟基醛（或酮）受热脱水成不饱和醛酮。一些不带α-氢原子的醛、酮能够同带有α-氢原子的醛、酮发生交叉羟醛缩合。芳香醛与含有α-氢原子的醛、酮在碱催化下所发生缩合反应，脱水得到α,β-不饱和醛、酮，叫做克莱森-斯密特（Claisen-Schmidt）缩合反应。

苯甲醛与含有α-氢原子的对甲基苯乙酮在碱催化下所发生克莱森-斯密特缩合反应，脱水得到3-苯基-1-（4-甲基苯基）-丙烯-1-酮。

$$C_6H_5CHO + CH_3COC_6H_4CH_3 \xrightarrow{NaOH} C_6H_5CH{=}CHCOC_6H_4CH_3$$

【试剂】

对甲基苯乙酮，无水乙醇，苯甲醛，氢氧化钠。

【实验操作】

称取2.68g（20mmol）对甲基苯乙酮于100mL烧瓶中，加入20mL无水乙醇，搅拌溶解。在搅拌下加入2.16g苯甲醛（20mmol）(1)，快速搅拌下滴加8mL质量分数为10%的氢氧化钠水溶液(2)，继续搅拌直至有大量淡黄色固体沉淀物生成，大约需要5h。待反应完毕，进行抽滤，滤饼先用水洗，再用少量冰水浴冷却过的95%乙醇进行洗涤(3)。最后用乙醇/水混合溶剂（体积比10∶7）洗涤，干燥，得淡黄色固体3-苯基-1-（4-甲基苯基）-丙烯-1-酮约4g。

3-苯基-1-（4-甲基苯基）-丙烯-1-酮的熔点为54～55℃。

【注释】

（1）苯甲醛需新蒸馏后，方能使用。

（2）氢氧化钠水溶液的浓度不能过高，否则副产物较多。

（3）用95%乙醇溶液洗涤是为了除去未完全反应的对甲苯乙酮和苯甲醛。

【思考题】

1. 氢氧化钠起什么作用？碱的浓度过高，用量过大有什么不好？

2. 本实验如何避免副反应的发生？

3. 实验中对甲基苯乙酮与苯甲醛缩合后，为什么易失水？

4. 本实验的Claisen-Schmidt缩合反应中，可能会发生哪些副反应？它们是如何被抑制的？

5. 说明该反应以*E*型产物为主的原因。除熔点外，还有哪些方法可以区别这两种顺反异构体？

实验61　邻硝基苯酚和对硝基苯酚的制备[60]

【实验目的】

掌握酚类化合物的性质；掌握用硝化法合成邻硝基苯酚和对硝基苯酚的方法；掌握水蒸气蒸馏的原理及操作。

【实验原理】

苯酚与冷的稀硝酸发生作用，即可生成邻硝基苯酚和对硝基苯酚的混合物。实验室多用硝酸钠（或硝酸钾）与稀硫酸的混合物来代替稀硝酸，以减少苯酚被硝酸氧化的可能性，并有利于增加对硝基苯酚的产量，尽管如此，仍不能避免使部分苯酚发生氧化，生成焦油状物质。

邻硝基苯酚可通过分子内氢键形成六元螯合环，而对硝基苯酚只能通过分子间氢键形成缔合体。因此，邻硝基苯酚的沸点较对硝基苯酚的沸点低，在水中溶解度也较对硝基苯酚低得多，易随水蒸气挥发，可通过水蒸气蒸馏的方法与对位异构体分离。

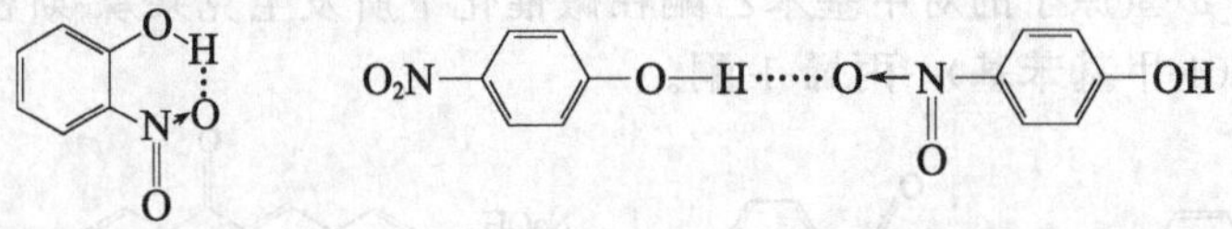

氯苯水解可以得到苯酚。但是，由于氯原子与苯环之间存在 p-π 共轭，C—Cl 键能较高，在通常条件不易发生水解。在高温高压下［370℃左右，20MPa(200atm)］，用铜做催化剂，才能使氯苯在氢氧化钠水溶液中水解成酚钠，酚钠经酸化后可得苯酚，这也是由芳卤衍生物制取其他酚类化合物的一种途径。而以邻-或对硝基氯苯做原料，由于硝基吸电子效应的影响，硝基氯苯分子中的氯原子要比氯苯分子中的氯原子活泼，因而水解反应比氯苯容易。邻-或对硝基氯苯在 160℃、0.8MPa(8atm) 的条件下发生水解，即可得到邻-或对硝基苯酚。

方法Ⅰ：苯酚硝化法

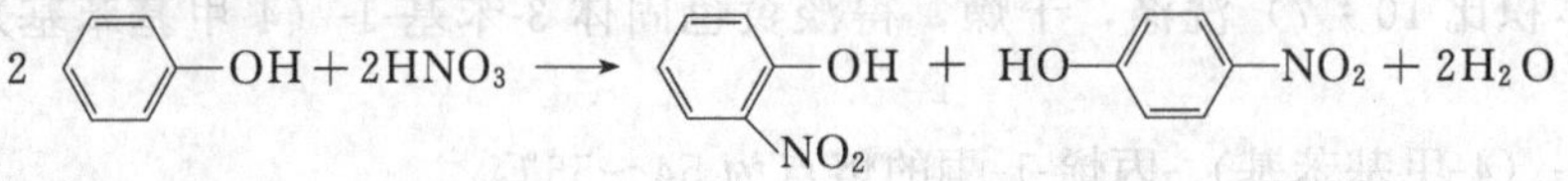

$$2\,C_6H_5OH + 2HNO_3 \longrightarrow o\text{-}O_2NC_6H_4OH + HO\text{-}C_6H_4\text{-}NO_2 + 2H_2O$$

A 用稀硝酸作硝化剂

【试剂】

2.3g(0.023mol) 苯酚，2.8g(2mL，0.045mol) 浓硝酸（$\rho = 1.42 g \cdot mL^{-1}$），苯，盐酸。

【实验操作】

取 2.3g 苯酚、0.5mL 水和 8mL 苯于 50mL 三颈瓶中，安装温度计和恒压滴液漏斗。于恒压滴液漏斗中放置 2mL 浓硝酸。

将三颈瓶置于冰水浴中冷却。搅拌，待瓶内混合物温度降到 10℃以下时，自恒压滴液漏斗逐滴加入浓硝酸，立即发生剧烈的放热反应。控制滴加速度，以维持反应温度在 5～10℃之间。滴毕后，将三颈瓶继续在冰水浴中冷却反应 5min，再于室温下放置 1h，使反应完全。重新将三颈瓶置于冰水浴中冷却，对硝基苯酚即成晶体析出(1)。抽滤，晶体用 5mL 苯洗涤（滤液和苯洗液中含邻硝基苯酚和 2,4-二硝基苯酚，切勿弃去）。粗对硝基苯酚可用 2%盐酸或苯重结晶。

将滤液和苯洗涤液转入分液漏斗中，分去含酸的水层。将苯层转入克氏蒸馏瓶中，加入 8mL 水，进行水蒸气蒸馏（简化的水蒸气蒸馏）。当苯全部蒸出后(2)，更换接收器，继续水蒸气蒸馏，蒸出邻硝基苯酚。冷却馏出液。抽滤，洗涤，收集邻硝基苯酚。干燥，测熔点。若熔点较低，可用乙醇-水重结晶。

克氏蒸馏瓶残液中主要含 2,4-二硝基苯酚，因其毒性很大，加入 5mL 1%氢氧化钠溶液作用后倒入废液缸。

本方法约需 8h。

B 用硝酸钠和稀硫酸的混合物硝化

【试剂】

2.4g(0.025mol) 苯酚，3.8g(0.045mol) 硝酸钠，6.4g(3.5mL，0.057mol) 浓硫酸，浓盐酸。

【实验操作】

在 50mL 三颈瓶中加入 10mL 水，搅拌下缓慢加入 3.5mL 浓硫酸。冷却、备用。

称取 2.4g 苯酚[3]于小烧杯中，加入 4mL 水，温热、搅拌使之熔化，并转移至三颈瓶中。搅拌，冰水浴冷却至 10～15℃。安装温度计和恒压滴液漏斗。

将 3.8g 硝酸钠溶于 8mL 水，并转入恒压滴液漏斗中。将硝酸钠水溶液逐滴加入到上述混合物中。用冰水浴冷却，控制滴加速度，以维持反应温度在 10～15℃[4]之间。滴毕后，保持同样温度继续搅拌 0.5h，使反应完全。得到黑色焦油状反应液，用冰水浴冷却，使焦油状物固化。小心滗出酸液，固体物用冰水洗涤（8mL×3）[5]，以除去剩余的酸液。然后将黑色油状固体进行水蒸气蒸馏，直至冷凝管中无黄色油滴馏出为止[6]。馏出液冷却后，粗邻硝基苯酚凝成黄色固体。抽滤，洗涤，收集黄色固体，干燥，粗产物约 1g。将黄色固体用乙醇-水混合溶剂重结晶[7]，得亮黄色针状晶体约 0.7g，熔点 45℃。

将水蒸气蒸馏后的残液加水至总体积约 20mL，再加入 2mL 浓盐酸和 0.2g 活性炭，加热煮沸 10min，趁热过滤。滤液再用活性炭脱色，将脱色后的溶液加热，用滴管将它分批滴入浸在冰水浴的另一烧杯中，边滴加边搅拌，粗对硝基苯酚立即析出。抽滤，洗涤，干燥，得对硝基苯酚粗品 0.8～1g。用 2%稀盐酸重结晶，得无色针状晶体约 0.5g，熔点为 114℃。

纯品邻硝基苯酚的熔点为 45.3～45.7℃，对硝基苯酚的熔点为 114.9～115.6℃。

本方法约需 8h。

方法Ⅱ：邻-或对硝基氯苯水解法

$$o\text{-}ClC_6H_4NO_2 + NaOH \xrightarrow[0.8MPa]{160℃} o\text{-}NaOC_6H_4NO_2 \xrightarrow{H^+} o\text{-}HOC_6H_4NO_2$$

$$p\text{-}ClC_6H_4NO_2 + NaOH \xrightarrow[0.8MPa]{160℃} p\text{-}NaOC_6H_4NO_2 \xrightarrow{H^+} p\text{-}HOC_6H_4NO_2$$

【试剂】

对硝基氯苯（或邻硝基氯苯）21g(0.13mol)，5%氢氧化钠水溶液（180mL），30%盐酸（250mL）。

【实验操作】

依次将 21g 对硝基氯苯和 180mL 5%氢氧化钠水溶液装入 500mL 的高压釜中。擦净高压釜口并盖严。加热并搅拌，1h 内使釜温升至 160℃，釜内压力约 0.8MPa[8]，在搅拌下保温 3h。

停止反应，待釜体温度降至 60℃，打开高压釜，将反应液转入到 500mL 烧杯中，反应液冷却至室温后，有晶体析出。晶体经饱和食盐水洗涤后再溶入 200mL 热水中，经水蒸气蒸馏，蒸除未反应完全的对硝基氯苯。蒸馏瓶中的剩余液经过滤后趁温热用浓盐酸酸化至 pH＝3。酸化液冷却至室温即得对硝基苯酚晶体。经过滤、水洗后晾干。称量，测熔点，并计算产率。

【注释】

(1) 因苯的凝固点为 5.5℃，故不宜过分冷却，以免苯一起析出。

(2) 苯和水形成共沸混合物，沸点 69.4℃，可先被蒸出。当冷凝管中刚出现黄色时，表示苯已被蒸完，应立即更换接收器。蒸出的苯应转入回收瓶中。

(3) 室温下苯酚为固体（熔点为41℃），可用温水浴温热使之熔化。苯酚对皮肤有较大的腐蚀性，如不慎弄到皮肤上，应立即用肥皂和水冲洗，最后用少许乙醇擦洗。

(4) 由于酚与酸不互溶，故须搅拌或不断振荡使其充分接触，以促进反应的进行，同时可防止局部过热现象。反应温度超过20℃时，硝基酚可继续硝化或被氧化，使产量降低。若温度较低，则对硝基苯酚所占比例有所增加。

(5) 最好将反应瓶进行冰水浴或放入到冰箱中冷却，使油状物固化，这样洗涤较为方便。如反应温度较高，黑色油状物难以固化，用倾滗法洗涤时，可先用滴管吸取酸液。残余酸液必须洗除。否则在水蒸气蒸馏过程中，由于温度升高，会使硝基苯酚进一步硝化或氧化。

(6) 水蒸气蒸馏时，往往由于邻硝基苯酚的晶体析出而堵塞冷凝管。此时必须调节冷凝水流量，让热的蒸汽通过使其熔化，然后再慢慢开大水流以免热的蒸汽使邻硝基苯酚伴随逸出。

(7) 先将粗邻硝基苯酚溶于热乙醇（40～45℃）中，过滤后，滴入温水至出现浑浊。然后再温水浴（40～45℃）温热或滴入少量乙醇至清，冷却后即析出亮黄色针状的邻硝基苯酚。

(8) 加热升温至150℃时，停止加热，由于釜体余热传导，反应温度不久会升至160℃左右。

【思考题】

1. 本实验会发生哪些可能的副反应？如何减少这些副反应的产生？

2. 试比较苯、甲苯、氯苯、硝基苯、苯酚发生硝化反应的难易，并解释其原因。

3. 为什么邻-和对硝基苯酚可采用水蒸气蒸馏的方法来加以分离？

4. 在重结晶邻硝基苯酚时，为什么在加入乙醇温热后常易出现油状物？如何使它消失？后来在滴加水时，也常会析出油状物，应如何避免？

5. 为什么在纯化固体产物时总是先用其他方法除去副产物、原料和杂质后，再进行重结晶来提纯？反应完成后就直接用重结晶方法来提纯行吗？为什么？

6. 试比较氯苯和对硝基氯苯水解反应的难易程度，并比较它们发生水解反应中的条件差异。

7. 采用提高封闭体系中的温度使溶剂蒸气压增大的方式能够增加反应体系的压力，单靠这种方式所产生的压力是有限的，试问在一定温度下如何进一步提高釜内的压力？

8. 为了除去产物中剩余的对硝基氯苯，除了用水蒸气蒸馏的方法外，还可采用其他什么方法？试自拟一个纯化对硝基苯酚（含有少量对硝基氯苯）的实验方案。

实验62 苯胺的制备[60]

芳香硝基化合物的还原是制备芳胺的主要方法。实验室常用的方法是在酸性溶液中用金属进行化学还原，工业上最实用和经济的方法是催化氢化。实验室常用的还原剂有锡-盐酸、二氯化锡-盐酸、铁-盐酸、铁-醋酸及锌-醋酸等，根据反应物和产物的性质，可以选择合适的还原剂和介质。

锡的反应速率较快，铁的缺点是反应时间较长，但成本低廉，酸的用量仅为理论量的1/40，如用醋酸代替盐酸，还原时间能显著缩短。

$$PhNO_2 + 3Sn + 7HCl \longrightarrow PhN^{+}H_3Cl^{-} + 3SnCl_2 + 2H_2O$$

铁作为还原剂曾在工业上广泛应用，还原1mol硝基化合物通常需要3～4mol的铁屑，大大超过理论值。在以铁屑作还原剂的反应过程中，电解质的存在可提高溶液的导电能力，加速铁的腐蚀过程，加快还原速度。水与硝基芳烃的用量比为（50～100）∶1。对于低活性硝基芳烃，通常加入甲醇、乙醇等与水相溶的溶剂，以有利于反应的进行。但因残渣铁泥难以处理，并污染环境，已被催化氢化所代替。

$$4PhNO_2 + 9Fe + 4H_2O \xrightarrow{H^+} 4PhNH_2 + 3Fe_2O_4$$

电化学还原研究表明，硝基化合物的还原是分步进行的：

$$C_6H_5NO_2 \xrightarrow[-H_2O]{2e^- + 2H^+} C_6H_5NO \xrightarrow[-H_2O]{2e^- + 2H^+} C_6H_5NHOH \xrightarrow[-H_2O]{2e^- + 2H^+} C_6H_5NH_2$$

金属的作用是提供电子，酸或水提供反应所需要的质子。在强酸性介质中，芳香伯胺是最终还原产物。在温和条件下（锌＋氯化铵），反应可停留在*N*-羟基苯胺的阶段。在碱性介质中，芳香硝基化合物发生双分子还原，亚硝基苯和*N*-羟基苯胺继续还原的速度减慢，产物为氧化偶氮苯或其他还原产物：

$$PhNHOH \longrightarrow PhN{=}O \xrightarrow[PhNHOH]{OH^-} PhN(OH){-}N(OH)Ph \xrightarrow{-H_2O} PhN{=}N^+(O^-)Ph$$

$$PhN{=}O \xrightarrow[PhNH_2]{OH^-} PhN(OH){-}NHPh \xrightarrow{-H_2O} PhN{=}NPh$$

若采用强还原剂，间二硝基苯的两个硝基均被还原，生成间苯二胺。如采用温和的还原剂如硫氢化钠或多硫化钠（NaS_3）等，可实现部分还原，生成间硝基苯胺。

$$4\ m\text{-}C_6H_4(NO_2)_2 + 6NaSH + H_2O \longrightarrow 4\ m\text{-}NH_2C_6H_4NO_2 + 3Na_2S_2O_3$$

芳香硝基化合物在铂、钯或 Raney 镍催化下很容易被氢还原生成芳胺，也可用氢载体如环已烯或肼代替氢气，环已烯脱氢生成苯，肼脱氢被转化为氨气。

根据胺类产物的不同性质，可以采用不同的分离提纯方法：① 对于不溶于水且具有一定蒸气压的芳胺，可以采用水蒸气蒸馏法分离，例如苯胺、对甲苯胺、邻甲苯胺、对氯苯胺、邻氯苯胺等；②对于易溶于水且可蒸馏的芳胺，可以采用过滤除铁泥，简单蒸馏除水分，最后作减压蒸馏的方法分离，例如间苯二胺、对苯二胺、2,4-二氨基甲苯等；③对于易溶于热水的芳胺，可以采用先热过滤，然后冷却结晶的方法分离，例如邻苯二胺、邻氨基苯酚、对氨基苯酚等；④对于不溶于水且蒸气压很低的芳胺，可以采用溶剂萃取的方法提取，例如 α-萘胺(1)。

【实验目的】

掌握胺的制备方法；掌握芳香硝基化合物还原为芳胺的机理；巩固水蒸气蒸馏等操作。

【反应式】

$$4PhNO_2 + 9Fe + 4H_2O \xrightarrow{H^+} 4PhNH_2 + 3Fe_3O_4$$

【试剂】

4.7g(6.4mL，0.04mol) 硝基苯（自制），6.7g(0.12mol) 还原铁粉（40～100 目），冰醋酸，乙醚，精盐，氢氧化钠。

【实验操作】

称取 6.7g 还原铁粉于 50mL 圆底烧瓶中，加入 15mL 水及 1mL 冰醋酸(2)，搅拌使充分混合。装上回流冷凝管，搅拌下加热微沸 10min。稍冷后，从冷凝管顶端分批加入 4.7mL 硝基苯，每次加完后要充分搅拌，使反应物充分混合。由于反应放热，每次加入硝基苯时，均有一阵猛烈的反应发生。加完后，再继续加热回流 0.5h，使还原反应完全[3]。此时，冷凝管回流液应不再呈现硝基苯的黄色。

将回流装置改为水蒸气蒸馏装置，进行水蒸气蒸馏，至馏出液变清，再多收集 10mL 馏出液，共约需收集 40mL[4]。将馏出液转入分液漏斗中，分出有机层。水层用食盐饱和[5]（需 8～10g 食盐）后，用乙醚萃取（8mL×3）。合并苯胺层和醚萃取液，用粒状氢氧化钠干燥。

将干燥后的苯胺醚溶液滤入 50mL 干燥的蒸馏瓶中，先在水浴上加热蒸去乙醚（回收），残留物用空气冷凝管蒸馏，收集 180～185℃馏分[6]，得苯胺 2～3g。

纯品苯胺的沸点为 184.4℃，折射率 n_D^{20} 为 1.5863。

本实验约需 7h。

【注释】

(1) 苯胺有毒，操作时应避免与皮肤接触或吸入其蒸气。若不慎触及皮肤时，先用水冲洗，再用肥皂和温水洗涤。

(2) 目的是使铁粉活化，缩短反应时间。铁-醋酸作还原剂时，铁首先与醋酸作用，产生醋酸亚铁，醋酸亚铁是主要的还原剂，在反应过程中进一步被氧化生成碱式醋酸铁。碱式醋酸铁与铁及水作用后，生成醋酸亚铁和醋酸可以再进行上述反应：

$$Fe + 2CH_3COOH \longrightarrow Fe(CH_3COO)_2 + H_2$$

$$2Fe(CH_3COO)_2 + [O] + H_2O \longrightarrow 2Fe(OH)(CH_3COO)_2$$

$$6Fe(OH)(CH_3COO)_2 + Fe + 2H_2O \longrightarrow 2Fe_3O_4 + Fe(CH_3COO)_2 + 10CH_3COOH$$

(3) 硝基苯为黄色油状物，如果回流液中黄色油状物消失而转变成乳白色油珠（由于游离苯胺引起），表明反应已经完成。还原作用必须完全，否则残留的硝基苯，在以后几步提纯过程中很难分离，因而影响产品纯度。

(4) 反应完后，圆底烧瓶壁上黏附的黑褐色物质，可用 1∶1(体积比) 盐酸水溶液温热除去。

(5) 在 20℃时，每 100mL 水可溶解 3.5g 苯胺，为了减少苯胺损失，根据盐析原理，加入精盐使馏出液饱和，使溶于水中的绝大部分苯胺以油状物析出。

(6) 纯苯胺为无色液体，但在空气中由于氧化而呈淡黄色，加入少许锌粉重新蒸馏。可去掉颜色。

【思考题】

1. 如果以盐酸代替醋酸，则反应后要加入饱和碳酸钠至溶液呈碱性后，才进行水蒸气蒸馏，这是为什么？本实验为何不进行中和？

2. 有机物质必须具备什么性质，才能采用水蒸气蒸馏提纯，本实验为何选择水蒸气蒸馏法把苯胺从反应混合物中分离出来？

3. 在水蒸气蒸馏完毕时，能不能先灭火焰，再打开 T 形管下端弹簧夹？为什么？

4. 如果最后制得的苯胺中含有硝基苯，应如何加以分离提纯？

实验 63 间硝基苯胺的制备[60]

【实验目的】

掌握硝基化合物的性质、反应与应用；掌握硝基化合物还原为胺的机理；掌握还原多硝基化合物的方法；巩固重结晶等操作。

【反应式】

$$4\ \text{m-}C_6H_4(NO_2)_2 + 6NaSH + H_2O \longrightarrow 4\ \text{m-}NO_2C_6H_4NH_2 + 3Na_2S_2O_3$$

$$Na_2S + NaHCO_3 \longrightarrow NaSH + Na_2CO_3$$

【试剂】

2.5g(0.015mol) 间二硝基苯，6g(0.025mol) 结晶硫化钠（$Na_2S \cdot 9H_2O$），2.1g(0.025mol) 碳酸氢钠，甲醇。

【实验操作】

1. 硫氢化钠溶液的配制

取 6g 结晶硫化钠(1)于 100mL 烧杯中，加入 15mL 水配制成溶液。在充分搅拌下，分批加入 2.1g 粉状碳酸氢钠。待碳酸氢钠完全溶解后，在搅拌下，慢慢加入 15mL 甲醇，并将烧杯置于冰水浴中冷却至 20℃以下，立即析出水合碳酸钠的沉淀。静置 15min 后，减压过滤，去除析出的碳酸钠结晶（保留滤饼和滤液），用甲醇洗涤（5mL×3），合并滤液和洗涤液备用(2)。

2. 间硝基苯胺的制备

取 2.5g 间二硝基苯和 20mL 甲醇于 50mL 圆底烧瓶中，搅拌、加热使之溶解。安装回流冷凝管，启动搅拌，从冷凝管顶端加入上述制好的硫氢化钠溶液。将反应混合物加热，回流 20min(3)。停止加热，待冷至室温后，改为蒸馏装置。在沸水浴上加热，蒸出大部分甲醇（需收集 30～40mL 馏液）。将蒸出甲醇后的残液在搅拌下倾入 70mL 冷水中，立即析出间硝基苯胺的黄色晶体。减压抽滤，用少量冷水洗涤结晶，干燥，得粗产物 1.5～2g，熔点 108～112℃。

将粗产物用 75%的乙醇水溶液重结晶，并用少量活性炭脱色，得黄色间硝基苯胺的针状结晶 1～1.5g，熔点 113～114℃。

纯品间硝基苯胺的熔点 114℃。

本实验约需 4h。

【注释】

(1) 商品供应的硫化钠为九水合硫化钠结晶（$Na_2S \cdot 9H_2O$），极易潮解。也可用 3.3g 三水合硫化钠（$Na_3S \cdot 3H_2O$）和 3mL 水代替。

(2) 硫氢化钠溶液不稳定，制好后应立即使用。

(3) 如果硫氢化钠由硫化钠和碳酸氢钠制备，在甲醇热溶液中会出现少量粉状的碳酸钠沉淀，由于它在后面的步骤中溶于水故不必除去。

【思考题】

1. 反应结束后，为什么要蒸出大部分甲醇？

2. 如何由间硝基苯胺合成间硝基苯酚、间氟苯胺、3,3′-二硝基联苯等化合物？

实验 64　对硝基苯甲酸的制备[60,77]

羧酸是重要的有机化工原料。制备羧酸的方法很多，最常用的是氧化法，将烯、醇和醛等化合物氧化都可以用来制备羧酸，所用的氧化剂有重铬酸钾-硫酸、高锰酸钾、硝酸、过氧化氢及过酸等。腈的水解、Grignard 试剂与二氧化碳作用及卤仿反应，也是实验室制备某些羧酸常用的方法。

制备脂肪族一元酸时，可用伯醇作为原料，经氧化而得。羧酸不易继续氧化，又比较容易分离提纯。因此，在实验操作上，比通过醇的氧化来制备醛酮更简单。用重铬酸钾-硫酸氧化伯醇时，由于作为中间产物生成的醛易与用作原料的醇发生反应生成半缩醛，因而得到的产物中有较多的酯。

通过仲醇和酮的强烈氧化，也能得到羧酸，但同时发生碳链断裂。例如利用环己醇或环己酮的氧化反应可用来制备己二酸，同时产生一些降解的二元羧酸。

芳烃的侧链氧化是制备芳香族羧酸最重要的方法。芳环上的支链不论长短，强烈氧化后最后都变成羧基。由于侧链氧化是从进攻与苯环相连的 α-C—H 键开始的，所以叔丁基支链对氧化剂是极稳定的。

当芳环上存在卤素、硝基及磺酸基等基团时，并不影响侧链的氧化。但当芳环上存在羟基和氨基时，大多数氧化剂将使分子遭受破坏，从而得到复杂的氧化产物。若将羟基和氨基转化为烷氧基和乙酰氨基时，烷基的氧化却不受影响，并可得到高产率的羧酸。

氧化反应一般是放热反应，所以必须严格控制反应条件和反应温度。如果反应失控，不仅破坏产物，降低收率，有时还有发生爆炸的危险。

工业上大规模制备羧酸，大多采用催化氧化的方法，即在催化剂存在下，用空气作氧化剂。如在五氧化二钒催化下，用空气直接氧化萘制备邻苯二甲酸酐，苯也可用类似的方法来制备马来酸酐。邻苯二甲酸酐和马来酸酐都是极有用的化工原料和中间体。

对硝基苯甲酸是一种用途极广的医药、农药和染料中间体。可用来合成盐酸普鲁卡因、对氨基苯甲酸、叶酸、活性艳红 M-8B、活性红紫 X-2R 以及滤光剂、朦胧色胶片成色剂、金属表面防锈剂等。目前，普遍采用的合成工艺主要有两种：一种是以对硝基甲苯为原料，冰醋酸作溶剂，在催化剂和压力条件下用空气或氧气一步氧化而成，另一种是用硝酸等化学氧化剂氧化而得。

【实验目的】

掌握羧酸的制备方法；掌握苯环侧链氧化反应的原理和方法；掌握搅拌装置的安装及使用；巩固回流、抽滤、重结晶等操作。

【反应式】

$$p\text{-}O_2NC_6H_4CH_3 + Na_2Cr_2O_7 + 4H_2SO_4 \longrightarrow p\text{-}O_2NC_6H_4CO_2H + Na_2SO_4 + Cr_2(SO_4)_3 + 5H_2O$$

【试剂】

1.2g(约 0.008mol) 对硝基甲苯，3.6g(0.012mol) 重铬酸钠，浓硫酸，15%硫酸溶液，5%氢氧化钠溶液。

【实验操作】

取 1.2g 对硝基甲苯、3.6g 重铬酸钠和 8mL 水于 50mL 四颈瓶中。安装搅拌器、冷凝管、恒压滴液漏斗和温度计。在搅拌下，自滴液漏斗缓慢滴入 5mL 浓硫酸。放热反应开始后，温度很快上升，混合物的颜色逐渐变深变黑。必要时可用冷水冷却，以免温度过高使对硝基甲苯挥发而凝结在冷凝管壁上（若有白色针状对硝基甲苯在冷凝管上析出，应适当关小冷凝水，使其熔融滴下）。滴毕硫酸后，搅拌加热，回流 0.5h。停止加热，此时反应液呈黑色。

待反应物冷却后，在搅拌下加入 16mL 冰水，立即有沉淀析出。抽滤，用水洗涤 (10mL×2)，得黄黑色对硝基苯甲酸粗品。

将粗品放入盛有 6mL 稀硫酸（质量分数为 5%）的烧杯中，在沸水浴上加热 10min，以溶解未反应的铬盐。冷却后抽滤，将所得沉淀溶于10mL氢氧化钠溶液（质量分数为5%）。于50℃温热后，抽滤[(1)]，在滤液中加入0.2g活性炭，煮沸后趁热过滤。在充分搅拌下，将冷却后的滤液缓慢倒入盛有12mL硫酸溶液（质量分数为15%）的烧杯中[(2)]，析出黄色沉淀。冷却后，抽滤，用少量冷水洗涤2次，干燥后称量。

如需进一步提纯，可用乙醇-水重结晶。得对硝基苯甲酸（浅黄色的针状结晶）约1g，熔点[(3)]241～242℃。

【注释】

(1) 除去未作用的对硝基甲苯（熔点51.3℃）和进一步除去铬盐（生成氢氧化铬沉淀），如过滤温度太低，则对硝基苯甲酸钠也会析出而被滤掉。

(2) 不能将硫酸反加至滤液中，否则生成的沉淀会包含一些钠盐而影响产物的纯度。中和至强酸性，否则需补加少量的酸。

(3) 因产物熔点较高，普通硫酸用熔点浴测熔点时易发生危险，最好使用熔点仪测定熔点。

【思考题】

1. 解释下列操作的目的：

① 反应结束后，加入16mL冰水；

② 将粗品倒入盛有6mL 5%硫酸的烧杯中，在温水浴上加热10min；

③ 将沉淀溶于5%氢氧化钠溶液中，并于50℃附近过滤；

④ 将脱色后的滤液倒入15%硫酸中，为何不能将硫酸反加至滤液中？

2. 写出下列化合物的氧化产物。

① 对甲基异丙苯　　② 邻氯甲苯

③ 萘　　④ 对叔丁基甲苯

⑤ 对甲基乙酰苯胺　　⑥ 邻乙酰氨基甲苯

实验65　扁桃酸的制备[60,78]

【实验目的】

掌握相转移催化的原理与应用；掌握氯化苄基三乙基铵的制备方法；掌握（±）-苯乙醇酸的制备方法；掌握卡宾的结构、生成与反应；巩固萃取、重结晶等操作。

【实验原理】

利用氯化苄基三乙基铵作为相转移催化剂，将苯甲醛、氯仿和氢氧化钠在同一反应器中进行混合，通过卡宾加成反应直接生成目标化合物。用化学方法合成的扁桃酸是外消旋体，只有通过手性拆分才能获得对映异构体。

在反应过程中，氯化苄基三乙基铵作为相转移催化剂：

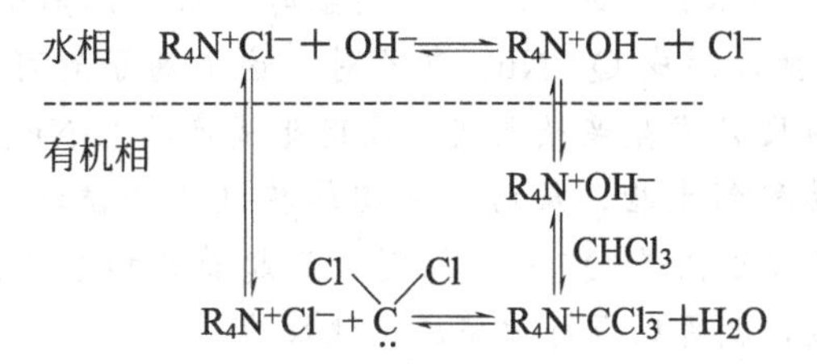

$$HCCl_3 + NaOH \longrightarrow Cl_2C: + NaCl + H_2O$$

$$C_6H_5CHO \xrightarrow{Cl_2C:} C_6H_5\text{-CH(O)CCl}_2 \xrightarrow{\text{重排}} C_6H_5CH(Cl)COCl \xrightarrow{OH^-} \xrightarrow{H^+} C_6H_5CH(OH)COOH$$

【试剂】

3mL 苄氯，3.5mL 三乙胺，6mL 苯，1.4mL 苯甲醛，2.5mL 氯仿，17.5mL 30%的氢氧化钠溶液，乙醚，硫酸，无水硫酸镁，甲苯，石油醚。

【实验操作】

1. 氯化苄基三乙基铵的制备

依次向 25mL 圆底烧瓶中加入 3mL 苄氯、3.5mL 三乙胺、6mL 苯和几粒沸石。加热回流 1.5h 后，过滤，除去沸石。冷却至室温，氯化苄基三乙基铵呈晶体析出。减压过滤后，将晶体放置在装有无水氯化钙和石蜡的干燥器中备用。

2. (±)-扁桃酸的制备

在 50mL 四颈烧瓶上装置搅拌器、冷凝管、滴液漏斗和温度计。依次加入 1.4mL 苯甲醛、2.5mL 氯仿和 0.18g 氯化苄基三乙基铵。搅拌加热。当温度升至 56℃时，开始自滴液漏斗中加入 17.5mL 30%的氢氧化钠溶液，滴加过程中保持反应温度在 60～65℃，约 15min 滴完。滴毕后，维持此温度继续反应 1h。

反应完毕后，加入 25mL 水将反应物稀释，转入 100mL 的分液漏斗中，用乙醚萃取 (5mL×2)。合并醚层，倒入到指定容器中，以便于回收乙醚。

用硫酸酸化水相至 pH＝2～3，再用乙醚萃取（5mL×2)，合并乙醚萃取液，并用无水硫酸镁干燥。过滤，加热蒸除乙醚，即得扁桃酸粗品。

将粗品置于 25mL 烧瓶中，加入少量甲苯，加热回流。沸腾后，补充甲苯至晶体完全溶解，趁热过滤。将滤液静置，待晶体析出完全后，过滤。用少量石油醚（30～60℃）洗涤，真空干燥，得（±)-扁桃酸约 1g，熔点为 118～119℃。

本实验约需 7h。

附：相转移催化（phase transfer catalysis，PTC）是指一种催化剂能加速或者能使分别处于互不相溶的两相（液-液两相体系或固-液两相体系）中的物质发生反应。反应时，催化剂把一种实际参加反应的实体（如负离子）从一相转移到另一相中，以便使它与底物相遇而发生反应。相转移催化反应广泛应用于亲核取代反应，如卤化和氰化、烷基化和缩合反应、氧化还原、消除反应、Wittig 和 Wittig-Horner 反应等。具有提高反应速率、降低反应温度、避免昂贵无水或非质子溶剂的使用等优点。

在互不相溶的两相体系中，亲核试剂 M^+Nu^- 只溶于水相而不溶于有机相，有机反应物 R-X 只溶于有机相而不溶于水相，两者不易相互接近从而不能发生化学反应。如果在上述体系中加入季铵盐 Q^+X^-，季铵正离子 Q^+ 具有亲油性，因此季铵盐既能溶于水相，又能溶于有机相。当 Q^+X^- 与水相中的 M^+Nu^- 接触时，亲核试剂中的负离子 Nu^- 可以同季铵盐的负离子 X^- 进行交换，形成 Q^+Nu^- 离子对。这个离子对可以从水相转移到有机相，并且与有机相中的反应物 R-X 发生亲核取代反应而生成产物 R-Nu。在反应中生成的 Q^+X^- 离子对又可以从有机相转移到水相，从而完成相转移催化的循环，使亲核取代反应顺利完成。在上述催化循环中季铵正离子 Q^+ 并不消耗，只起着转移亲核试剂 Nu^- 的作用。因此，只需要催化剂量的季铵盐，就可以很好地完成上述反应。

$$
\begin{array}{l}
\text{水相}\quad \underset{\text{季铵盐}}{Q^+X^-} + \underset{\text{亲核试剂}}{M^+Nu^-} \xrightleftharpoons{\text{离子交换}} M^+X^- + Q^+Nu^- \\
\qquad\Big\Updownarrow(\text{相转移}) \qquad\qquad\qquad (\text{相转移})\Big\Updownarrow \\
\text{有机相}\quad Q^+X^- + R\text{-}Nu \rightleftharpoons R\text{-}X + Q^+Nu^- \\
\qquad\qquad\qquad\quad \text{合成产物} \quad \text{有机反应物}
\end{array}
$$

常用的有季铵盐、季鏻盐、冠醚及聚乙二醇等，另外还有锍盐的钾盐，催化效果也非常好。例如：氯化苄基三乙铵（BTEAC）、氯化四正丁铵（TBAC）、氯化三辛基甲基铵（TCMAC）等。

【思考题】

1. (±)-扁桃酸的制备方法还有哪些？
2. 哪些化合物可以作为相转移催化剂？

实验 66 三甲基乙酸的制备[79]

三甲基乙酸又名新戊酸、特戊酸等，其系统命名为 2,2-二甲基丙酸。可利用甲基叔丁基酮和低浓度次氯酸钠为原料，在碱性条件下，通过季铵盐相转移催化来合成三甲基乙酸。

【实验目的】

掌握羧酸的制备方法；掌握甲基酮的性质和卤仿反应与应用；掌握回流、蒸馏等操作。

【反应式】

$$(CH_3)_3C\text{-}CO\text{-}CH_3 \xrightarrow[2)\ H^+]{1)\ NaClO} (CH_3)_3C\text{-}COOH$$

【试剂】

甲基叔丁基酮，次氯酸钠溶液，四乙基溴化铵。

【实验操作】

在装有滴液漏斗、回流冷凝管和温度计的 50mL 三口烧瓶中，依次加入 10%的次氯酸钠水溶液（甲基叔丁基酮和次氯酸钠的摩尔比为 1∶3.60）、四乙基溴化铵（用量为甲基叔丁基酮的 12.5%）、25%的氢氧化钠水溶液，开动搅拌器，控制反应温度为 5～10℃（冰水浴冷却），从滴液漏斗缓慢滴加 5g 甲基叔丁基酮（约 30min 滴完），反应 4.5h。

反应完毕后，冷却至室温，将回流装置改换成蒸馏装置。加热，先蒸出低沸点化合物。待反应物冷却至 50℃，从滴液漏斗中滴加 25%的硫酸，调整 pH=2～3。加热，蒸出三甲基乙酸和水，直至比水重的液体开始蒸出时，停止蒸馏。

分出馏出物中的有机层，水层用氯化钠饱和，再用乙醚（6mL×4）萃取。合并有机层与萃取液，用无水硫酸钠干燥。过滤，用少量乙醚洗涤。先水浴蒸出乙醚，再减压蒸馏，收集 76～78℃/26666Pa 的馏分，得三甲基乙酸，产率近 70%，纯度 99%以上。

三甲基乙酸的熔点为 34.0～35.0℃（文献值 35.0℃）。

本实验约需 7h。

【思考题】

1. 羧酸的制备方法有哪些？
2. 卤仿反应有何用途？
3. 还可以采用什么方法制备三甲基乙酸？

实验 67　邻氨基苯甲酸的制备[60]

酰胺与卤素（氯或溴）在碱溶液中，生成少一个碳原子的伯胺的反应，称为 Hofmann 重排。这是由酰胺制备少一个碳原子伯胺的重要方法。

$$RCONH_2 + 4OH^- + Br_2 \longrightarrow RNH_2 + 2Br^- + CO_3^{2-} + 2H_2O$$

反应是通过活性中间体氮烯（nitre）进行的。

$$RCONH_2 + OH^- \rightleftharpoons RCONH^- + H_2O$$

$$RCONH^- + Br_2 \rightleftharpoons RCONHBr + Br^-$$

$$RCONHBr + OH^- \rightleftharpoons RCO\bar{N}Br + H_2O$$

$$RCO\bar{N}Br \xrightarrow{-Br^-} R{-}C(=O){-}\ddot{N}: \longrightarrow RN{=}C{=}O \xrightarrow{H_2O} RNHCOOH \xrightarrow{-CO_2} RNH_2$$

邻苯二甲酰亚胺的 Hofmann 降解是工业上制备邻氨基苯甲酸（染料中间体）的好方法。由于邻氨基苯甲酸具有偶极离子的结构，因此，自碱溶液中酸化析出邻氨基苯甲酸时，要控制好酸的加入量，使溶液 pH 值接近邻氨基苯甲酸的等电点。

【实验目的】

掌握胺类化合物的制备方法；掌握次溴酸钠的制备方法；掌握霍夫曼降解反应的原理与应用；掌握等电点的概念；巩固抽滤、重结晶等操作。

【反应式】

$$\text{邻苯二甲酰亚胺} + NaOH \longrightarrow C_6H_4(CONH_2)(CO_2Na)$$

$$C_6H_4(CONH_2)(CO_2Na) \xrightarrow{Br_2 + NaOH} C_6H_4(NH_2)(CO_2Na) \xrightarrow{H^+} C_6H_4(N^+H_3)(CO_2^-)$$

【试剂】

3g(0.02mol) 邻苯二甲酰亚胺(1)，3.6g(1.2mL，0.023mol) 溴(2)，氢氧化钠，浓盐酸，冰醋酸，饱和亚硫酸氢钠溶液。

【实验操作】

在锥形瓶中将 2.8g NaOH 溶于 10mL 水配成溶液，置于冰盐浴中冷却备用。

取 3.8g NaOH 和 15mL 水于 50mL 三颈瓶中，安装搅拌装置。搅拌溶解后，在冰盐浴中冷却至 0～5℃。继续搅拌，再加入 1.2mL 溴，制成次溴酸钠溶液。

在低于 0℃和搅拌下，向次溴酸钠溶液中缓慢加入 3g 粉状邻苯二甲酰亚胺，再迅速加入预先配制好并冷至 0℃的氢氧化钠溶液，然后撤掉冰盐浴。加热，在 15～20min 内逐渐升温至 20～25℃(必要时加以冷却，尤其在 18℃左右往往有温度的突变，须加以注意!)，在该温度保持 10min 后，再使其在 25～30℃反应 0.5h，此时亚胺一般可以完全溶解（在整个反应过程中要不断搅拌，使反应物充分混合）。然后，水浴加热至 70℃（约需 2min)，加入 1.5mL 饱和亚硫酸氢钠溶液，抽滤。将滤液转入到烧杯中，置于冰浴中冷却。在搅拌下缓慢加入浓盐酸，使溶液恰成中性（用试纸检验，约需 8mL)(3)。然后再缓慢加入 3～3.5mL

冰醋酸[4]，使邻氨基苯甲酸完全析出。抽滤，用少量冷水洗涤。

将粗产物用热水溶解，并加入少量活性炭脱色，过滤。冷却，过滤，洗涤，干燥，可得白色片状晶体 1.5～2g，熔点 144～145℃。

纯品邻氨基苯甲酸熔点为 145℃。

本实验约需 6h。

【注释】

(1) 邻苯二甲酰亚胺可按下述方法制备：在 50mL 三口瓶中，加入 5g 邻苯二甲酸酐和 5mL 浓氨水，安装空气冷凝管及一支 360℃的温度计。先在石棉网上加热，然后用小火直接加热，将温度逐渐升高到 300℃（在反应过程中，间歇摇动烧瓶，用玻璃棒小心将因升华而进入冷凝管的固体物推入到烧瓶中）。趁热将反应物倒入蒸发皿中，冷却后凝成固体。将固体在研钵中研成粉末。得邻苯二甲酰亚胺约 4g，熔点为 232～234℃。

(2) 溴的量取最好在通风橱内进行，并用滴定管准确量取。

(3) 邻氨基苯甲酸既能溶于碱，又能溶于酸，故过量的盐酸会使产物溶解。若加入了过量的盐酸需再用氢氧化钠溶液中和至中性。

(4) 邻氨基苯甲酸的等电点 pI 为 3～4，为使产物完全析出，故需加入适量的醋酸。

附：不少有机化合物在反应过程中伴随着官能团的位移或碳架的改变，这类反应称作重排反应。按反应机理可分两类：①反应物分子中的一个基团在分子范围内从某位置迁移到另一位置，一般是反应物分子中先形成一个活性中心，从而促使有关基团迁移；②通过形成一个环状结构过渡态而进行周环反应。

迁移基团的原来位置称为迁移起点，迁移后的位置称为迁移终点。按价键断裂方式分为异裂和均裂，前者要重要得多，其中尤以缺电子重排最为重要。

缺电子重排反应是指反应物分子先在迁移终点形成一个缺电子活性中心，从而促使迁移基团带着键裂的电子对发生迁移，并通过进一步变化生成稳定产物。以频哪醇重排反应为例，反应物分子中的一个羟基与酸作用后失水变为缺电子活性中心正碳离子，促使邻位带羟基的碳原子上的一个甲基带着电子对发生 1,2-迁移，同时羟基氧原子上未共用电子对转移至碳氧之间构成双键，最后失去质子而得产物。

如果反应物分子先在迁移终点形成一个富电子活性中心后，促使迁移基团不带键裂电子对而转移，这种反应叫富电子重排反应，例如法沃斯基重排：α-卤代酮在强碱作用下重排，生成碳架不同的羟基羧酸酯，此反应就是通过富电子活性中心——负碳离子进行的富电子重排。

反应物因分子内共价键协同变化而发生重排的反应为周环反应，有电环化反应、环化加成和 σ-迁移反应。例如环丁烯经加热发生逆向电环化而得 1,3-丁二烯，1,3-己二烯经加热发生氢原子 1,5-迁移而得 2,4-己二烯。这类重排在合成中应用最多的是属于 3,3-迁移的科普重排和克莱森重排。

酚酯在 Lewis 酸存在下加热，可发生酰基重排反应，生成邻羟基和对羟基芳酮的混合物。重排可以在硝基苯、硝基甲烷等溶剂中进行，也可以不用溶剂直接加热进行。邻、对位产物的比例取决于酚酯的结构、反应条件和催化剂等。例如，用多聚磷酸催化时主要生成对位重排产物，而用四氯化钛催化时则主要生成邻位重排产物。反应温度对邻、对位产物比例的影响比较大，一般来讲，较低温度（如室温）下重排有利于形成对位异构产物（动力学控制），较高温度下重排有利于形成邻位异构产物（热力学控制）。

【思考题】

1. 本实验中，溴和氢氧化钠的量不足或有较大过量有什么不好？

2. 邻氨基苯甲酸的碱性溶液，加盐酸使之恰成中性后，为什么不再加盐酸而是加适量醋酸使邻氨基苯甲酸完全析出？

实验 68　苯甲酸乙酯的制备[60,77,80,81]

羧酸酯是一类用途广泛的化合物。低级酯一般是具有芳香气味或特定水果香味的液体，自然界许多水果和花草的芳香气味，就是由于有酯存在的缘故。酯在自然界以混合物的形式存在。人工合成的一些香精就是模拟天然水果和植物提取液的香味进行配制而成的。酯可由羧酸和醇在催化剂存在下直接酯化来制备，或采用酰氯、酸酐或腈的醇解来制备，有时也可利用羧酸盐与卤代烷或硫酸酯的取代反应来制备。酰氯和酸酐能迅速地与伯、仲醇反应生成相应的酯；在无机碱存在下，叔醇与酰氯反应生成卤代烷，但在叔胺（吡啶、三乙胺）存在下，可顺利地与酰氯发生酯化反应。酸酐的活性低于酰氯，但在加热条件下可与大多数醇反应，酸（硫酸、二氯化锌）和碱（叔胺、碳酸钠等）的催化可促进酸酐的酰基化。羧酸不能与酚作用生成酯，酚的酯化宜采用酰氯或酸酐作为酰化试剂。

酸催化的直接酯化是工业和实验室制备羧酸酯最重要的方法，常用的催化剂有硫酸、氯化氢、对甲苯磺酸、固体酸、超强酸等。酸的作用是使羰基质子化从而提高羰基的反应活性。

$$\mathrm{RC(=O)-OH} \underset{}{\overset{H^+}{\rightleftharpoons}} \mathrm{RC(=O^+H)-OH} \overset{R'OH}{\rightleftharpoons} \mathrm{R-C(OH)(OHH)-O^+H-R'} \rightleftharpoons \mathrm{R-C(OH)(O^+H_2)-O(H)-R'} \rightleftharpoons$$

$$\mathrm{RC(=O^+H)-OR'} + H_2O \overset{-H^+}{\rightleftharpoons} \mathrm{RC(=O)-OH}$$

酯化反应是可逆的，为使反应向有利于生成酯的方向进行，通常采用过量的羧酸或醇，或除去生成的酯或水，或者二者同时采用。当反应达到平衡时，平衡常数 $K_E=c_{酯}\,c_{水}/(c_{酸}\,c_{醇})$。由于 K_E 在一定温度下为定值，故增加羧酸或醇的用量会增加酯的产量，但究竟应使羧酸过量还是醇过量，则取决于羧酸或醇是否易得、价格高低及过量的原料与产物是否易于分离等因素。

从理论上讲，催化剂不影响平衡混合物的组成。但实验表明，加入酸，可增大反应的平衡常数。因为过量的酸改变了体系的环境，并通过水合作用除去了部分生成的水。

采用脱除反应过程中形成的水的方法也可以提高酯的收率，特别是在大规模工业生产中。在某些酯化反应中，醇、酯可以和水形成二元或三元恒沸物，也可以向反应体系中加入能与水形成恒沸物的第三组分，如苯、四氯化碳等，以除去不断生成的水，使平衡向生成酯的方向移动，从而达到提高产率的目的，这种方法称为共沸酯化。

从酸催化反应和酸催化剂研究的发展历史看，最早还是从利用一些无机酸（如硫酸、磷酸、氯化铝等）为催化剂开始的，是在均相条件下进行的，但在生产中有许多缺点，如难以实现连续化生产，催化剂不易与原料和产物分离，以及造成设备腐蚀等。为了克服这些缺点，可以将液体酸固载在载体上，如利用酸性白土类的固体酸作为催化剂。固体酸催化剂不仅可以在一定程度上缓解或解决均相反应带来的不可避免的问题，而且由于可在高达 700～800K 的温度范围内使用，大大地扩大了热力学上可能进行的酸催化反应的应用范围。超强酸是酸强度超过 100% H_2SO_4 的酸性介质。它在 Hammett 酸标度中，通常是指 H_0 小于 −10.60的酸。液体超强酸大多是由一种质子酸和作为 Lewis 酸的金属卤化物配位而成的共轭酸，可表示成 $HM^{n+}X^{n+1}$，常见的有 H^+AlCl_4、H^+SbF_6、H^+TaF_6 和 $H^+SbF_5SO_3H$ 等。当一种有机酸和一种 Lewis 酸（BF_3）配位时，可以大大提高有机酸的电离常数，这是由于氧的电子云易于离域的结果。形成固体超强酸的途径很多。例如将氯化铝蒸气和交联聚苯乙烯磺酸反应，即可获得结构单元和溶液中经典超强酸完全类似的固体酸。由过氟化磺酸树脂（Nafion-H）也可制得与上述类似的超强酸。通过金属氧化物（例如 Al_2O_3、SiO_2、SiO_2-Al_2O_3、TiO_2、SiO_2-TiO_2 等）浸渍金属卤化物如 SbF_5、$AlCl_3$，可制得与氧化物催化剂类似的超强酸体系。

苯甲酸乙酯是无色透明液体，能与乙醇、乙醚混溶；不溶于水。稍有水果气味，近似于依兰油香气。用于配制香水香精和人造精油，也应用于食品中。可用作有机合成中间体或溶剂，如生产纤维素酯、纤维素醚、树脂等。

【实验目的】

掌握酯类化合物的合成原理和方法；掌握分水器的使用；了解固体酸-硅胶硫酸酯的制备方法；巩固回流、萃取、干燥、蒸馏等操作。

【反应式】

$$C_6H_5COOH + C_2H_5OH \xrightarrow[\triangle]{\text{催化剂}} C_6H_5COOC_2H_5 + H_2O$$

【试剂】

硅胶，氯磺酸，二氯甲烷，4g（0.033mol）苯甲酸，10mL（0.17mol）无水乙醇（99.5%），苯，浓硫酸，碳酸钠，乙醚，无水氯化钙。

【实验操作】

1. 方法Ⅰ　硅胶硫酸酯催化合成苯甲酸乙酯

（1）硅胶硫酸酯的制备　取 10g 硅胶和 5mL 二氯甲烷于装有搅拌器、回流冷凝管（冷凝管上端依次安置氯化钙干燥管和气体吸收装置）和恒压滴液漏斗的 50mL 烧瓶中。于室温和搅拌下，向烧瓶中滴加 5.8g 氯磺酸，滴加时间约 10min，反应产生的 HCl 通过冷凝管上端的干燥管和气体吸收装置导出吸收。滴毕后，继续搅拌反应 1h。旋转蒸发脱除溶剂二氯甲烷和副产物 HCl，即得白色固体粉末状硅胶硫酸酯 12g(约 100%)。置于干燥器中备用。

（2）苯甲酸乙酯的制备　取 4g 苯甲酸、10mL 无水乙醇、16mL 苯和 1g 硅胶硫酸酯于 50mL 圆底烧瓶中，搅拌均匀。安装分水器，从分水器上端小心加水至分水器支管处，再放去 3mL 水(1)。分水器上端接回流冷凝管。将烧瓶加热回流，开始时回流速度要慢。随着回流的进行，分水器中出现了上、中、下三层液体(2)，且中层越来越多。约 2h 后，分水器中的中层液体达 3mL 左右，即可停止加热。放出中、下层液体并记下体积。继续加热，使多余的乙酸和苯蒸至分水器中（当充满时可由活塞放出）。

待反应液冷却至室温后，过滤，除去催化剂。将瓶中残液倒入盛有 30mL 冷水的烧杯中，在搅拌下，分批加入碳酸钠粉末(3)至无二氧化碳气体产生（用 pH 试纸检验至呈中性）。用分液漏斗分出粗产物(4)，用 10mL 乙醚萃取水层。合并粗产物和醚萃取液，用无水氯化钙干燥。水层倒入公用的回收瓶，以回收未反应的苯甲酸(5)。先温热蒸去乙醚，再加热蒸馏，收集 210～213℃的馏分，得苯甲酸乙酯 3～4g。

纯品苯甲酸乙酯的沸点为 213℃，折射率 n_D^{20} 为 1.5001。

本实验约需 6h。

2. 方法Ⅱ　活性炭负载对甲苯磺酸催化合成苯甲酸乙酯

（1）活性炭负载对甲苯磺酸催化剂的制备　活性炭的预处理：

将活性炭于120℃干燥过夜，于干燥器内冷却至室温。

催化剂的制备：取1g活性炭和4mL 25%的对甲苯磺酸于烧瓶中，混合均匀。用旋转蒸发仪于35℃减压脱除水分。除净水后，将催化剂置于干燥器中备用。

(2) 苯甲酸乙酯的制备　取4g苯甲酸、10mL无水乙醇、16mL苯和1g活性炭负载对甲苯磺酸催化剂于50mL圆底烧瓶中，搅拌均匀。安装分水器，从分水器上端小心加水至分水器支管处，再放去3mL水(1)。分水器上端接回流冷凝管。将烧瓶加热回流，开始时回流速度要慢。随着回流的进行，分水器中出现了上、中、下三层液体(2)，且中层越来越多。约2h后，分水器中的中层液体达3mL左右，即可停止加热。放出中、下层液体并记下体积。继续加热，使多余的乙酸和苯蒸至分水器中（当充满时可由活塞放出）。

其他操作同方法Ⅰ。

本实验约需6h。

3. 方法Ⅲ　12-钨磷酸催化合成苯甲酸乙酯

(1) 12-钨磷酸的制备　参见实验29。

(2) 苯甲酸乙酯的制备　取4g苯甲酸、10mL无水乙醇、16mL苯和1g 12-钨磷酸于50mL圆底烧瓶中，搅拌均匀。安装分水器，从分水器上端小心加水至分水器支管处，再放去3mL水(1)。分水器上端接回流冷凝管。将烧瓶加热回流，开始时回流速度要慢。随着回流的进行，分水器中出现了上、中、下三层液体(2)，且中层越来越多。约2h后，分水器中的中层液体达3mL左右，即可停止加热。放出中、下层液体并记下体积。继续加热，使多余的乙酸和苯蒸至分水器中（当充满时可由活塞放出）。

其他操作同方法Ⅰ。

本实验约需6h。

4. 方法Ⅳ　硫酸催化合成苯甲酸乙酯

取4g苯甲酸、10mL无水乙醇、16mL苯和1.5mL浓硫酸于50mL圆底烧瓶中，搅拌均匀，加入几粒沸石，安装分水器，从分水器上端小心加水至分水器支管处后再放去3mL，分水器上端接回流冷凝管。将烧瓶加热回流，开始时回流速度要慢。随着回流的进行，分水器中出现了上、中、下三层液体，且中层越来越多。约2h后，分水器中的中层液体达3mL左右，即可停止加热。放出中、下层液体并记下体积。继续加热，使多余的乙酸和苯蒸至分水器中（当充满时可由活塞放出）。

待反应液冷却至室温后，过滤，除去催化剂。将瓶中残液倒入盛有30mL冷水的烧杯中，在搅拌下，分批加入碳酸钠粉末（除去硫酸与未作用的苯甲酸）至无二氧化碳气体产生（用pH试纸检验至呈中性）。用分液漏斗分出粗产物，用10mL乙醚萃取水层。合并粗产物和醚萃取液，用无水氯化钙干燥。水层倒入公用的回收瓶，以回收未反应的苯甲酸(5)。先温热蒸去乙醚，再加热蒸馏，收集210～213℃的馏分，得苯甲酸乙酯3～4g(6)。

纯品苯甲酸乙酯的沸点为213℃，折射率n_D^{20}为1.5001。

本实验约需5h。

【注释】

(1) 据理论计算，带出的总水量约1g。因本反应是借共沸蒸馏带出反应中生成的水，共沸物的下层为乙醇、水和苯的混合物，总体积为3mL。

(2) 下层为原来加入的水。由反应瓶中蒸出的馏出液为三元共沸物（沸点为64.6℃，含苯74.1%、乙醇18.5%、水7.4%）。它从冷凝管流入水分离器后分为两层，上层占84%（含苯86.0%、乙醇12.7%、水1.3%），下层占16%（含苯4.8%、乙醇52.1%、水43.1%）。此下层即为水分离器中的中层。

(3) 加碳酸钠的目的是除去未作用的苯甲酸，要研细后分批加入，否则会产生大量泡沫而使液体溢出。

(4) 若粗产物中含有絮状物难以分层，则可直接用15mL乙醚萃取。

(5) 可用盐酸小心酸化由碳酸钠中和后分出的水溶液，至溶液对pH试纸呈酸性，抽滤，并用少量冷水洗涤，干燥，回收苯甲酸。

(6) 本实验也可按下列步骤进行：将4g苯甲酸、12.5mL无水乙醇、1.5mL浓硫酸混合均匀，加热回流3h后，改成蒸馏装置，先蒸去乙醇，后处理方法同上。

【思考题】

1. 本实验应用什么原理和措施来提高苯甲酸乙酯的产率？

2. 苯甲酸、苯甲酸乙酯、苯甲酰氯、邻苯二甲酸酐、苯甲酰胺的红外光谱的特征吸收峰的位置有何变化？

实验69　邻苯二甲酸二丁酯的制备[60,82]

邻苯二甲酸二丁酯主要作为增塑剂使用，称为增塑剂DBP，是聚氯乙烯最常用的增塑剂，可使制品具有良好的柔软性，但挥发性和水抽出性较大，因而耐久性差。DBP还是硝基纤维素的优良增塑剂，凝胶化能力强，用于硝基纤维素涂料，有良好的软化作用；稳定性、耐挠曲性、黏结性和防水性均优于其他增塑剂。邻苯二甲酸二丁酯也可用作聚醋酸乙烯、醇酸树脂、乙基纤维素、氯丁橡胶及丁腈橡胶的增塑剂。邻苯二甲酸二丁酯还可用作涂料、黏结剂、染料、印刷油墨、织物润滑剂的助剂。

【实验目的】

掌握邻苯二甲酸二丁酯的制备原理和方法；掌握分水器的使用方法；掌握减压蒸馏等操作。

【实验原理】

邻苯二甲酸二丁酯通常由邻苯二甲酸酐（苯酐）和正丁醇在强酸（如浓硫酸）催化下反应而得。反应经过两个阶段。第一阶段是苯酐的醇解得到邻苯二甲酸单丁酯，这一步很容易进行，稍稍加热，待苯酐固体全熔后，反应基本结束。

$$\text{(phthalic anhydride)} + C_4H_9OH \xrightarrow{H^+} C_6H_4(COOH)(COOC_4H_9)$$

第二阶段是邻苯二甲酸单丁酯与正丁醇的酯化得到邻苯二甲酸二丁酯，为可逆反应，需用强酸催化和在较高的温度下进行，且反应时间较长。

$$C_6H_4(COOH)(COOC_4H_9) + C_4H_9OH \xrightleftharpoons{H^+} C_6H_4(COOC_4H_9)_2$$

为使反应向正反应方向进行，常使用过量的醇以及利用油水分离器将反应过程中生成的水不断地从反应体系中除去。加热回流时，正丁醇与水形成二元共沸混合物（沸点92.7℃，含醇57.5%），共沸物冷凝后的液体进入分水器中分为两层，上层为含20.1%水的醇层，下层含7.7%醇的水层，上层的正丁醇可通过溢流返回到烧瓶中继续反应。

考虑到副反应的发生，反应温度又不宜太高，控制在180℃以下，否则在强酸存在下，会引起邻苯二甲酸二丁酯的分解。实际操作时，反应混合物的最高温度一般不超过160℃。

$$C_6H_4(COOC_4H_9)_2 \xrightarrow[180℃]{H^+} C_6H_4(CO)_2O + H_2C{=}CHCH_2CH_3 + H_2O$$

【试剂】

邻苯二甲酸酐，正丁醇，浓硫酸，碳酸钠溶液，饱和食盐水，无水硫酸镁。

【实验操作】

在一个干燥 100mL 三口烧瓶中加入 5.9g 邻苯二甲酸酐、12.5mL 正丁醇和几粒沸石，在振摇下缓慢滴加 0.2mL 浓硫酸(1)。安装分水器和球形冷凝管，在分水器中加入正丁醇至支管平齐。封闭加料口，另一口插入一只 200℃ 的温度计（水银球应位于离烧瓶底 0.5～0.8cm 处）。缓慢升温，使反应混合物微沸。约 15min 后，烧瓶内固体完全消失(2)。继续升温到回流(3)，此时逐渐有正丁醇和水的共沸物蒸出，经过冷凝管冷却滴入分水器中，有小水珠逐渐流到分水器的底部(4)，当反应温度升到 150℃时便可停止加热(5)，记下分水器中水的体积（注意：含有少量正丁醇）。记下反应的时间（一般在 1.5～2h）。

当反应液冷却到 70℃以下时(6)，拆除装置。将反应混合液倒入分液漏斗，用 5%碳酸钠溶液中和后，有机层用 20mL 温热的饱和食盐水洗涤 2～3 次(7)，至有机层呈中性，分离出的油状物，用无水硫酸镁干燥至澄清。用倾斜法或过滤法除去干燥剂，有机层倒入 50mL 圆底烧瓶，先用水泵减压蒸去过量的正丁醇，最后在油泵减压下蒸馏，收集 180～190℃/1.33kPa(10mmHg) 或 200～210℃(2.67kPa,20mmHg) 的馏分，称量(8)。邻苯二甲酸二丁酯的沸点与压力之间的关系、红外光谱图如下。

压力/mmHg	760	20	10	5	2
沸点/℃	340	200～210	180～190	175～180	165～170

注：1mmHg≈133Pa。

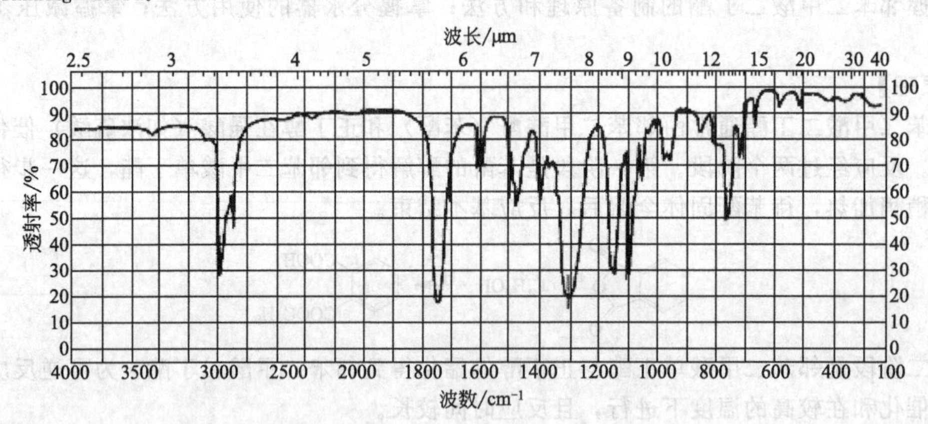

【注释】

(1) 为了保持浓硫酸的浓度，反应仪器尽量干燥。浓硫酸的量不宜太多，避免增加正丁醇的副反应以及产物在高温时的分解。

(2) 开始加热时必须慢慢加热，待苯酐固体消失后，方可提高加热速度，否则，苯酐遇高温会升华附着在瓶壁上，造成原料损失而影响产率。

(3) 单酯生成后必须慢慢提高反应温度，在回流下反应，否则酯化速度太慢，影响实验进度。若加热至 140℃后升温速度很慢，此时可补加 1 滴浓硫酸促进反应。

(4) 正丁醇-水共沸点为 93℃（含水 44.5%），共沸物冷却后，在分水器中分层，上层主要是正丁醇（含水 20.1%），继续回流到反应瓶中，下层为水（含正丁醇 7.7%）。

(5) 反应终点控制：根据从分水器中分出的水量（注意其中含正丁醇7.7%）来判断反应进行的程度，以分水器中没有水珠下沉为标志，但反应最高温度不得超过180℃，以在160℃以下为宜。也可以用温度来判断，随着反应的进行，体系中的水越来越少，温度逐渐上升。若反应温度过高，产物在酸性条件下会发生分解反应。

(6) 产物用碱中和时，温度不得超过70℃，碱浓度也不宜过高，否则引起酯的皂化反应。当然中和温度也不宜太低，否则摇动时易形成稳定的乳浊液，给操作造成麻烦。

(7) 必须彻底洗涤粗酯，确保中性，否则少量酸的存在会使产物在最后减压蒸馏的高温下（>180℃）分解，在冷凝管入口处可观察到针状的邻苯二甲酸酐固体结晶。

(8) 邻苯二甲酸二丁酯低毒。邻苯二甲酸酐对皮肤、黏膜有局部刺激性，具有中等毒性。正丁醇毒性与乙醇相似，刺激性强，低毒。

【思考题】

1. 从分水器中生成水的量可大致判断反应进行的程度，能否以此作为衡量反应进行程度的标准？

2. 对粗产品进行中和的目的是什么？

3. 用饱和食盐水洗涤的目的是什么？

4. 粗产品邻苯二甲酸二丁酯中可能含有哪些杂质？

5. 用饱和食盐水洗涤后，为什么不必进行干燥即可进行蒸去正丁醇的操作？

6. 硫酸量过多有什么不良影响？

实验70 乙酰乙酸乙酯的制备与性质[60]

【实验目的】

掌握Claisen酯缩合反应的原理与应用；掌握β-酮酸酯的制备方法；熟悉在酯缩合反应中金属钠的催化原理和操作；学习减压蒸馏的原理，掌握减压蒸馏的操作技术；掌握无水反应的操作要点；掌握乙酰乙酸乙酯的结构与性质。

【实验原理】

含α-活泼氢的酯在碱性催化剂作用下，能与另一分子酯发生Claisen酯缩合反应，生成β-酮酸酯，乙酰乙酸乙酯就是通过这一反应来制备的。当用金属钠作缩合试剂时，真正的催化剂是钠与乙酸乙酯中残留的少量乙醇作用产生的醇钠。一旦反应开始，乙醇就可以不断生成并和金属钠继续作用，如果使用高纯度的乙酸乙酯和金属钠为原料，反而不能发生缩合反应。此反应经历以下平衡过程：

$$CH_3CO_2C_2H_5 + C_2H_5O^- \rightleftharpoons \bar{C}H_2CO_2C_2H_5 + C_2H_5OH$$

$$CH_3CO_2C_2H_5 + \bar{C}H_2CO_2C_2H_5 \rightleftharpoons H_3C-\underset{OC_2H_5}{\overset{O^-}{\underset{|}{\overset{|}{C}}}}-CH_2CO_2C_2H_5 \rightleftharpoons CH_3COCH_2CO_2C_2H_5 + C_2H_5O^- \longrightarrow$$

$$[CH_3\overset{O}{\overset{\|}{C}}-\bar{C}HCO_2C_2H_5 \rightleftharpoons H_3C-\overset{O^-}{\overset{|}{C}}=CHCO_2C_2H_5] + C_2H_5OH$$

$$[CH_3\overset{O}{\overset{\|}{C}}-\bar{C}HCO_2C_2H_5 \rightleftharpoons H_3C-\overset{O^-}{\overset{|}{C}}=CHCO_2C_2H_5] + CH_3COOH \longrightarrow CH_3COCH_2CO_2C_2H_5 + CH_3CO_2^-$$

由于乙酰乙酸乙酯分子中亚甲基上的氢有酸性（$pK_a=10.65$），且比乙醇强，最后一步是不可逆的。反应后生成乙酰乙酸乙酯的钠化物，因此，须用醋酸酸化，才能使乙酰乙酸乙酯游离出来。

乙酰乙酸乙酯是酮式［沸点41℃/266Pa(2mmHg)，熔点－33℃］和烯醇式［沸点33℃(266Pa,2mmHg)］平衡的混合物，在室温时含92.5%的酮式和7.5%的烯醇式。两种异构体表现出各自的性质，在一定条件下能够分离为纯的形式。但在微量酸、碱催化下，迅速地转化为平衡混合物，且溶剂的性质影响其平衡常数的大小。

$$H_3C-C(=O)-CH_2-C(=O)-OC_2H_5 \rightleftharpoons H_3C-C(-O-H\cdots)=CH-C(=O)-OC_2H_5$$

$$2CH_3CO_2C_2H_5+C_2H_5O^- \xrightarrow{EtOH} Na^+[CH_3COCHCO_2C_2H_5]^- \xrightarrow{AcOH} CH_3COCH_2CO_2C_2H_5+AcONa$$

【试剂】

12.5g(13.8mL，0.19mol) 乙酸乙酯[1]，1.3g(0.055mol) 金属钠[2]，6.5mL二甲苯，醋酸，饱和NaCl溶液，无水硫酸钠。

【实验操作】

1. 乙酰乙酸乙酯的制备

取1.3g金属钠和6.5mL二甲苯于干燥的50mL圆底烧瓶中，安装冷凝管（上端安装氯化钙干燥管），小心加热使金属钠熔融。立即拆去冷凝管，用橡胶塞塞紧圆底烧瓶，用力来回摇振，即得细粒状钠珠。稍经放置后钠珠即沉于烧瓶底部，将二甲苯倾滗出（倒入公用回收瓶，切勿倒入水槽或废物缸，以免引起火灾）。迅速向烧瓶中加入13.8mL乙酸乙酯，重新装上冷凝管、氯化钙干燥管和搅拌装置。反应随即开始，并有氢气逸出。如反应不能进行或很慢时，可稍稍加热。待激烈反应期过后，将反应瓶加热（小心!），使之保持微沸状态，直至所有金属钠几乎全部作用完为止[3]，约需1.5h。得到乙酰乙酸乙酯钠盐的橘红色透明溶液（有时析出黄白色沉淀）。

待反应物稍冷后，在摇荡下加入50%的醋酸溶液，至反应液呈弱酸性为止（约需7.5mL)[4]，此时，所有的固体物质均已溶解。

将上述反应物转入分液漏斗中，加入等体积的饱和NaCl溶液，用力摇振片刻，静置，分层。分出粗产物，用无水硫酸钠干燥。

将干燥后的混合物，滤入蒸馏瓶，滤渣用少量乙酸乙酯洗涤。合并滤液和洗液，加热，蒸馏，以除去乙酸乙酯。将剩余液移入25mL克氏蒸馏瓶中，进行减压蒸馏[5]。减压蒸馏时须缓慢加热，待残留的低沸物蒸出后，再升高温度，收集乙酰乙酸乙酯约3g[6]。

纯品乙酰乙酸乙酯的沸点为180.4℃，折射率n_D^{20}为1.4192。乙酰乙酸乙酯沸点与压力的关系见表3.2。

表3.2 乙酰乙酸乙酯沸点与压力的关系

压力/mmHg	760	80	60	40	30	20	18	14	12
沸点/℃	180.4	100	97	92	88	82	78	74	71

注：1mmHg≈133.3224Pa。

2. 乙酰乙酸乙酯的性质

(1) $FeCl_3$试验　取1滴乙酰乙酸乙酯和2mL水于试管中，混匀后滴入几滴1% $FeCl_3$溶液，振荡，观察溶液的颜色。用1～2滴5%的苯酚溶液和丙酮做对比试验。

(2) Br_2-CCl_4试验　取1滴乙酰乙酸乙酯和1mL CCl_4于试管中，在摇荡下滴加2% Br_2-CCl_4溶液，至溴很淡的红色在1min内保持不变。放置5min后再观察颜色又发生了什么变化。

(3) 2,4-二硝基苯肼试验　取1mL新配制的2,4-二硝基苯肼溶液[7]于试管中，加入4～5滴乙酰乙酸乙酯，振荡，观察现象。

(4) $NaHSO_3$ 试验　取2mL乙酰乙酸乙酯和0.5mL饱和 $NaHSO_3$ 溶液于试管中，振荡5～10min，析出亚硫酸氢钠加成物的胶状沉淀，再加入饱和 K_2CO_3 溶液振荡后，沉淀消失，乙酰乙酸乙酯重新游离出来。

(5) 醋酸铜试验　在试管中加入0.5mL乙酰乙酸乙酯和0.5mL饱和的醋酸铜溶液，充分摇振后生成蓝绿色沉淀[8]，加入1mL氯仿后再次摇振，沉淀消失。解释这一现象。

本实验约需10h。

【注释】

(1) 乙酸乙酯必须绝对干燥，但其中应含有1%～2%的乙醇。其提纯方法为：将普通乙酸乙酯用饱和氯化钙溶液洗涤数次，再用熔焙过的无水碳酸钾干燥，在水浴上蒸馏，收集76～78℃馏分。

(2) 金属钠遇水即燃烧、爆炸，使用时应严禁与水接触。在称量或切片过程中应当迅速，以免空气中水汽侵蚀或被氧化。金属钠的颗粒大小直接影响缩合反应的速率。如实验室有压钠机，可将钠块压成钠丝，其操作为：用镊子夹取储存的金属钠块，用双层滤纸吸去溶剂油，用小刀切去其表层，立即放入经酒精洗净的压钠机中，直接压入已称量过的带塞的圆底烧瓶中。为防止氧化，迅速塞紧瓶口，称量。钠的用量可酌情增减，控制在1.3g左右。若无压钠机，可将金属钠切成细条移入粗汽油中，进行反应时，再移入反应瓶。本实验方法的优点在于可用块状金属钠。

(3) 一般要使钠全部溶解，但很少量未反应的钠并不妨碍下一步操作。

(4) 用醋酸中和时，开始有固体析出，继续加酸并不断搅拌或振摇，固体会逐渐消失，最后得到澄清液体。若尚有少量固体未能溶解，可加少许水使之溶解。但应避免加入过量的醋酸，否则会增加乙酰乙酸乙酯在水中的溶解度，降低产量。

(5) 乙酰乙酸乙酯在常压蒸馏时，很易分解而降低产量。

(6) 产率按钠计算。本实验最好连续进行，如间隔时间太久，会因去水乙酸的生成而降低产量。

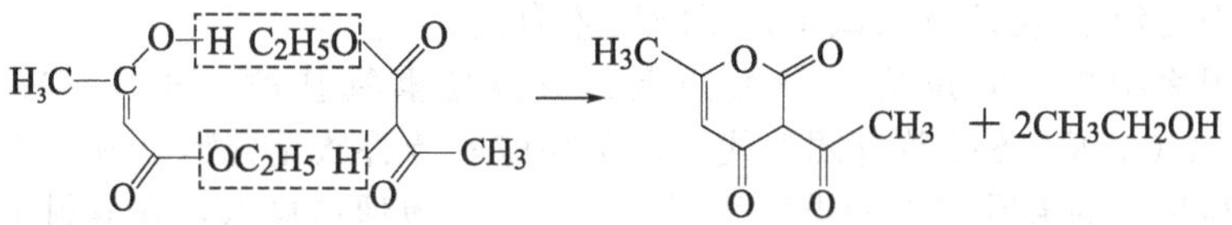

$\longrightarrow$ 去水乙酸 $+ 2CH_3CH_2OH$

去水乙酸

(7) 2,4-二硝基苯肼溶液的配制：称取2,4-二硝基苯肼1g，加入7.5mL浓硫酸，搅拌溶解，加入75mL 95%的乙醇，再用水稀释至250mL，如有沉淀，过滤除去不溶物。

(8) 乙酰乙酸乙酯的烯醇式结构存在两个配位中心（酯羰基和羟基），可以和某些金属离子（如铜、铝等离子）形成螯合物（熔点192℃），反应很灵敏，可用于某些金属离子的定量测定。

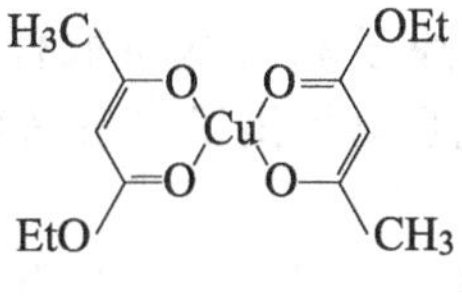

【思考题】

1. Claisen酯缩合反应的催化剂是什么？本实验为什么可以用金属钠来代替？Claisen酯

缩合与羟醛缩合有何异同？所采用的催化剂有何不同？

2. 本实验中加入50%醋酸溶液和饱和氯化钠溶液的目的是什么？

3. 如何用实验证明乙酰乙酸乙酯是两种互变异构体的平衡混合物？

4. 写出下列化合物发生 Claisen 酯缩合反应的产物。

① 苯甲酸乙酯和丙酸乙酯　② 苯甲酸乙酯和苯乙酮

③ 苯乙酸乙酯和草酸二乙酯　④ 甲酸乙酯和乙酸乙酯

实验 71　对氯甲苯、邻氯甲苯的制备[60,80]

芳香族伯胺在强酸性介质中与亚硝酸作用生成重氮盐的反应，称为重氮化反应，生成的化合物 $ArN_2^+X^-$ 称为重氮盐（diazonium salt)。重氮基上的 π 电子与苯环的 π 电子的共轭作用使芳基重氮盐稳定性增加。因此，芳基重氮盐可在冰浴温度下制备和进行反应，用来合成多种有机化合物，在工业或实验室制备中都具有很重要的价值。

通常制备重氮盐的方法是将芳胺溶解或悬浮于过量的稀酸中，把溶液冷却至 0～5℃，然后加入与芳胺物质的量相等的亚硝酸钠水溶液。一般情况下，反应迅速进行，重氮盐的产率差不多是定量的。由于大多数重氮盐很不稳定，室温即会分解放出氮气，故必须严格控制反应温度。当氨基的邻位或对位有强的吸电子基如硝基或磺酸基时，其重氮盐比较稳定，温度可以稍高一点。制成的重氮盐溶液不宜长时间存放，应尽快进行下一步反应。由于大多数重氮盐在干燥的固态受热或振动能发生爆炸，所以通常不要分离，而是将得到的水溶液直接用于下一步合成。只有硼氟酸重氮盐例外，可以分离出来并加以干燥。

酸的用量一般为 2.5～3mol，其中 1mol 酸与亚硝酸钠反应产生亚硝酸，另 1mol 酸生成重氮盐，余下的过量的酸是为了维持溶液一定的酸度，防止重氮盐与未起反应的胺发生偶联。邻氨基苯甲酸重氮盐是个例外，由于重氮化后生成的内盐比较稳定，无需过量的酸。

重氮化反应还必须注意控制亚硝酸钠的用量，若亚硝酸钠过量，则多余的亚硝酸会使重氮盐的重氮基被—NO_2 取代或氧化生成其他反应物而降低产率。因而在滴加亚硝酸钠溶液时，必须及时用淀粉-碘化钾试纸试验，至刚变蓝为止。

重氮盐的用途很广，其反应可分为两类。一类是重氮基被—H、—OH、—F、—Cl、—Br、—CN、—NO_2 及—SH 等基团取代，制备相应的芳香族化合物；另一类是保留氮的反应，即重氮盐与相应的芳香胺或酚类发生偶联反应，生成偶氮染料，在染料工业中占有重要的地位。

【实验目的】

掌握重氮盐的结构、性质与制备方法；掌握 CuCl 的制备方法；掌握重氮盐法制备对氯甲苯和邻氯甲苯的原理和方法；掌握萃取、洗涤、水蒸气蒸馏和液体有机物的干燥等操作。

【实验原理】

Sandmeyer 反应是重氮盐在有机合成中的重要应用之一。重氮盐溶液在 CuCl、CuBr 和 CuCN 存在下，重氮基可以被氯、溴原子和氰基所取代，生成芳香族氯化物、溴化物和芳腈。为从相应的芳胺制备取代芳香化合物提供了一条途径。一种观点认为，这是一个自由基反应，亚铜盐的作用是传递电子。

$$CuCl + Cl^- \longrightarrow CuCl_2^-$$

$$ArN_2^+ + CuCl_2^- \longrightarrow Ar\cdot \xrightarrow{CuCl} ArCl$$

该反应的关键在于重氮盐与 CuCl 能否形成良好的复合物。实验中，重氮盐与 CuCl 以等物质的量混合。由于 CuCl 在空气中易被氧化，故以新鲜制备为宜。在操作中，将冷的重氮盐溶液慢慢加入到较低温度的 CuCl 溶液中。制备芳腈时，反应需在中性条件下进行，以免 HCN 逸出。

$$2CuSO_4 + 2NaCl + NaHSO_3 + NaOH \longrightarrow 2CuCl + 2Na_2SO_4 + NaHSO_4 + H_2O$$

$$H_3C-C_6H_4-NH_2 \xrightarrow[HCl,\ 0\sim5℃]{NaNO_2} H_3C-C_6H_4-N_2^+Cl^- \xrightarrow[HCl]{CuCl} H_3C-C_6H_4-Cl + N_2$$

【试剂】

3.6g(3.6mL，0.034mol）对甲苯胺，2.6g(0.037mol) $NaNO_2$，10g(0.04mol) $CuSO_4\cdot5H_2O$，2.4g(0.023mol) $NaHSO_3$，NaCl，1.5g(0.037mol)NaOH，浓盐酸，苯，淀粉-碘化钾试纸，无水 $CaCl_2$。

【实验操作】

1. CuCl 的制备

取 10g $CuSO_4\cdot5H_2O$、3g NaCl 和 30mL 水于 50mL 圆底烧瓶中，加热溶解。搅拌下趁热（60～70℃）(1) 加入由 2.4g $NaHSO_3$(2)、1.5g NaOH 和 15mL 水配成的溶液。溶液由蓝绿色变为浅绿色或无色，并析出白色粉状固体，置于冷水浴中冷却。用倾滗法尽量倒去上层溶液，再用水洗涤 2 次，得到白色粉末状的氯化亚铜。加入 17mL 冷的浓盐酸，使沉淀溶解，塞紧瓶塞，置于冰水浴中冷却备用(3)。

2. 重氮盐溶液的制备

取 10mL 浓盐酸、10mL 水和 3.6g 对甲苯胺于烧杯中，搅拌加热使对甲苯胺溶解。冷却后，置于冰盐浴中，控制温度在 5℃以下，搅拌使成糊状。自滴液漏斗加入由 2.4g $NaNO_2$ 和 7mL 水组成的溶液，控制滴加速度，使温度始终保持在 5℃以下(4)。必要时可向反应液中投入碎冰，以防温度上升。当加入 85%～90%的 $NaNO_2$ 溶液后，用淀粉-碘化钾试纸检验，若淀粉-碘化钾试纸立即出现深蓝色，表示亚硝酸钠已达到足量，不必再加；若淀粉-碘化钾试纸不出现蓝色，还需滴加亚硝酸钠溶液，搅拌片刻。重氮化反应越到后来越慢，最后每加一滴亚硝酸钠溶液后，需略等几分钟再检验。

3. 对氯甲苯的制备

在搅拌下，将制好的对甲苯胺重氮盐溶液缓慢转入到冷的氯化亚铜盐酸溶液中，析出重氮盐-氯化亚铜橙红色复合物，加毕后，在室温下放置 15～30min。然后缓慢加热至 50～60℃(5)，分解复合物，至不再有氮气逸出止。将混合液进行水蒸气蒸馏，蒸出对氯甲苯。分出油层，水层用苯萃取（10mL×2)，合并苯萃取液与油层，依次用 10%NaOH 溶液、水、浓硫酸和水各 5mL 洗涤。苯层经无水 $CaCl_2$ 干燥后，滤入圆底烧瓶中，加热先蒸除苯。继续蒸馏，收集 158～162℃的馏分，得对氯甲苯 2～3g。

纯品对氯甲苯的沸点为 162℃，折射率 n_D^{20} 为 1.5150。

4. 邻氯甲苯的制备

邻氯甲苯的制备可采用同样方法。以邻甲苯胺为原料，所有试剂及用量、实验步骤和反应条件及产率均与对氯甲苯类似。蒸馏收集 154～159℃馏分。

纯品邻氯甲苯的沸点为 159.15℃，折射率 n_D^{20} 为 1.5268。

本实验约需 6h。

【注释】

(1) 在此温度下得到的氯化亚铜颗粒较粗，质量较好，且便于处理。温度较低则颗粒较细，难以洗涤。

(2) 亚硫酸氢钠的纯度最好在90%以上。如果纯度不高，按此比例进行反应时，则还原不完全。且由于碱性偏高，生成部分氢氧化亚铜，使沉淀呈土黄色。此时可根据具体情况，酌情增加亚硫酸氢钠的用量，或适当减少氢氯化钠用量。如发现氯化亚铜沉淀中杂有少量黄色沉淀时，应立即加几滴盐酸，稍加振荡即可除去黄色杂质。

(3) 氯化亚铜在空气中遇热或光照易被氧化，重氮盐久置易于分解，为此，二者的制备应同时进行，且在较短的时间内进行混合。氯化亚铜用量较少会降低对氯甲苯的产量（氯化亚铜与重氮盐的物质的量的比是1∶1）。

(4) 如反应温度超过5℃，则重氮盐会分解，使产率降低。

(5) 分解温度过高会产生副反应，生成部分焦油状物质。若时间容许，可将混合后生成的复合物在室温放置过夜，然后再加热分解。在水浴加热分解时，有大量氮气逸出，应不断搅拌，以免反应液外溢。

【思考题】

1. 重氮化反应在有机合成中有哪些应用？

2. 为什么重氮化反应必须在低温进行？温度过高或溶液酸度不够会发生什么副反应？

3. 为什么不宜直接将甲苯氯化，而用Sandmeyer反应来制备邻-或对氯甲苯？

4. 氯化亚铜在盐酸存在下，被亚硝酸氧化，会观察到红棕色的气体放出，试解释此现象。

5. 写出由邻甲苯胺制备下列化合物的反应式，并注明反应试剂和条件。

① 邻甲基苯甲酸　　② 邻氟苯甲酸

③ 邻碘甲苯　　④ 邻甲基苯肼

6. 能否利用邻硝基氯苯（或对硝基氯苯）为原料制备邻硝基苯酚或对硝基苯酚？

实验72　间硝基苯酚的制备[60]

【实验目的】

掌握重氮化反应的基本原理与应用；掌握重氮盐溶液的制备条件；掌握酚的制备方法；巩固重结晶等操作。

【实验原理】

温热重氮盐的水溶液时，大多数重氮盐会发生水解，释放出氮气，并生成相应的酚。这就是在制备重氮盐过程中，需严格控制反应温度，且不能长期存放重氮盐的主要原因。这却为制备那些不宜通过直接亲电取代反应合成的间取代酚类化合物（如间硝基苯酚、间溴苯酚等）提供了一条间接途径。

采用重氮盐法制备酚时，通常需在硫酸溶液中进行重氮化。若使用盐酸，重氮基被氯原子取代将成为主要的副产物。水解反应需在强酸性介质中进行，以避免重氮盐与酚之间发生偶联，并根据不同的芳胺采取适当的分解温度。

$$m\text{-}O_2NC_6H_4NH_2 \xrightarrow[NaNO_2]{H_2SO_4} m\text{-}O_2NC_6H_4N_2^+HSO_4^- \xrightarrow[\triangle]{40\%\sim60\%\ H_2SO_4} m\text{-}O_2NC_6H_4OH$$

【试剂】

3.5g(0.025mol) 间硝基苯胺，1.7g(0.028mol) $NaNO_2$，浓硫酸，盐酸。

【实验操作】

1. 重氮盐溶液的制备

在 100mL 烧杯中，在搅拌下，将 5.5mL 浓硫酸溶于 9mL 水，冷却。加入 3.5g 研成粉状的间硝基苯胺和 10～15g 碎冰，充分搅拌，使间硝基苯胺变成糊状硫酸盐。将烧杯置于冰盐浴中冷却至 0～5℃，在充分搅拌下，滴加由 1.7g $NaNO_2$ 和 10mL 水组成的水溶液。控制滴加速度，使温度始终保持在 5℃以下，约 5min 滴完(1)。必要时可向反应液中加入碎冰，以防温度上升。滴毕后，继续搅拌 10min。取少许反应液，用淀粉-碘化钾试纸检验，若试纸变蓝，表明 $NaNO_2$ 已经足量(2)；若试纸不变蓝，需补加 $NaNO_2$ 的水溶液。然后将反应物在冰盐浴中放置 5～10min，部分重氮盐以晶体形式析出，倾滗出大部分上层清液于锥形瓶中，立即进行下一步操作。

2. 间硝基苯酚的制备

取 12.5mL 水于 100mL 圆底烧瓶中，搅拌下小心加入 16mL 浓硫酸。将配制的稀硫酸溶液加热至沸，分批加入倾滗于锥形瓶中的重氮盐溶液，控制加入速度，以保持反应液剧烈地沸腾，约 15min 加完。再分批加入烧杯中的重氮盐晶体。控制加入速度，以免因 N_2 迅速释放产生大量泡沫而使反应物溢出。反应液呈深褐色，部分间硝基苯酚呈黑色油状物析出。加毕后，继续煮沸 15min。稍冷后，将反应混合物倾入用冰水浴冷却的烧杯中，搅拌，使产物形成细小均匀的晶体。减压抽滤，用少量冰水洗涤数次，压干，得湿的褐色粗产物2～3g。

将粗产物重结晶（以 15％的稀盐酸为溶剂，每克湿产物需 10～12mL 15％的盐酸），加适量的活性炭脱色，抽滤，洗涤，干燥，称量，得淡黄色的间硝基苯酚结晶 1～2g，熔点 96℃。

纯品间硝基苯酚的熔点为 96～97℃。

本实验约需 5h。

【注释】

（1）亚硝酸钠的加入速度不宜过慢，以防止重氮盐与未反应的芳胺发生偶联，生成黄色不溶性的重氮氨基化合物。强酸性介质有利于抑制偶联反应的发生。

（2）游离亚硝酸的存在表明芳胺硫酸盐已充分重氮化。重氮化反应通常使用比计算量多 3％～5％的亚硝酸钠，过量的亚硝酸易导致重氮基被—NO_2 取代和酚被氧化等副反应的发生。

【思考题】

1. 设计由硝基苯制备间硝基苯酚的合成路线与实验方案。

2. 为什么邻和对硝基苯胺与氢氧化钠溶液一起煮沸后可生成对应的硝基酚，而间硝基苯胺却不发生类似的反应？

3. 能否利用间硝基氯苯为原料制备间硝基苯酚？

实验 73　氢化肉桂酸的制备[60,77]

催化加氢是一种重要的合成方法，包括烯烃、苯环、硝基、氰基、羰基、羧酸及酯的加氢等，具有应用范围广、操作简单等优点，在实验室合成和工业生产中都有着重要的意义。

催化加氢反应是向体积缩小的方向进行的，所以增加压力对加氢有利。但是压力增高就要采用压力设备，投资大，操作复杂，技术要求高。如果选用适当的催化剂，就可以降低工作压力，甚至在常压下即可进行。因此，催化氢化分为常压和高压两类。常压催化氢化和低压催化氢化适用于双键、三键、硝基、羰基等基团的还原；高压催化氢化适用于芳环、羧酸衍生物等难还原的基团的加氢还原。

按催化剂的性质，催化氢化又分为多相和均相两类：多相催化剂常用的有 Pt、Pd、Ni 等，均相催化剂主要是一些贵金属的配合物。催化剂的性能指标主要是活性和选择性。活性意味着反应速率。活性高、选择性佳的催化剂主要取决于催化剂组分、制备和反应的条件。一般来说，活性高的催化剂选择性就差些，容易中毒，寿命短。因此往往要求活性稍低些，以保证催化剂稳定和好的选择性。

Raney 镍以价廉易得而著称。将 1∶1 的铝镍合金分批投入到氢氧化钠溶液中，由于氢氧化钠与合金中的铝反应生成铝酸钠而溶解，残留的镍呈多孔的蜂窝状，所以又称骨架镍。制备方法和条件不同，使 Raney 镍的性能有所差别，其中 W_6 活性最高，可以与 Pt 媲美。在干燥状态下，Raney 镍在空气中会自燃。所以，制备和保存均应在溶液中，而不能暴露在空气中。Raney 镍能自燃是必要条件，但不能说明催化剂的活性就一定好。Raney 镍的催化活性主要通过加氢反应过程的吸氢速度来判断。

【实验目的】

掌握一种 Raney 镍催化剂的制备方法；掌握催化加氢的相关操作；练习减压蒸馏等操作。

【反应式】

$$PhCH{=}CHCO_2H \xrightarrow[H_2]{\text{Raney 镍}} PhCH_2CH_2CO_2H$$

【试剂】

8g NaOH，4g 铝镍合金粉（1∶1），无水乙醇，1.5g 肉桂酸，95%的乙醇。

常压催化加氢装置如图 3.3 所示。

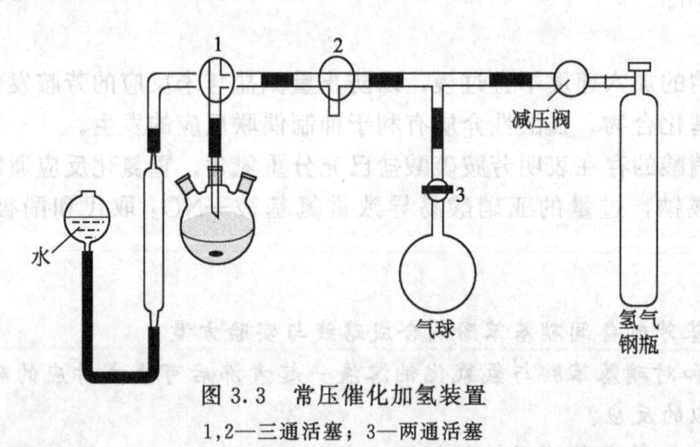

图 3.3　常压催化加氢装置

1,2—三通活塞；3—两通活塞

【实验操作】

1. Raney 镍的制备

称取 5g NaOH 于 100mL 烧杯中，加 20mL 蒸馏水，在冰水浴冷却下，使碱液温度控制到 10℃以下。将 4g 铝镍合金粉（1∶1）分 6～10 批次小心地加入到碱溶液中，不断搅拌，以碱液不溅出为宜（反应放热，释放出氢气，温度控制在 25℃以下）。加毕后撤去冰水浴，升温至 70～75℃，搅拌至无气泡逸出（约 1h），停止加热、搅拌。静置、冷却，将烧杯置于 65℃的恒温水浴上，将烧杯倾斜并轻击烧杯壁，使底部固体滑向一边，小心倾斜倒出大部分碱液，残留的碱液须能覆盖固体。然后按同样操作用 20～30mL 蒸馏水洗涤 3～5 次（至用 pH 试纸检验时，洗涤液呈中性），再用 10mL 无水乙醇洗 3～5 次。整个过程严格禁止将催化剂暴露在空气中。再加入 20mL 无水乙醇作溶剂，将制得的 Raney 镍催化剂一起移入具磨口塞的 50mL 锥形瓶中，储存备用。

2. 肉桂酸的催化氢化

在 50mL 三口瓶（加氢反应器）中，加入磁搅拌子。将 1.5g 肉桂酸和 25mL 95%的乙醇加入到三口瓶中，搅拌、温热、溶解。取所制备的 Raney 镍的 1/3 量（约 0.75g）加入到三口瓶中（用少量的乙醇冲洗附在瓶壁上的催化剂），塞紧连有导气管的磨口塞。检查加氢系统是否漏气（确保不漏气）。三通活塞 1 连接氢气计量瓶和加氢反应瓶，三通活塞 2 连接水泵。

在反应开始前，首先要排出系统中的空气：旋转三通活塞使氢气计量瓶与大气相通，将氢气计量瓶充满水，提高平衡瓶的位置，用水赶尽氢气计量瓶中的空气，关闭三通活塞 1；将三通活塞 2 与水泵相连，用水泵将三口瓶抽真空，关闭三通活塞 2；然后将三通活塞 1 与氢气钢瓶相连，慢慢打开减压阀（出口压力不能超过 10kPa），用排水集气法使氢气计量瓶充入氢气，关闭三通活塞 1；将三通活塞 2 与水泵相连，用水泵将三口瓶抽真空，关闭三通活塞 2；旋转三通活塞 1 使氢气计量瓶中的氢流入三口瓶；如此抽空气和充氢，如此反复 3 次或 4 次即可。

置换空气结束后，将三口瓶与恒温循环水浴接通，水浴温度控制在 42℃；氢气计量瓶重新充满氢气后与三口瓶接通，搅拌，即开始氢化反应。当氢气计量瓶中的氢气消耗近完时，停止搅拌，重新充氢；记录每吸收 50mL 氢的时间，作时间和加氢量之间的关系曲线；当加氢接近完全时（根据理论加氢量计算），氢气的吸收极其缓慢。至不再吸收氢时，停止搅拌和循环水浴，关闭钢瓶阀门，开三通活塞 2 放气，卸下三口瓶。放置，冷却至室温，抽滤除去催化剂，并用少量乙醇洗涤 2～3 次（绝不要将催化剂抽干，否则会导致催化剂自燃。万一发生催化剂自燃，可迅速取下漏斗，用水冲灭即可）。将滤液转入蒸馏瓶中，先水浴加热蒸除乙醇，再进行减压蒸馏，收集 60～63℃(0.6kPa) 的馏分。得无色透明液体，称量，测折射率，计算产率。

【思考题】

1. 在制备 Raney 镍催化剂的过程中，为何催化剂不能暴露在空气中？
2. 为什么将制备好的活性镍置于滤纸上，干后会自燃？
3. 为什么氢化过程中，搅拌对氢化速度有显著的影响？

实验 74　邻羟基苯乙酸的制备[60]

【实验目的】

掌握酚的制备方法；掌握 8-羟基喹啉铜、邻羟基苯乙酸的制备方法；掌握高压釜的使用；巩固重结晶等操作。

【反应式】

$$\text{邻氯苯乙酸 } (o\text{-Cl}-C_6H_4-CH_2COOH) \xrightarrow[\text{8-羟基喹啉铜}]{NaOH} o\text{-NaO}-C_6H_4-CH_2COONa \xrightarrow{H^+} o\text{-HO}-C_6H_4-CH_2COOH$$

【试剂】

邻氯苯乙酸（工业级），氢氧化钠，五水合硫酸铜，浓盐酸（33.2%，工业级），乙酸乙酯，8-羟基喹啉，无水乙醇。

【实验操作】

1. 8-羟基喹啉铜的制备

称取 0.02mol 的 $CuSO_4 \cdot 5H_2O$ 溶于适量蒸馏水中，按硫酸铜与 8-羟基喹啉物质的量比为 2∶1 称取 8-羟基喹啉，并溶入适量无水乙醇中。将硫酸铜水溶液缓慢倾入 8-羟基喹啉的乙醇溶液中，用 10％的 NaOH 溶液调节体系的 pH 值至一定范围，有大量沉淀生成为止。抽滤，沉淀物用丙酮和蒸馏水反复洗涤，干燥，避光保存。

2. 邻羟基苯乙酸的制备

称取 32g(0.8mol) 固体氢氧化钠溶于适量水配成 20％的溶液，另取 34.2g(0.2mol) 邻氯苯乙酸溶于上述氢氧化钠溶液中。称取 0.02mol 的 8-羟基喹啉铜于上述溶液中，并将反应液转移至高压釜中。补充蒸馏水稀释反应液，使氢氧化钠浓度为 13％。仔细地盖上釜盖，逐步对称地上紧螺帽。搅拌下加热，控制反应温度 180℃，在此温度下搅拌反应 3h。

反应结束后，待釜温降至接近室温后，打开排气阀，排尽釜内残余压力，将反应液取出，用浓盐酸中和至 pH 值为 7。冷却至室温，抽滤。

向滤液内滴加过量浓盐酸后将滤液浓缩、蒸干。用乙酸乙酯浸取固体中的有机物，滤去不溶物，蒸除乙酸乙酯。将所得固体用水重结晶，真空干燥，得到橙黄色固体 29.18g，收率 96％，熔点 141～143℃（文献值 140～142℃）。

本实验约需 7h。

【思考题】

1. 如何制备邻氯苯乙酸？

2. 还可以采用哪些方法制备邻羟基苯乙酸？

实验 75　ε-己内酰胺的制备[60]

【实验目的】

掌握羰基化合物的性质；掌握肟的制备方法；掌握 Beckmann 重排反应的机理；掌握微波促进有机反应的原理与应用。

【反应式】

$$\text{环己酮} + NH_2OH \longrightarrow \text{环己酮肟}$$

$$\text{环己酮肟} \xrightarrow{85\%\ H_2SO_4} \left[\text{N=C–OH}\right] \xrightarrow{20\%\ NH_4OH} \varepsilon\text{-己内酰胺}$$

【试剂】

9.8g（10.5mL，0.1mol）环己酮，9.8g（0.14mol）羟胺盐酸盐，14g 结晶醋酸钠，20％氢氧化铵溶液，浓硫酸。

【实验操作】

1. 环己酮肟的制备

取 9.8g 羟胺盐酸盐、14g 结晶醋酸钠和 30mL 水于 250mL 锥形瓶中，温热此溶液，使达到 35～40℃。搅拌下，分批加入 10.5mL 环己酮（每次 2mL），有固体析出。加毕后，用橡胶塞塞紧瓶口，激烈振摇 2～3min，环己酮肟呈白色粉状结晶析出[1]。冷却后，抽滤，并用少量水洗涤。抽干后在滤纸上进一步压干。干燥，得白色环己酮肟晶体，熔点 89～90℃。

2. 环己酮肟重排制备己内酰胺

(1) 常规加热搅拌法　取 10g 环己酮肟和 20mL 85%硫酸于 500mL 烧杯中[2]，旋动烧杯使二者混溶。在烧杯内放一支 200℃温度计，小心加热。当开始有气泡时（约 120℃），立即移去热源，此时发生强烈的放热反应，温度会很快自行上升（可达 160℃），反应在几秒内即可完成。稍冷后，将此溶液转入到 250mL 三颈瓶中，装置搅拌器、温度计和恒压滴液漏斗，并在冰盐浴中冷却。当溶液温度下降至 0～5℃时，在搅拌下小心滴入 20%氨水[3]。控制溶液温度在 20℃以下，以免己内酰胺在温度较高时发生水解，直至溶液恰对石蕊试纸呈碱性（通常需加约 60mL 20%氨水，约 1h 加完）。

将粗产物转入分液漏斗中，静置，分出水层。将油层转入 25mL 克氏瓶中，进行减压蒸馏。收集 127～133℃(0.93kPa,7mmHg)、137～140℃(1.6kPa,12mmHg) 或 140～144℃(1.86kPa,14mmHg) 的馏分[4]。馏出物在接收瓶中固化成无色结晶，熔点69～70℃，得己内酰胺 5～6g。注意：己内酰胺易吸潮，应储于密闭容器中。

(2) 微波法　在无氧条件下，将盛有 5g 环己酮肟和 6g 氯化锌的圆底烧瓶置于微波合成仪中。设定微波合成仪的微波功率为 234W，辐射时间为 20min，开启微波合成仪。待反应完后，向反应混合物加入 100mL 四氯化碳，溶解后过滤。将滤液浓缩至 20mL 左右，再加入石油醚至溶液浑浊，冰水浴冷却使晶体析出，过滤得己内酰胺无色晶体约 3.5g。熔点 69～70℃。

本实验约需 9h。

【注释】

(1) 若此时环己酮肟呈白色小球状，则表示反应尚未完全，须继续振摇。

(2) 重排反应进行得很剧烈，故须用大烧杯以利于散热，使反应缓和。环己酮肟的纯度对反应有影响。

(3) 用氨水进行中和时，此时的溶液较黏，放热很厉害，开始要加得很慢。否则，温度突然升高，影响收率。

(4) 己内酰胺也可用重结晶方法提纯：将粗产物转入分液漏斗中，用四氯化碳萃取(20mL×3)，合并萃取液。用无水硫酸镁干燥后，滤入一干燥的锥形瓶。加入沸石，水浴上蒸出大部分溶剂，至剩下 8mL 左右溶液为止。小心向溶液加入石油醚（30～60℃），到恰好出现浑浊为止。将锥形瓶置于冰浴中冷却，结晶，过滤，用少量石油醚洗涤结晶。如加入石油醚的量超过原溶液 4～5 倍仍未出现浑浊，说明所剩下的四氯化碳太多。需加入沸石重新蒸去大部分溶剂，直至剩下很少量的四氯化碳时，重新加入石油醚进行结晶。己内酰胺的重结晶对大多数学生的重结晶技术无疑是一个考验。

【思考题】

1. 制备环己酮肟时，加入醋酸钠的目的是什么？

2. 反式甲基乙基酮肟经 Beckmann 重排得到什么产物？

实验 76　喹啉的制备[60,83]

杂环化合物广泛存在于自然界，与生物化学有关的重要化合物多数为杂环化合物，例如核酸、某些维生素、抗生素、激素、色素和生物碱等。此外，杂环化合物可用作药物、杀虫剂、除草剂、染料、塑料等。

Skraup 反应是合成喹啉及其衍生物最重要的方法。由芳胺与无水甘油、浓硫酸及弱氧化剂硝基化合物或砷酸等一起加热而得。为避免反应过于剧烈，常加入少量硫酸亚铁作为氧载体。浓硫酸的作用是使甘油脱水成丙烯醛，并使芳胺与丙烯醛的加成产物成环脱水。硝基化合物则将 1,2-二氢喹啉氧化成喹啉，本身被还原成芳胺，生成的芳胺也可参与缩合反应。Skraup 反应中所用的硝基化合物要与芳胺的结构相对应，否则将生成混合产物。有时也可用碘作氧化剂，它可缩短反应周期并使反应平稳地进行。

$$HOCH_2CH(OH)CH_2OH \xrightarrow{H_2SO_4} CH_2{=}CHCHO + H_2O$$

$$C_6H_5NH_2 + CH_2{=}CHCHO \longrightarrow \text{(加成产物)} \xrightarrow{H^+} \text{(4-羟基-1,2,3,4-四氢喹啉)} \xrightarrow{-H_2O} \text{(1,2-二氢喹啉)} \xrightarrow{PhNO_2} \text{喹啉}$$

【实验目的】

掌握通过 Skraup 反应合成喹啉及其衍生物的原理；巩固回流、蒸馏、水蒸气蒸馏、萃取、干燥等操作。

【反应式】

$$C_6H_5NH_2 + HOCH_2CH(OH)CH_2OH \xrightarrow[PhNO_2]{H_2SO_4} \text{喹啉}$$

【试剂】

1.9g(1.9mL，0.04mol) 苯胺，7.6g(6.1mL，0.08mol) 无水甘油(1)，1.6g(1.3mL，0.013mol) 硝基苯，0.8g 硫酸亚铁，3.6mL 浓硫酸，0.6g 亚硝酸钠，淀粉-碘化钾试纸，乙醚，氢氧化钠。

【实验操作】

称取 7.6g 无水甘油于 50mL 圆底烧瓶中，搅拌下依次加入 0.8g 研细的硫酸亚铁、1.9mL 苯胺和 1.3mL 硝基苯，缓慢加入 3.6mL 浓硫酸(2)。安装回流冷凝管，加热。当溶液刚开始沸腾时，立即移去热源(3)（若反应太剧烈，可用冷水冷却）。待反应缓和后，再加热回流反应 2h。停止加热，待反应物稍冷后，向烧瓶中缓慢加入 30％的 NaOH 溶液，使混合物呈强碱性(4)。进行水蒸气蒸馏，蒸出喹啉、未反应的苯胺及硝基苯，至馏出液不再浑浊止（约收集 25mL）。

将馏出液用浓硫酸（约需 2mL）酸化，使成强酸性后，用分液漏斗将不溶的黄色油状物分出。将水溶液转入 100mL 烧杯中，在冰浴中冷却至约 5℃，缓慢加入 0.6g $NaNO_2$ 和 2mL 水配成的溶液，至取出一滴反应液，使淀粉-碘化钾试纸立即变蓝为止（由于重氮化反应在接近完成时，反应变得很慢，故应在加入亚硝酸钠 2～3min 后再检验是否有亚硝酸存在）。然后将混合物在沸水浴上加热 15min，至无气体放出为止。冷却后，向溶液中加入 30％ NaOH 溶液，使呈强碱性，再进行水蒸气蒸馏。从馏出液中分出油层，水层用乙醚萃取（10mL×2）。合并油层及醚萃取液，用固体 NaOH 干燥。过滤，蒸馏，先蒸去乙醚，继续加热蒸出喹啉(5)，收集 234～238℃馏分，得喹啉 1.5～2g(6)。

纯品喹啉为无色透明液体，沸点 238.05℃，折射率 n_D^{20} 为 1.6268。

本实验约需 8h。

【注释】

(1) 甘油的含水量不应超过 0.5％(ρ＝1.26g·mL^{-1})。若甘油含水量较大，喹啉的产量就低。可将普通甘油在通风橱内置于蒸发皿中加热至180℃，冷至100℃左右，放入盛有浓硫酸的干燥器中备用。

(2) 须按所述次序加入试剂，若先加浓硫酸再加硫酸亚铁，则反应往往很剧烈，不易控制。

(3) 该反应放热，当溶液呈微沸状态时，表示反应已经开始。如继续加热，则反应过于激烈，会使溶液冲出容器。

(4) 每次碱化或酸化时，都必须将溶液稍加冷却，用试纸检验至明显的强碱性或强酸性。

(5) 最好在减压下蒸馏，收集110～114℃(1.87kPa,14mmHg)、118～120℃(2.67kPa,20mmHg) 或130～132℃(5.33kPa,40mmHg) 的馏分，可以得到无色透明的液体。

(6) 产率以苯胺计算，不考虑硝基苯部分转化成苯胺而参与反应的量。

【思考题】

1. 本实验中，为了从喹啉中除去未作用的苯胺和硝基苯，采用了什么方法？

2. 用反应式表示加入亚硝酸钠后所发生的变化。

3. 在Skraup合成中，用对甲苯胺和邻甲苯胺代替苯胺做原料，应得到什么产物？硝基化合物应如何选择？

4. 各步分离纯化的目的是什么？画出分离纯化流程图。

实验77 α-D-葡萄糖五乙酸酯的制备[60,80]

α-D-葡萄糖五乙酸酯又名α-D-五乙酰葡萄糖（简称PAG），化学式为$C_{16}H_{22}O_{11}$。在常温下为白色针状晶体，是一种发展前景很好的表面活性剂。在医疗上，它有保护肝脏和促进中枢神经兴奋的作用，也可治疗肥胖症及酒精中毒。同时，它可用于汽油添加剂，用来提高汽油的燃烧速度，使汽油接近完全燃烧，从而使排放出气体中的有害成分明显减少。既节约能源，又减少环境污染。另外还可用于家用杀菌剂、清洗用的漂白剂、消毒剂、去垢剂、抗氧化剂、发泡剂、制药、制造香料、废水处理、香烟的填充剂等许多方面。

【实验目的】

了解在手性合成中如何得到纯净、高产率的手性物质；掌握酯化反应的基本原理；掌握五乙酸α-葡萄糖酯的制备方法和操作步骤。

【实验原理】

自然界中D-(+)-葡萄糖是以环形半缩醛形式存在的，有α、β两种异构体。制备葡萄糖五乙酸酯时，使用不同的催化剂所生成的主产物不同。用无水氯化锌作催化剂时，α构型为主要产物；用无水乙酸钠作催化剂时，β构型为主要产物。从立体构型来看β异构体比α异构体更稳定，但是在无水氯化锌的作用下β异构体也能转化为α异构体。

【试剂】

葡萄糖、乙酸酐、无水氯化锌、活性炭、氯仿。

【实验操作】

取0.7g无水氯化锌[(1)]和12.5mL（约0.13mol）新蒸的乙酸酐于100mL干燥的圆底烧瓶中，装上回流冷凝管及氯化钙干燥管[(2)]。在沸水浴上加热10min左右，待氯化锌溶解为透明溶液后，分几次慢慢加入2.5g干燥的粉状葡萄糖[(3)]（约0.013mol），轻轻搅拌，加完后继续加热1h。

将反应物趁热倒入盛有150mL冰水的烧杯中，剧烈搅拌，充分冷却，直至分出的油层在搅拌期间完全固化[(4)]。抽滤，用玻塞将粗产物中的液体挤压出去，再用冷水洗涤2次，每次5mL。

粗产物用约25mL95%乙醇重结晶，必要时加入少许活性炭脱色，直到熔点不再变化为止（一般两次重结晶已能满足要求），测其旋光度。产量约3g。

熔点112～113℃。

【注释】

（1）氯化锌极易潮解，因此应事先将氯化锌在瓷坩埚中加强热至熔融状态，冷后研碎，迅速称量。或将研碎的氯化锌装入瓶中，塞好瓶塞，放在干燥器中备用。

（2）确保反应体系无水，反应过程要在干燥环境下进行。

（3）市售葡萄糖在110～120℃的烘箱中烘2～3h，然后取用效果更好。

（4）反应物倒入冰水后要强烈搅拌，使块状固体成为粉末，防止固体中包含溶剂，使产物重结晶时部分水解。

【思考题】

1. 为什么该反应要在干燥的环境中进行？

2. 还有什么方法可以使葡萄糖发生酯化？

3. 参考葡萄糖酯化方法，你能设计出使蔗糖酯化为八乙酸蔗糖酯的方案吗？

实验78　对氨基苯乙腈硫酸盐的制备[84]

【实验目的】

掌握芳香族化合物的硝化机理与在有机合成中的应用；掌握胺的制备方法；掌握胺的性质；掌握混酸的配制方法；巩固冰水浴、热过滤等操作。

【实验原理】

以苯乙腈为起始原料，利用混酸于较低温度下进行硝化得到硝基苯乙腈，再经铁粉还原得到对氨基苯乙腈，通过硫酸酸化得到对氨基苯乙腈硫酸盐。

$$C_6H_5CH_2CN \xrightarrow[\triangle]{\text{混酸}} O_2N\text{-}C_6H_4\text{-}CH_2CN \xrightarrow[NH_4Cl]{Fe} H_2N\text{-}C_6H_4\text{-}CH_2CN \xrightarrow{H^+} H_3^+N\text{-}C_6H_4\text{-}CH_2CN$$

【试剂】

浓硝酸，浓硫酸，苯乙腈，正丁醇，氯化铵，铁粉。

【实验操作】

1. 对硝基苯乙腈

取浓硝酸3.7g（0.06mol）、浓硫酸9.4g（0.09mol）和水8.5g制成混酸，加入到

100mL 三颈瓶中[1]。搅拌，冰水浴冷却至 5℃以下，用恒压滴液漏斗缓慢滴加 5.2g 苯乙腈(0.045mol)，控制反应温度在 10℃以下[2]。滴毕后，于 10℃搅拌 1h。在搅拌下将反应物缓慢倒入盛有 25mL 冷水的烧杯中，继续搅拌 1h，析出固体混合物，过滤，滤饼用水洗至 pH3～4，得硝基苯乙腈混合物约 5.5g。向混合物中加入正丁醇 8.5mL，加热溶解，缓慢降温至 20℃，保温 0.5h，趁热过滤，依次用正丁醇 5mL 和水洗涤，干燥，得对硝基苯乙腈约 4g。

对硝基苯乙腈的熔点 112～114℃。

2. 对氨基苯乙腈硫酸盐

取 12mL 水于烧瓶中，升温至 95℃，搅拌下加入氯化铵 0.5g (0.09mol)。溶解后，保温，加入铁粉 3.9g (0.07mol)，继续搅拌 0.5h，用恒压滴液漏斗缓慢均匀地加入对硝基苯乙腈 3.8g (0.024mol)。滴加完毕后，于 95℃搅拌 2h。反应完毕后，趁热过滤，滤饼用 70℃热水 (10mL×2) 洗涤，过滤，合并滤液和洗液，于搅拌下缓慢加入 1.2g 硫酸，析出固体，冷却至室温，水洗，干燥，得对氨基苯乙腈硫酸盐约 3.8g。

对氨基苯乙腈硫酸盐的熔点为 246～248℃。

【注释】

(1) 注意混酸配制时的加料顺序，以防发生危险。

(2) 控制反应温度在 10℃以下，以防副反应的发生。

【思考题】

1. 苯乙腈的硝化过程，为何要将反应温度控制在 10℃以下？

2. 在硝基苯乙腈的还原过程中，能否用锡和盐酸来代替铁粉和氯化铵？

实验 79 对羟基苯乙酸的制备[84]

【实验目的】

掌握重氮盐的结构、性质及在有机合成中的应用；掌握由对氨基苯乙腈制对羟基苯乙腈的原理和方法；掌握羧酸的制备方法。

【实验原理】

以氨基苯乙腈硫酸盐为原料，与亚硝酸作用，生成重氮盐，在酸性条件下，经搅拌加热，重氮基被羟基取代，转化为对羟基苯乙腈，再在酸性条件下进行水解，得到对羟基苯乙酸。

$$H_3^+N-C_6H_4-CH_2CN \xrightarrow{NaNO_2/H_2SO_4} HO-C_6H_4-CH_2CN \xrightarrow{H_2SO_4} HO-C_6H_4-CH_2COOH$$

【试剂】

对氨基苯乙腈硫酸盐，硫酸，亚硝酸钠，活性炭，盐酸。

【实验操作】

1. 对羟基苯乙腈

在 250mL 圆底烧瓶中，加入对氨基苯乙腈硫酸盐 4.8g (0.027mol)、水[1] 50mL，搅拌，缓慢滴加浓硫酸[2] 6.9g (0.07mol)，升温至 95～98℃，缓慢滴加质量分数为 8.5%的亚硝酸钠溶液 22g (0.027mol)，继续保温搅拌 3.5～4h，反应完毕后，加入适量活性炭，加热搅拌回流 0.5h，趁热过滤，滤饼用热水洗涤，合并滤液和洗液，搅拌冷却至 0℃以下，析出结晶，过滤，干燥，得对羟基苯乙腈约 4g。

对羟基苯乙腈的熔点为67～69℃。

2. 对羟基苯乙酸

在100mL圆底烧瓶中，加入水1.5mL，搅拌，缓慢滴加硫酸(3) 1.4mL（0.025mol）。加热回流反应2h。冷却至室温后，依次加入36%盐酸4.5mL（0.05mol）和2.3g（0.02mol）对羟基苯乙腈，搅拌加热，回流反应2h。待冷却后，加入水9mL和活性炭0.1g，回流0.5h，趁热过滤，滤饼用热水洗涤，合并滤液和洗液，搅拌冷却至0℃以下，保温结晶1h。过滤，干燥，得对羟基苯乙酸约3.5g。

【注释】

(1) 加入水的目的是防止氰基水解。

(2) 用浓硫酸，不能用浓盐酸。

(3) 控制滴加硫酸速度，防止反应过于剧烈，发生冲料。

【思考题】

1. 氨基苯乙腈能否进行碱性水解？

2. 本实验能否先进行氨基苯乙腈水解，再进行重氮化反应？

实验80 对羟基苯乙酸对甲氧基苄酯的制备[85]

在酸或碱催化剂的作用下，酯与醇作用生成新的酯和醇称为酯交换反应，又称酯的醇解反应。由于酯化反应的可逆性，若想酯交换反应能够进行，生成的新酯稳定性应强于之前的酯或生成的新醇能够在反应过程中不断蒸出。酯交换反应的催化剂有碱性、酸性和生物酶催化剂等。其中，碱性催化剂为易溶于醇的催化剂（如NaOH、KOH、$NaOCH_3$、有机碱等）和固体碱催化剂；酸性催化剂包括易溶于醇的催化剂（如硫酸、磺酸等）和各种固体酸催化剂。通过二元酸酯化合物和二元醇化合物的酯交换反应已用于聚酯的生产。甲醇解同样被用于转化脂肪（脂肪酸甘油酯）为生物柴油。

【实验目的】

掌握酯的性质与制备方法；掌握酯交换反应的机理及在有机合成中的应用；掌握共沸的原理以及在脱水、分离纯化中的应用。

【实验原理】

共沸（azeotrope）是指处于平衡状态下，气相和液相组成完全相同时的混合溶液，所对应的温度称为共沸温度或共沸点。两种（或几种）液体形成的恒沸点混合物称为共沸混合物。常压下，甲苯和甲醇形成共沸物（甲苯的沸点110.6℃，甲醇的沸点64.7℃；共沸点63.7℃；共沸物组成：甲苯27.5%，甲醇72.5%）。

在硫酸催化下，分子筛为脱水剂，对羟基苯乙酸与过量甲醇发生酯化反应得到对羟基苯乙酸甲酯中间体；再在甲醇钠的催化下，利用对甲氧基苄醇发生醇解反应得到对羟基苯乙酸对甲氧基苄酯。利用甲苯通过共沸的方法带出甲醇，以提高对羟基苯乙酸对甲氧基苄酯的收率。

$$HO-C_6H_4-CH_2COOH + MeOH \xrightarrow[\triangle]{H_2SO_4} HO-C_6H_4-CH_2COOMe + H_2O$$

$$HO-C_6H_4-CH_2COOMe + HOCH_2-C_6H_4-OCH_3 \xrightarrow{MeONa} HO-C_6H_4-CH_2COOCH_2-C_6H_4-OCH_3$$

【试剂】

对羟基苯乙酸，甲醇，浓硫酸，分子筛，甲苯，无水硫酸镁，活性炭，对甲氧基苄醇，甲醇钠，冰乙酸，正己烷。

【实验操作】

1. 对羟基苯乙酸甲酯

称取 3g（0.02mol）对羟基苯乙酸于 250mL 圆底烧瓶中，加入 100mL 甲醇和 0.5mL 浓硫酸。安装索氏提取器（内含 0.3nm 的分子筛(1)），搅拌加热，回流反应 72h，每 24h 换一次分子筛。反应完毕，减压回收溶剂，将油状剩余物溶于 20mL 甲苯中，水洗至 pH=7。有机层用无水硫酸镁干燥，过滤，滤液中加入适量活性炭，加热回流 10～15min，趁热过滤，滤液减压回收溶剂，得黄色油状物对羟基苯乙酸甲酯粗品约 3g。无需进一步纯化，即可进行下一步操作。

2. 对羟基苯乙酸对甲氧基苄酯

取上述制备的对羟基苯乙酸甲酯粗品 3g 于 250mL 烧瓶中，加入 13g（0.092mol）对甲氧基苄醇、1.1g（0.02mol）甲醇钠和 15mL 甲苯(2)，在氮气保护下，搅拌加热回流反应 2.5h。反应完毕后加入 4g 冰，用约 1.5mL 冰乙酸调 pH=5。分出有机层，减压回收溶剂和过量的对甲氧基苄醇，冷却得棕色油状物对羟基苯乙酸对甲氧基苄酯粗品约 5g，放置使之缓慢结晶，再用甲苯-正己烷重结晶，得白色结晶，过滤，真空干燥，得对羟基苯乙酸对甲氧基苄酯。

对羟基苯乙酸对甲氧基苄酯的熔点为 79～81℃。

【注释】

(1) 加分子筛的目的是脱水，有利于酯化的进行。

(2) 加入甲苯的目的是带出甲醇。

【思考题】

1. 能否采用先将对羟基苯乙酸与二氯亚砜反应后，再与对甲氧基苄醇反应的方法来制备对羟基苯乙酸对甲氧基苄酯？为什么？

2. 为带出甲醇，除了使用甲苯外，还可以用什么试剂达到此目的？

第4章 有机化合物的小量、半微量及微量合成

实验81 三苯基氯甲烷的制备与三苯甲基自由基、正离子和负离子的检验[71]

自由基、正碳离子和负碳离子是有机化学中重要的活性中间体。由于它们活性很高，通常难以观察到其存在。三苯甲基自由基、三苯甲基正离子和三苯甲基负离子中甲基碳上的单电子或正、负电荷可以与三个苯环形成 p-π 共轭，从而大大提高了稳定性，能观察到它们的存在：

$$\underset{\substack{\text{三苯基氯甲烷}\\\text{白色}}}{2(C_6H_5)_3C-Cl} \xrightarrow{\text{Zn 粉}} \text{二聚体} \rightleftharpoons \underset{\substack{\text{三苯甲基自由基}\\\text{橘黄色}}}{2(C_6H_5)_3C\cdot}$$

$$(C_6H_5)_3C-Cl + 2Na \longrightarrow \underset{\substack{\text{三苯甲基钠}\\\text{血红色}}}{(C_6H_5)_3C^-Na^+} + NaCl$$

$$\underset{\substack{\text{三苯甲醇}\\\text{无色}}}{(C_6H_5)_3C-OH} \underset{H_2O}{\overset{H_2SO_4}{\rightleftharpoons}} \underset{\substack{\text{三苯甲基正离子}\\\text{橙红色}}}{(C_6H_5)_3C^+}$$

【实验目的】

掌握由醇取代制备卤代烃的原理与方法；掌握回流、气体吸收、抽滤等基本操作；练习小量合成操作；掌握三苯甲基自由基、三苯甲基正离子和三苯甲基负离子的结构与检验方法。

【反应式】

$$(C_6H_5)_3C-OH + CH_3\overset{\overset{\displaystyle O}{\|}}{C}-Cl \xrightarrow{\text{石油醚}} (C_6H_5)_3C-Cl + CH_3COOH$$

【试剂】

三苯甲醇 1.3g(0.005mol)，石油醚 5mL(30～60℃)，乙酰氯 1.2g(0.015mol)。

【实验操作】

1. 三苯基氯甲烷的制备

取 1.3g 三苯甲醇、5mL 石油醚及 1.2g 乙酰氯于 25mL 圆底烧瓶中，安装连有氯化钙干燥管和气体吸收装置的回流冷凝管。加热回流约 45min，直至反应物呈均相为止(1)。停止加热。

冰水浴冷却反应体系，使产物结晶析出。过滤，用少量石油醚洗涤，抽干后立即将产物存放于干燥的瓶中并塞紧塞子(2)。产物为白色结晶，约 1g，熔点为 111～112℃。

纯三苯基氯甲烷为白色结晶，熔点为 112℃。

2. 三苯甲基自由基、三苯甲基正离子和三苯甲基负离子的检验

(1) 三苯甲基自由基的检验　取少量三苯基氯甲烷于干燥的锥形瓶中，加入少量Zn粉，盖上塞子，剧烈振荡，1～2min后，变为橙黄色（生成三苯甲基自由基）。用无水苯稀释，颜色加深。接触空气充分振荡，橙黄色褪去。停止振荡，又呈橙黄色（可以反复多次）。

(2) 三苯甲基正离子的检验　取2mL浓硫酸于试管中，加入一小粒三苯甲醇，摇动，橙黄色。小心用水稀释，黄色褪去，析出无色晶体（三苯甲醇）。

(3) 三苯甲基负离子的检验　取少量三苯基氯甲烷和少量无水乙醚于干燥的50mL锥形瓶中，摇振溶解，加入钠汞齐(3)。塞上瓶塞，剧烈振荡0.5h以上，放置，溶液呈橙红色（若做得不好，则呈褐色至黄色）。若用无水苯代替无水乙醚，溶液呈绿色。

本实验约需4h。

【注释】

(1) 若反应物中尚有固体物存在，可以加入少量乙酰氯继续反应，直至反应液呈均相。

(2) 三苯甲基氯甲烷极易被潮气水解，所以产物不能长久暴露于空气中。

(3) 钠汞齐：取2mL无水苯于试管中，加入5mL无水汞。加入绿豆粒大的钠（去除氧化层）。用尖玻璃刺入钠块，并使之浸没在汞的表面以下，剧烈反应。为避免由于反应剧烈而溅出钠，盖上有孔纸板。得约1%的流动钠汞齐（含钠1.2%时，呈固态）。未用完的钠汞齐必须用水或稀酸使其分解，并集中处理。

【注意事项】

1. 石油醚极易燃烧，操作时切忌明火。

2. 乙酰氯有强烈的刺激性和腐蚀性，应在通风橱中操作，若沾到皮肤上，立即用大量水冲洗。

【思考题】

1. 三苯基氯甲烷还可以由四氯化碳和苯在无水氯化铝作用下反应得到，写出反应式。

2. 写出三苯基氯甲烷水解的反应式。

3. 试设计观察三苯甲基自由基和三苯甲基负离子颜色的实验方案。

实验82　环己酮的制备[60,86～89]

环己酮是合成纤维的重要原料，也可以作为溶剂。工业上是在锌铁催化下，将环己醇在400～450℃下氧化脱氢来生产环己酮。实验室主要采用铬酸氧化环己醇，或者用次氯酸氧化环己醇来制备环己酮。

【实验目的】

掌握氧化法制羰基化合物的原理和方法；掌握萃取、分离、干燥、蒸馏等操作；练习微量合成的操作。

方法Ⅰ　微量操作

$$\text{环己醇(OH)} \xrightarrow[H^+]{NaClO} \text{环己酮(O)}$$

【试剂】

环己醇200mg，冰乙酸0.5mL，次氯酸钠水溶液4mL，饱和亚硫酸氢钠水溶液，碳酸钠，氯化钠，乙醚，无水硫酸镁。

【实验操作】

在装有磁转子的 10mL 圆底烧瓶中，加入 200mg 环己醇和 0.5mL 冰乙酸。将此混合物置于冰水浴中冷却，启动磁搅拌，并逐滴加入 4mL 次氯酸钠水溶液。滴毕后撤掉冰水浴，在室温下搅拌 1h。用碘化钾-淀粉试纸检验，若试纸变蓝，说明氧化剂次氯酸钠用量合适，否则应酌情适量补加 1～3 滴次氯酸钠溶液。然后用滴管逐滴加入饱和亚硫酸氢钠水溶液，直至反应液不使碘化钾-淀粉试纸变蓝为止。

加热蒸馏，收集 2～3mL 馏出液（环己酮、水和乙酸的混合物）。冷却后加入 2mL 乙醚，再慢慢加入无水碳酸钠约 200mg，中和乙酸至中性，直到没有二氧化碳放出为止。再加入 100mg 的 NaCl，充分摇动，使得该两相系统中所有的固体物质均溶解。

分出含环己酮的醚层，让其通过一个用乙醚预先润湿过的柱直径 3.5mm 的微型分馏柱，该分馏柱是由 60mg 氧化铝和 400mg 无水硫酸镁混合填充而成的。将分离出的乙醚-环己酮溶液置于 10mL 的锥形瓶中温热，慢慢除去乙醚，剩余物则是环己酮。

纯环己酮沸点为 155℃，折射率 n_D^{20} 为 1.4507。

本实验约需 3h。

方法Ⅱ　常量操作

1. 铬酸氧化法

$$3\ \text{C}_6\text{H}_{11}\text{–OH} + Na_2Cr_2O_7 + 4H_2SO_4 \longrightarrow 3\ \text{C}_6\text{H}_{10}\text{=O} + Cr_2(SO_4)_3 + Na_2SO_4 + 7H_2O$$

【试剂】

2g(2.1mL，0.02mol) 环己醇，2.1g(0.007mol) 重铬酸钠（$Na_2Cr_2O_7 \cdot 2H_2O$），浓硫酸，乙醚，食盐，无水硫酸镁。

【实验操作】

称取 2.1g 重铬酸钠于 100mL 烧杯中，加入 12mL 水使之溶解。搅拌下，缓慢加入 1.8mL 浓硫酸，得橙红色铬酸溶液，冷却至 30℃以下备用。

取 2.1mL 环己醇于 50mL 圆底烧瓶中。一次性加入上述铬酸溶液，搅拌使充分混合。用温度计测量初始反应温度，并观察记录温度变化情况。当温度上升至 55℃时，立即用水浴冷却，保持反应温度在 55～60℃之间。约 0.5h 后，温度开始出现下降趋势，撤掉水浴，继续搅拌反应 0.5h 以上，使反应完全，反应液呈墨绿色。

向反应瓶内加入 12mL 水，改成蒸馏装置。将环己酮与水一起蒸出[1]，直至馏出液不再浑浊后，再多蒸 3～4mL，约收集 10mL 馏出液。

将馏出液用精盐[2]饱和（约需 2.6g）后，转入分液漏斗中，静置，分出有机层。水层用 3mL 乙醚萃取，合并有机层与萃取液，用无水碳酸钾干燥。过滤，先水浴加热蒸去乙醚，继续蒸馏，收集 151～155℃馏分，得环己酮 1～1.5g。

纯品环己酮沸点为 155.7℃，n_D^{20} 为 1.4507。

本实验约需 3h。

2. 次氯酸氧化法

$$\text{环己醇(OH)} \xrightarrow[H^+]{NaClO} \text{环己酮(O)}$$

【试剂】

环己醇 5g(5.2mL，0.05mol)，冰乙酸 12mL，次氯酸钠水溶液 38mL($1.8mol \cdot L^{-1}$)，饱和亚硫酸氢钠水溶液，碳酸钠，氯化钠，乙醚，无水硫酸镁。

【实验操作】

在装有磁转子的100mL三颈瓶上分别装置回流冷凝管、温度计和恒压滴液漏斗。取5g环己醇和12mL冰乙酸于三颈瓶中。在滴液漏斗内放入38mL次氯酸钠水溶液。开动搅拌器，在冰水浴冷却下，逐滴加入次氯酸钠水溶液，控制滴加速度，使瓶内温度保持在30～35℃之间。滴加完毕后反应液从无色变成黄绿色，用碘化钾-淀粉试纸检验呈阳性。在室温下，继续搅拌15min。然后加入饱和亚硫酸氢钠水溶液1～5mL，直至反应液变成无色，并对碘化钾-淀粉试纸检验呈阴性。

在反应混合物中加入30mL水进行蒸馏，收集20～25mL馏出液（含有环已酮、水和乙酸）。在搅拌下分批加入3～3.5g碳酸钠中和乙酸至中性。然后加入4g NaCl，使之成为饱和溶液。将混合液倒入分液漏斗中，静置，分出环已酮。水层用15mL乙醚萃取，合并环已酮及乙醚萃取液。用无水硫酸镁干燥。滤除干燥剂后，蒸馏收集150～155℃馏分，得环已酮3～4g。

纯环已酮沸点为155℃，折射率n_D^{20}为1.4507。

本实验约需4h。

【注释】

(1) 这是简化的水蒸气蒸馏操作，环已酮与水形成95℃的恒沸混合物，含环已酮38.4%。

(2) 31℃时环已酮在水中的溶解度为2.4g・100mL^{-1}。加入精盐的目的是为了降低环已酮的溶解度，并有利于环已酮的分层。水的馏出量不宜过多，否则即使使用盐析，仍不可避免有少量环已酮溶于水中而导致损失。

附：醛、酮是重要的化工原料及有机合成中常用的试剂或中间体。工业上可用相应的醇在高温（450℃左右）通过催化脱氢来制备，可用的催化剂种类很多，如锌、铬、锰、铜的氧化物以及金属银、铜等。实验室制备脂肪和脂环醛酮最常用的方法是将伯醇或仲醇用铬酸（重铬酸盐与40%～50%硫酸的混合物）氧化而得。Grignard试剂与腈等羧酸衍生物的加成反应和乙酰乙酸乙酯合成法也是实验室制备酮可供选择的方法。

氧化反应是有机化学中广泛应用的一类反应，实验室常用的氧化剂有铬酸、高锰酸钾、硝酸、过氧乙酸、次氯酸等。在进行反应时，只要选择适宜的氧化剂就能达到各种氧化目的。一级醇及二级醇的羟基所连接的碳原子上有氢，可以被氧化成醛、酮或羧酸。由于三级醇羟基相连的碳原子上没有氢，不易被氧化，如在剧烈的条件下，也会发生碳碳键断裂，形成含碳较少的产物。

制备相对分子质量较低的醛（如丙醛、丁醛）时，可将铬酸滴加到热的酸性醇溶液中，以防止反应体系中有过量的氧化剂存在，并将沸点较低的醛不断蒸出，可以得到中等产率的醛。尽管如此，仍有部分醛被进一步氧化成羧酸，并生成少量的酯。酯的生成是由于醛与未反应的醇作用生成半缩醛，进一步氧化的结果。在无水条件下，采用铬酸酐（CrO_3）作为氧化剂，可使反应停留在醛的阶段。例如：在二氯甲烷中，利用铬酸酐-吡啶络合物（$CrO_3 \cdot 2C_5H_5N$）为氧化剂，室温反应1h，可将1-辛醇转化为辛醛，收率95%。利用铬酸氧化仲醇是制备脂肪酮的常用方法。酮对氧化剂比较稳定，不易进一步被氧化。

$$Na_2Cr_2O_7 + 2H_2SO_4 \longrightarrow 2NaHSO_4 + H_2Cr_2O_7 \xrightarrow{H_2O} 2H_2CrO_4$$

$$3RCH_2OH + 2H_2CrO_4 + 3H_2SO_4 \longrightarrow 3RCHO + Cr_2(SO_4)_3 + 8H_2O$$

$$3RCHO + 2H_2CrO_4 + 3H_2SO_4 \longrightarrow 3RCO_2H + Cr_2(SO_4)_3 + 8H_2O$$

$$RCHO \underset{H^+}{\overset{RCH_2OH}{\rightleftharpoons}} R{-}CH\begin{cases}OH\\OCH_2R\end{cases} \xrightarrow{H_2CrO_4} RCOOCH_2R$$

铬酸氧化醇是放热反应，须严格控制反应温度，以免反应过于剧烈。对于不溶于水的醇，可以在丙酮或冰醋酸溶液中进行。铬酸在丙酮溶液中的氧化速度较快，并且能选择性地氧化羟基，分子中的双键通常不受影响。

叔醇在通常条件下对铬酸是稳定的，在更剧烈的条件下，叔醇和醛都可能发生断链和降解反应。

醇与铬酸的反应机理一般认为是通过铬酸酯来进行的，反应过程中，铬从＋6价还原到不稳定的＋4价；Cr^{4+}在酸性介质中发生歧化反应，产生6价铬与3价铬的混合物。产物混合物的绿色即是3价铬的颜色。

【思考题】

1. 本实验为什么要严格控制反应温度在55～60℃之间，温度过高或过低有什么不好？
2. 环己醇用铬酸氧化得到环己酮，用高锰酸钾氧化则得到己二酸，为什么？
3. 醛的铬酸氧化与酮的氧化在操作上有何不同？为什么？
4. 试确定环己醇和环己酮IR光谱和HNMR谱中的特征吸收峰和各种类型质子的信号。

实验83　对氨基苯甲酸乙酯的制备[60,90,91]

【实验目的】

掌握酯化反应原理和方法；掌握硝基的还原方法；巩固回流、萃取、洗涤、干燥等基本操作。

方法Ⅰ　对氨基苯甲酸酯化法

$$H_2N-C_6H_4-CO_2H + EtOH \xrightleftharpoons{H_2SO_4} H_2N-C_6H_4-CO_2Et + H_2O$$

【试剂】

对氨基苯甲酸2g(0.0145mol)，无水乙醇，浓硫酸，10%碳酸钠溶液，乙醚，无水硫酸镁。

【实验操作】

取2g对氨基苯甲酸和25mL无水乙醇于干燥的50mL圆底烧瓶中，搅拌使大部分固体溶解。在冰浴冷却下，加入2mL浓硫酸，立即产生大量沉淀。搅拌加热回流1h。

待反应混合物冷却后，转至烧杯中，小心、分批地加入10%碳酸钠镕液（约需12mL）中和[1]，至无气体放出。继续加入少量碳酸钠溶液调节溶液至pH值为9左右。在中和过程中产生少量固体沉淀。过滤，并用少量乙醚洗涤固体。将溶液转移到分液漏斗中，向分液漏斗中加入40mL乙醚，振摇萃取，分出醚层。合并萃取液和洗涤固体的乙醚，用无水硫酸镁干燥。过滤，在水浴上蒸去乙醚和大部分乙醚，得残余油状物约2mL。将残液用乙醇-水重结晶，得对氨基苯甲酸乙酯约1g，熔点为90℃。

纯品对氨基苯甲酸乙酯的熔点为91～92℃。

本实验约需5h。

方法Ⅱ　对硝基苯甲酸乙酯还原法

$$O_2N-C_6H_4-CO_2H + EtOH \xrightleftharpoons{H_2SO_4} O_2N-C_6H_4-CO_2Et + H_2O$$

$$O_2N-C_6H_4-CO_2Et \xrightarrow{Fe/AcOH} H_2N-C_6H_4-CO_2Et$$

【试剂】

对硝基苯甲酸2g，无水乙醇10mL，浓硫酸1mL，5%碳酸钠溶液，0.8mL冰醋酸，铁粉3g，95%乙醇，氯化铵0.3g，10mL氯仿，40%氢氧化钠。

【实验操作】

1. 对硝基苯甲酸乙酯的制备

取对硝基苯甲酸2g和无水乙醇10mL于干燥的50mL圆底烧瓶中。在搅拌下，逐渐加入浓硫酸1mL，装置附有氯化钙干燥管的球形冷凝管，加热回流80min(如果采用油浴加热，油浴温度控制在100～120℃)。稍冷，将反应液倾入盛有30mL水的烧杯中，抽滤；滤渣移至研钵中，研细，加入5%碳酸钠溶液5mL(由0.25g碳酸钠和5mL水配成)，研磨5min，测pH值（检查反应物是否呈碱性），抽滤，用少量水洗涤，干燥，称量，计算收率。

2. 对氨基苯甲酸乙酯的制备

(1) 铁粉-醋酸还原法　在装有搅拌器及球形冷凝管的50mL三颈瓶中，加入12mL水、0.8mL冰醋酸和已经处理过的铁粉3g。开动搅拌，加热至95～98℃反应5min。稍冷，加入对硝基苯甲酸乙酯2g和95%乙醇12mL，在激烈搅拌下，回流反应90min。稍冷，在搅拌下，分次加入温热的碳酸钠饱和溶液（由碳酸钠1g和水10mL配成），搅拌片刻，立即抽滤(布氏漏斗需预热)。待滤液冷却后析出结晶，抽滤，用稀乙醇洗涤，干燥得粗品。

将粗品用乙醇-水重结晶，称量，计算收率。

(2) 铁粉-氯化铵水溶液还原法　在装有搅拌器及球形冷凝管的50mL三颈瓶中，加入水10mL、氯化铵0.3g和铁粉2g，加热至微沸，活化5min。稍冷，缓慢加入对硝基苯甲酸乙酯2g，激烈搅拌，回流反应90min。待反应液冷至40℃左右，加入少量碳酸钠饱和溶液调至pH 7～8，加入10mL氯仿，搅拌3～5min，抽滤；用5mL氯仿洗三颈瓶及滤渣，抽滤，洗涤。合并滤液与洗液，转入50mL分液漏斗中，静置分层，弃去水层，氯仿层用5%盐酸40mL分三次萃取，氯仿回收。合并盐酸萃取液，用40%氢氧化钠调至pH8，析出结晶，抽滤，得对氨基苯甲酸乙酯粗品，用乙醇-水重结晶，称量，计算收率。

【注释】

(1) 要慢慢加入碳酸钠溶液，以免产生大量气体使溶液呈泡沫状溢出。

【思考题】

1. 方法Ⅰ中加入浓硫酸后，产生的沉淀是什么？

2. 固化反应结束后，为什么要用碳酸钠溶液而不用氢氧化钠溶液进行中和？为什么不中和至pH值为7，而要使溶液pH值为9左右？

实验84　4-对甲苯基-4-氧代丁酸的制备[92]

【实验目的】

掌握芳香族化合物发生亲电取代的机理及规律；掌握芳香族化合物的酰化反应的特点与应用；巩固水蒸气蒸馏、重结晶等操作。

【反应式】

$$H_3C-C_6H_5 + \underset{H_2C-CH_2}{O=C\overset{O}{\frown}C=O} \xrightarrow{\text{无水氯化铝}} H_3C-C_6H_4-\overset{O}{\overset{\|}{C}}-CH_2CH_2COOH$$

【试剂】

甲苯（分析纯，经干燥并重新蒸馏），无水氯化铝（分析纯），丁二酸酐（分析纯，经重结晶），无水氯化钙（分析纯），盐酸（分析纯），15%乙醇，5%氢氧化钠，主要试剂的物理性质见表 4.1。

表 4.1　主要试剂的物理性质

名　称	相对分子质量	性状	熔点/℃	沸点/℃
甲苯	92.14	无色液体	−94.9	110.6
无水氯化铝	133.34	白色固体	192.6	
丁二酸酐	100.07	白色固体	119	261
4-对甲苯基-4-氧代丁酸	192.21	白色固体	128～130	

【实验操作】

取 2mL 甲苯和 0.25g 丁二酸酐于干燥的 50mL 三口瓶中，安装回流冷凝管、气体吸收装置和温度计。在搅拌下，一次性加入 1g 无水 $AlCl_3$ 使反应发生。待反应平稳后，加热，温度控制在 90℃左右，反应 30min。再将反应体系冷却至室温。

在冰水浴冷却及搅拌下加入水，使反应液水解完全。用 100mL 三口瓶作水蒸气发生器，加热，对上述混合液进行水蒸气蒸馏，以除去过量的甲苯。将蒸除甲苯后的剩余液置于水浴中冷至室温，有固体产生；再进行减压过滤，用冷水洗涤［(1～2mL)×2］。

将上述固体转入到 25mL 圆底烧瓶中，用 15%乙醇重结晶；如粗品有颜色，可加入适量活性炭脱色，减压热过滤，静置，结晶。待产品结晶完全后，减压过滤，用少量 15%乙醇洗涤产品 2 次，抽干后，置于红外灯下干燥，测定熔点（文献值为 128～130℃），称量，计算产率。

【注意事项】

1. 反应所用仪器必须充分干燥，否则会影响反应顺利进行。反应装置中和空气相通的地方应安装干燥管。

2. 无水氯化铝的质量是实验成败的关键之一。应注意称量投料要迅速，避免长时间暴露在空气中。

3. 正确安装氯化氢气体吸收装置，并特别注意倒吸问题。

【思考题】

1. 本实验对玻璃仪器与试剂有何要求？为什么？

2. 如何鉴定产物的结构？

3. 水蒸气蒸馏法适用于哪些化合物的分离与提纯？

实验 85　1-苯基-3-芳基-4-硝基丁酮的制备[93]

迈克尔加成反应（Michael addition reaction）是亲电的共轭体系（电子接受体）与亲核的碳负离子（电子给予体）进行的共轭加成反应，有时也称为 1，4-加成或共轭加成。迈克尔加成反应是有机合成中增长碳链的常用方法之一，可以方便地生成碳碳键、碳氧键、碳氮键、碳硫键、碳硒键等。迈克尔加成反应须在碱催化下进行，常用的碱有：乙醇钠、氨基钠、氢化钠、胺等。

【实验目的】

掌握迈克尔加成反应的机理及其在有机合成中的应用；巩固回流、TLC 跟踪、萃取、洗涤、干燥、重结晶等操作。

【实验原理】

3-苯基-1-（4-甲基苯基）-丙烯-1-酮在二乙胺催化下与硝基甲烷发生迈克尔加成反应得到1-苯基-3-芳基-4-硝基丁酮。

$$\text{PhCH=CHCO}(p\text{-C}_6\text{H}_4\text{CH}_3) + CH_3NO_2 \xrightarrow{Et_2NH} \text{PhCH}(CH_2NO_2)CH_2CO(p\text{-C}_6\text{H}_4\text{CH}_3)$$

【试剂】

3-苯基-1-（4-甲基苯基）-丙烯-1-酮，甲醇，硝基甲烷，二乙胺，稀盐酸，二氯甲烷，饱和氯化钠，无水硫酸镁，无水乙醇，石油醚。

【实验操作】

称取2.22g（10mmol）3-苯基-1-（4-甲基苯基）-丙烯-1-酮置于50mL烧瓶中，加25mL甲醇搅拌溶解，加入硝基甲烷（3.05g，50mmol）和二乙胺（1.83g，25mmol），加热回流，TLC跟踪，约8h反应结束。停止加热，待溶液冷却到室温，用稀盐酸中和至中性，二氯甲烷萃取。有机层依次用水和饱和氯化钠洗涤，无水硫酸镁干燥，减压浓缩得到黄色油状液体，再经过无水乙醇/石油醚混合溶剂重结晶得到微黄色固体产物1-苯基3芳基4硝基丁酮约2g。

1-苯基-3-芳基-4-硝基丁酮的熔点为81～82℃。

【思考题】

1. 除α,β-不饱和羰基化合物外，还有哪些化合物可以与亲核试剂发生迈克尔加成反应？

2. 与亲电的共轭体系能够发生迈克尔加成反应的电子给予体有哪些？

实验86 偶氮苯的制备[60]

制备偶氮苯最简便的方法是用镁粉还原溶解于甲醇中的硝基苯。采用此法时要注意镁粉不能过量，并控制反应时间，以免在过量还原剂存在的情况下，偶氮苯进一步还原产生氢化偶氮苯。偶氮苯也可通过氢化偶氮苯的氧化反应来制备。

【实验目的】

掌握硝基化合物的还原机理；掌握偶氮苯的制备的方法；巩固重结晶等操作。

【反应式】

$$2PhNO_2 + 4Mg + 8CH_3OH \longrightarrow PhN{=}NPh + 4Mg(OCH_3)_2 + 4H_2O$$

【试剂】

1.5g(1.3mL，0.012mol）硝基苯，0.7g(0.06mol）镁屑，15mL无水甲醇，乙醇，冰醋酸。

【实验操作】

取1.3mL硝基苯、15mL无水甲醇、0.36g镁屑和一小粒碘于25mL圆底烧瓶中，装上回流冷凝管。温热引发反应，反应开始后放热，足以使溶液沸腾，若反应过于剧烈，可用冰水浴冷却。当大部分开始加入的镁屑作用完毕后，将反应物冷却并加入剩余的镁屑(0.36g)，再于70～80℃的热水浴中加热回流0.5h，至镁屑基本消失。

将反应混合物倒入盛有50mL水的烧杯中，并用7mL水刷洗烧瓶，将刷洗液并入烧杯中。然后在搅拌和冷却下缓慢加入冰醋酸，至溶液呈中性或弱酸性，析出红色固体。减压过滤，用少量冰水洗涤固体。粗产物用95%乙醇（每克需3～4mL）重结晶，得橙红色的针状结晶0.5～1g，熔点为68℃。

偶氮苯存在顺反异构体，顺式熔点为70℃，反式熔点为68℃。本实验得到的是反式异构体。

本实验约需4h。

【思考题】

1. 如使用过量镁屑，反应时间过长有什么不好？

2. 为什么放置了一段时间的偶氮苯溶液，在薄层层析板上有2个斑点？

3. 比较偶氮苯顺反异构体的比移值大小。

实验87 甲基橙的制备[60]

偶氮化合物可通过重氮盐与酚类或芳胺发生偶联反应来制备，反应速率受溶液pH值影响。重氮盐与芳胺偶联时，在高pH值介质中，重氮盐易变成重氮酸盐；而在低pH值介质中，游离芳胺则容易转变为铵盐，二者都会降低反应物的浓度。只有溶液的pH值在某一范围内使两种反应物都有足够的浓度时，才能有效地发生偶联反应。胺的偶联反应，通常在中性或弱酸性介质（pH4～7）中进行，通过加入缓冲剂醋酸钠来调节；酚的偶联反应与胺相似，为使酚成为更活泼的酚氧基负离子与重氮盐发生偶联，反应需在中性或弱碱性介质（pH7～9）中进行。

【实验目的】

掌握重氮化反应及偶联反应的原理及其应用；掌握重氮盐制备技术和偶联反应的条件控制；巩固盐析和重结晶等操作。

【反应式】

$$H_2N-C_6H_4-SO_3H \longrightarrow H_3\overset{+}{N}-C_6H_4-SO_3^- \xrightarrow{NaOH} H_2N-C_6H_4-SO_3Na + H_2O$$

$$H_2N-C_6H_4-SO_3Na \xrightarrow[HCl]{NaNO_2} \left[HO_3S-C_6H_4-\overset{+}{N}\equiv N\right]Cl^- \xrightarrow[HOAc]{C_6H_5N(CH_3)_2}$$

$$\left[HO_3S-C_6H_4-\underset{H}{\overset{+}{N}}=N-C_6H_4-N(CH_3)_2\right]OAc^- \xrightarrow{NaOH} NaO_3S-C_6H_4-N=N-C_6H_4-N(CH_3)_2$$

红色（酸式甲基橙）　　　　甲基橙

$$NaO_3S-C_6H_4-N=N-C_6H_4-N(CH_3)_2 \underset{OH^-}{\overset{H^+}{\rightleftharpoons}} {}^-O_3S-C_6H_4-\underset{H}{N}-N=C_6H_4=N^+(CH_3)_2$$

黄色　　　　红色

【试剂】

2.1g(0.01mol)对氨基苯磺酸，0.8g(0.011mol)亚硝酸钠，1.2g(1.3mL，0.01mol) *N*,*N*-二甲基苯胺，盐酸，氢氧化钠，乙醇，乙醚，冰醋酸，淀粉-碘化钾试纸。

【实验操作】

1. 小量合成

(1) 重氮盐的制备　取10mL 5%的氢氧化钠溶液及2.1g对氨基苯磺酸[1]于烧杯中，

搅拌温热溶解，备用。

另取 0.8g 亚硝酸钠于另一烧杯中，加入 6mL 水，配成溶液。先将约 3/4 的亚硝酸钠水溶液加入到对氨基苯磺酸钠溶液中，用冰盐浴冷至 0～5℃。

搅拌下，将 3mL 浓盐酸与 10mL 水配成的溶液缓慢滴加到上述混合溶液中，控制温度低于 5℃。继续滴加剩余的亚硝酸钠水溶液，用淀粉-碘化钾试纸检验，滴至淀粉-碘化钾试纸变蓝[2]。然后在冰盐浴中放置 15min，以保证反应完全[3]。

(2) 偶联　在试管内将 1.2g *N*,*N*-二甲基苯胺和 1mL 冰醋酸混合。搅拌下，将此溶液慢慢加到上述冷却的重氮盐溶液中。加毕后，继续搅拌 10min，然后缓慢加入 25mL 质量分数为 5% 的 NaOH 溶液，至反应物变为橙色，此时反应液呈碱性，甲基橙呈细粒状沉淀析出[4]。将反应物在沸水浴中加热 5min。冷至室温后，再于冰水浴中冷却，使甲基橙晶体析出。抽滤，依次用少量水、乙醇、乙醚洗涤，压干。

(3) 纯化　用溶有少量氢氧化钠（0.1～0.2g）的沸水（每克产品约需 25mL）进行重结晶。待结晶析出完全后，抽滤，沉淀依次用少量乙醇、乙醚洗涤[5]。得到橙色叶片状甲基橙结晶约 2.5g。

本实验约需 5h。

2. 微量合成

称取无水对氨基苯磺酸 250mg、*N*,*N*-二甲基苯胺 125mg 于 5mL 烧杯中，加入 2mL 95%乙醇，用玻棒搅拌，使 *N*,*N*-二甲基苯胺溶解。在不断搅拌下用注射器慢慢滴加 0.5mL 20% $NaNO_2$ 水溶液，控制反应温度不得超过 5℃。滴加完毕，继续搅拌 5min，在冰水中放置片刻。减压抽滤，即得橙黄色、颗粒状的甲基橙粗品。

将粗产物用溶有少量氢氧化钠（100～150mg）的蒸馏水（每克粗产物 15～20mL）进行重结晶，产物干燥后称重（产率 50%～60%）。

【注释】

(1) 对氨基苯磺酸是两性化合物，酸性比碱性强，能与碱作用成盐而不能与酸作用成盐。

(2) 若试纸不显蓝色，尚需补充亚硝酸钠溶液。

(3) 往往析出对氨基苯磺酸的重氮盐，因为重氮盐在水中可以电离，形成中性内盐，在低温时难溶于水，析出细小晶体。

(4) 若反应物中含有未反应的 *N*,*N*-二甲基苯胺醋酸盐，加入氢氧化钠后，会有难溶于水的 *N*,*N*-二甲基苯胺析出，影响产物的纯度。湿的甲基橙在空气中受光的照射后，颜色很快变深，一般得到紫红色粗产物。

(5) 重结晶操作应迅速，否则由于产物呈碱性，温度较高时易使产物变质，颜色变深。用乙醇、乙醚洗涤的目的就是要加快干燥速度。

附：甲基橙的另一制法。取 2.1g 研细的对氨基苯磺酸和 20mL 水于 100mL 烧杯中，在冰盐浴中冷却至约 0℃。搅拌下，加入 0.8g 研细的亚硝酸钠，至对氨基苯磺酸全溶为止。取 1.2g 二甲苯胺（约 1.3mL）于试管中，加 15mL 乙醇制成溶液，并冷却至约 0℃。在不断搅拌下滴加到上述冷却的重氮化溶液中，继续搅拌 2～3min。在搅拌下加入 2～3mL $1mol \cdot L^{-1}$ 的 NaOH 溶液。将反应物加热至全部溶解。先静置冷却，待生成片状晶体后，再于冰水中冷却，抽滤，用 15～20mL 水重结晶，并用 5mL 酒精洗涤，以促其快干。称量，得橙色甲基橙晶体约 2g。用此法制得的甲基橙颜色均一，但产量略低。

【思考题】

1. 什么叫偶联反应？如何确定偶联反应的反应条件？

2. 在本实验中，制备重氮盐时为什么要把对氨基苯磺酸变成钠盐？能否改成下列操作步骤：先将对氨基苯磺酸与盐酸混合，再滴加亚硝酸钠溶液进行重氮化反应？为什么？

3. 试解释甲基橙在酸碱介质中的变色原因，并用反应式表示。

实验 88　4-丁基-1-苯基环己烷的制备[94]

采用不同的还原条件和试剂，醛、酮可以被还原成不同的产物。

(1) 催化加氢　醛、酮经催化加氢还原成醇。常用的催化剂为 Ni、Cu、Pt、Pd 等，分子中的碳碳双键、碳碳三键、硝基、氰基等其他基团也会被还原。

(2) 金属氢化物还原　醛、酮被金属氢化物（如 $NaBH_4$、$LiAlH_4$）还原成醇。$NaBH_4$ 不影响孤立的碳碳双键、碳碳三键及其他可被催化加氢的基团。$LiAlH_4$ 的还原性强于 $NaBH_4$，需用干燥乙醚做溶剂（与水猛烈反应）。$LiAlH_4$ 还可还原羧基以及除碳碳重键以外的一些不饱和基团（如硝基、氰基等）。

(3) 麦尔外英-彭道尔夫（Meerwein-Ponndorf）法　将羰基化合物和异丙醇铝或叔丁醇铝在苯或甲苯中加热，羰基化合物被还原成醇。

(4) 克莱门森（Clemmensen）还原　将醛、酮与锌汞齐和浓盐酸一起回流反应，羰基被还原为亚甲基，只适用于对酸稳定的羰基化合物。

(5) 乌尔夫-凯惜纳（Wolff-Kishner）-黄鸣龙还原法　将醛、酮和肼作用生成的腙与乙醇钠、无水乙醇在封管或高压釜中加热到 180℃，羰基被还原为亚甲基，该反应为乌尔夫-凯惜纳反应，反应条件较苛刻，操作不便。黄鸣龙对此反应作了改进，将醛（酮）、氢氧化钠（钾）、肼的水溶液和高沸点溶剂（如一缩乙二醇）一起加热，待醛、酮生成腙后，蒸出水和过量的肼，当温度达到腙的分解温度（195～200℃）后，继续回流 3～4h，使反应完成。此法在常压下进行，操作简便，产率高，反应时间由 50～100h 缩短至 3～5h。

(6) 坎尼查罗（Cannizzarro）反应　在浓碱作用下，不含 α-氢原子的醛自身发生歧化反应，一分子醛氧化成羧酸盐，另一分子则还原为醇。

【实验目的】

掌握烯烃与酰氯发生加成的原理、方法；掌握低温操作技术；掌握羰基化合物的还原方法；掌握减压浓缩等操作。

【实验原理】

傅-克反应（Friedel-Crafts reaction）是一类芳香族亲电取代反应，在无水 $AlCl_3$ 或无水 $FeCl_3$ 等路易斯酸催化下，芳环上的氢被烷基或酰基所取代。若苯环上有强吸电子基（如 $-NO_2$，$-SO_3H$）时，不发生傅-克反应。傅-克烷基化是一个可逆反应。当使用三个或三个以上碳原子的直链卤代烷做烷基化试剂时，会发生碳链异构现象。由于羰基的吸电子效应的影响，傅-克酰基化反应不会像烷基化反应那样发生多重酰化，且不发生重排。傅-克酰基化反应生成的酰基可以用克莱门森还原反应、沃尔夫-凯惜纳-黄鸣龙还原反应或者催化氢化等反应转化为烷基。后来发现傅-克酰基化反应同样适用于非芳香族化合物（主要是烯烃）。如环己烯与乙酰氯在三氯化铝的作用下生成共轭环己烯基酮，而这个方法已经发展为一种重要的合成共轭不饱和酮的方法（Nenitzescu 反应）。

在无水三氯化铝的作用下，环己烯与丁酰氯发生加成反应，得到 4-氯-丁酰环己烷，再将羰基还原。

$$\text{环己烯} + \text{CH}_3\text{CH}_2\text{CH}_2\text{COCl} \xrightarrow{AlCl_3} \text{Cl—C}_6\text{H}_{10}\text{—COC}_3\text{H}_7$$

$$\xrightarrow{\text{苯},AlCl_3} \text{C}_6\text{H}_{11}\text{—C}_6\text{H}_{10}\text{—COC}_3\text{H}_7 \xrightarrow[\text{二甘醇}]{NH_2NH_2} \text{C}_6\text{H}_5\text{—C}_6\text{H}_{10}\text{—Bu-}n$$

【试剂】

二氯甲烷，无水三氯化铝，丁酰氯，环己烯，盐酸，无水硫酸镁，苯（干燥），二甘醇，KOH，80%水合肼，石油醚，饱和 NaCl 水溶液，硫酸。

【实验操作】

1. 4-氯-丁酰环己烷

在装有温度计、搅拌、恒压漏斗及回流装置的 250mL 反应瓶中依次加入干燥过的 20mL CH_2Cl_2 和 8.5g 无水三氯化铝（0.06mol），搅拌降温至 0℃，滴加 5.2mL 丁酰氯（0.05mol），控制滴速使温度保持在 0～10℃。滴毕，继续搅拌，反应液进一步冷却至 −25℃，滴加 5.1mL 环己烯（0.05mol），恒温反应 1h 后将反应液自然升温至 10℃，然后倒入 80g 碎冰中，快速搅拌。水解所得下层有机相，依次用 5%盐酸（30mL）和水（40mL）洗涤至中性，无水硫酸镁干燥、过滤、减压蒸除溶剂得棕色油状物 4-氯-丁酰环己烷粗品约 10g。

2. 4-苯基-丁酰环己烷

取干燥苯 35mL 和无水三氯化铝 8.5g（0.06mol）于 250mL 四颈瓶中，搅拌，冷水浴下，滴加 4-氯-丁酰环己烷粗品 7.2g（0.038mol）。滴毕，水浴加热至 40～50℃，继续搅拌反应 12h，然后将反应液冷却至室温，倒入冰水中分解。分离上层有机相，依次用 5%盐酸（3mL）和水洗至中性，无水硫酸镁干燥，过滤，回收溶剂苯后，得棕色油状物 4-苯基-丁酰环己烷（粗品）约 9.2g。

3. 4-丁基-1-苯基环己烷

向 250mL 四颈瓶中依次加入 35mL 二甘醇、5.8g KOH（0.1mol）、9.2g 4-苯基-丁酰环己烷（0.035mol）和 80%水合肼 12.5mL（0.2mol）。搅拌加热至 110～120℃回流反应 3h。然后打开分水器，逐渐加热升温至 210～220℃回流分水 2h。温度降至 100℃以下，加 30mL 水稀释。待温度降至 60℃以下后，用石油醚（2×20mL）萃取。合并有机相，依次用饱和 NaCl 水溶液（20mL）和 70%的硫酸洗涤后，水洗至中性，无水硫酸镁干燥、过滤、回收溶剂。将粗品进行精馏得 4-丁基-1-苯基环己烷约 4.5g。

4-丁基-1-苯基环己烷的沸点为 90～92℃(15Pa)。

【注意事项】

环己烯酰化过程中，由于三氯化铝和酰氯的混合物在溶剂中的不稳定性，三氯化铝应该后加，以防止更多副产物生成。

【思考题】

1. 写出由环己烯与丁酰氯在无水三氯化铝催化下生成 4-氯-丁酰环己烷的反应机理。
2. 傅-克烷基化和傅-克酰基化反应都需三氯化铝作为催化剂，用量有何不同？
3. 黄鸣龙反应有何优点？适用于哪些化合物的还原？

实验 89　对氨基苯酚的制备[60,88]

对氨基苯酚（$NH_2C_6H_4OH$）为白色或米色结晶颗粒，用作制药中间体扑热息痛、橡胶防老剂 4010 和照相显影剂、硫化染料的原料等。

对氨基苯酚的制备方法之一是，用铁粉在盐酸存在下将对硝基苯酚中的硝基还原为氨基，产率约 80%，但铁泥的处理非常麻烦；另一方法是以苯酚为原料合成对亚硝基苯酚，用 H_2S 还原，第一步的产率仅为 70%，且步骤多，污染大。以二氧化硫脲代替传统的还原剂制备对氨基苯酚，具有产率高、步骤简单、反应条件温和、试剂用量少等特点。二氧化硫脲（thiourea dioxide，简称 TD）有两种互变异构体 A 和 B，在碱性溶液中可释放出次硫酸根，而后者具有很强的还原性，可将硝基还原为氨基。

【实验目的】

掌握胺的制备方法；掌握硝基化合物的还原机理；掌握二氧化硫脲的制备方法；练习通过薄层色谱来跟踪反应的进程。

【反应式】

$$(H_2N)_2C{=}S \xrightarrow{H_2O_2} \underset{A}{(H_2N)_2C{=}SO_2} \rightleftharpoons \underset{B}{H_2N(HN{=})C{-}S(=O)OH} \xrightarrow{2OH^-} (H_2N)_2C{=}O + SO_2^{2-} + H_2O$$

$$SO_2^{2-} \xrightarrow{[O]} SO_3^{2-} \xrightarrow{[O]} SO_4^{2-}$$

$$p\text{-}NO_2C_6H_4OH + 2\,(H_2N)_2C{=}SO_2 + 4OH^- \longrightarrow p\text{-}NH_2C_6H_4OH + 2\,(H_2N)_2C{=}O + SO_3^{2-} + SO_4^{2-} + H_2O$$

【试剂】

硫脲，邻苯二甲酸氢钾，30% H_2O_2，对硝基苯酚，95%乙醇，1.5mol·L^{-1}的 NaOH 溶液。

【实验操作】

1. 二氧化硫脲（TD）的制备

将装有搅拌器、温度计和滴液漏斗的三颈瓶置于冰盐浴中，加入 1g 硫脲、0.006g 邻苯二甲酸氢钾及 5mL 蒸馏水，搅拌使其溶解。然后在 30min 内，将事先预冷的 3mL 30% H_2O_2 溶液缓慢滴加到三颈瓶中。随 H_2O_2 的加入，体系由无色溶液渐变浑浊，最后析出白色结晶。在反应过程中，体系温度(1) 应控制在 3～10℃。滴完 H_2O_2 后，继续搅拌 15min。抽滤，母液 pH 值为 3～5。用冷却的蒸馏水将结晶洗涤 2 次，50℃干燥 1h，得白色粉末 TD。熔点 126～127℃(分解)，产率 92%～98%。

2. 对氨基苯酚的制备

在装有搅拌器的三颈瓶中，加入 0.35g 对硝基苯酚和 10mL 95%乙醇。在搅拌下，滴入 12mL 1.5mol·L^{-1}的 NaOH 溶液。在 1h 内加入 1.1g TD(2)，并控制温度为 40～45℃，溶液由棕黄变为淡黄，最后变为无色溶液。加热升温(3)，于 50～58℃下再搅拌(4) 30min，用薄层色谱来跟踪反应进程。反应完成后，蒸出乙醇，盖上塞子，置于冰水浴中冷却 1h，析出固体。抽滤，固体用乙醇：冰水＝1：9 的混合溶剂洗涤，得白色晶体对氨基苯酚。熔点为188～189℃，产率约 90%。

本实验约需 5h。

【注释】

(1) TD 的制备反应是一放热反应，需在低温下进行，不应超过 10℃，否则会有硫黄析出。

(2) TD 的碱性溶液具有很高的还原电位，因此在对氨基苯酚的制备中，要严格控制

TD的加入时间、加入量及体系温度。

(3) 体系的温度对反应产物有很大影响。当温度超过68℃时，溶液由无色变为黄色，72～75℃时变为橙色。用柱色谱分离橙色液，得两种产物，无色组分熔点为190℃，橙色组分熔点为215～216℃。经元素分析、IR、H NMR分析，并与标准谱图对照，前者为对氨基苯酚，后者为对羟基偶氮苯。

(4) 为节省时间及正确掌握反应终点，在反应过程中，用薄层色谱来跟踪反应进程（吸附剂为硅胶GF_{254}，展开剂为甲醇：乙酸乙酯：石油醚=1：1：4的混合溶剂)，若出现两个斑点（$R_{f,对硝基苯酚}=0.22$，$R_{f,对氨基苯酚}=0.34$)，说明反应不完全，应继续加热反应，至反应液中原料斑点消失为止。

【思考题】

1. 二氧化硫脲为何在碱性条件下具有还原性？
2. 对氨基苯酚的合成方法还有哪些？
3. 在有机合成过程中，如何跟踪反应的进程？

实验90　二苯酮与二苯酮腙的制备[60]

【实验目的】

掌握芳香族化合物烷基化反应的原理与应用；掌握卤代烃的水解反应的原理与应用；掌握减压蒸馏的原理与操作；掌握羰基化合物的性质。

【反应式】

$$2\,C_6H_6 + CCl_4 \xrightarrow[-2HCl]{AlCl_3} C_6H_5-CCl_2-C_6H_5 \xrightarrow[-2HCl]{-H_2O} C_6H_5-\overset{\overset{\large O}{\|}}{C}-C_6H_5$$

$$C_6H_6 + C_6H_5COCl \xrightarrow{AlCl_3} C_6H_5-\overset{\overset{\large O}{\|}}{C}-C_6H_5 + HCl$$

【试剂】

无水$AlCl_3$，无水苯，四氯化碳，无水硫酸镁，苯甲酰氯，浓盐酸，5%氢氧化钠，无水乙醇，无水肼。

【实验操作】

1. 二苯酮的制备

方法Ⅰ　由四氯化碳和苯在无水氯化铝催化下制备

迅速称取0.75g无水$AlCl_3$于25mL干燥的三颈瓶(1)中，加入1.7mL四氯化碳，装置冷凝管（冷凝管上端装置氯化钙干燥管，干燥管接气体吸收装置)、恒压滴液漏斗和温度计。将三颈瓶在冷水浴中冷却至10～15℃。搅拌下，自滴液漏斗中缓缓滴入由1mL无水苯和0.8mL四氯化碳组成的混合液，维持反应温度在5～10℃之间(2)，在10min内滴完。滴毕后，在10℃左右继续搅拌1h。再在冰水浴和搅拌下，慢慢滴加15mL水，水解反应产物。改为蒸馏装置，加热，尽量蒸去四氯化碳及未反应的苯。再继续加热蒸馏0.5h，以除去残留的四氯化碳(3)，并促使二苯二氯甲烷水解完全。转移至分液漏斗中，静置，分出下层粗产物，水层用蒸出的四氯化碳萃取1次，合并后用无水硫酸镁干燥。

先在常压下蒸去四氯化碳（回收)，当温度升至90℃左右时停止加热。稍冷后再进行减压蒸馏，收集 156～159℃(1.33kPa,10mmHg) 的馏分。产物冷却后固化[4]，熔点 47～48℃，得二苯酮约1g。

方法Ⅱ 由苯甲酰氯和苯在无水氯化铝催化下制备

迅速称取 0.95g 无水 $AlCl_3$ 于 25mL 二颈瓶中，加入搅拌子，并装置冷凝管和滴液漏斗，冷凝管上端装氯化钙干燥管，后者再接气体吸收装置。加入 3.8mL 无水苯。开启搅拌，自滴液漏斗滴加 0.75mL 新蒸过的苯甲酰氯。反应液由无色变为黄色，$AlCl_3$ 逐渐溶解。滴毕后（约需 10min），在 50℃水浴上加热 1.5h，至无 HCl 气体逸出止。此时反应液为深棕色。将三颈瓶浸入冰水浴中，缓慢滴加水，水解反应产物。水解完全后，转入分液漏斗中，静置，分出苯层，依次用 5%的氢氧化钠（2mL）及水（2mL）各洗 1 次，粗产物用无水硫酸镁干燥。

干燥后的液体按方法Ⅰ处理，得二苯酮约 0.75g。

纯品二苯酮的熔点为 49℃[5]。

2. 二苯酮腙的制备

将二苯酮溶于无水乙醇中，加入无水肼，加热回流反应 10h，冷却析出二苯酮腙，过滤，用无水乙醇洗涤，干燥，得二苯酮腙，称量，计算产率（约 85%）（白色晶体，熔点98℃）。

本实验约需 15h。

【注释】

(1) 仪器和试剂均需充分干燥，否则影响反应顺利进行，和空气相通的部位应装置干燥管。

(2) 若温度低于 5℃，则反应缓慢，高于 10℃时则有焦油状物产生。

(3) 回收的四氯化碳含少量苯。

(4) 冷却后有时不易立即得到结晶，这是由于形成低熔点（26℃）β-二苯酮之故。也可用石油醚（30～60℃）进行重结晶，代替减压蒸馏。

(5) 二苯酮有多种晶形，α-二苯酮熔点 49℃，β-二苯酮熔点 26℃，γ-二苯酮熔点 45～48℃，δ-二苯酮熔点 51℃。

【思考题】

1. 本实验方法Ⅰ中，为什么是四氯化碳过量而不是苯过量？如苯过量有什么结果？
2. 反应完成后，加入水的目的是什么？
3. 二苯酮能和哪些亲核试剂发生加成反应？

实验 91 二苯甲醇的制备[60]

【实验目的】

掌握醇的制备方法；掌握利用金属氢化物还原酮成醇和用锌粉还原酮成醇的原理及方法；巩固重结晶等基本操作。

【实验原理】

二苯甲酮可以通过多种还原剂还原，得到二苯甲醇。在碱性醇溶液中用锌粉还原，是制备二苯甲醇常用的方法，适用于中等规模的实验室制备。对于小量合成，硼氢化钠是更理想的试剂。硼氢化钠是一个选择性地将醛酮还原为相应醇的负氢试剂，它操作方便，反应可在醇溶液中进行，1mol 硼氢化钠理论上能还原 4mol 醛酮。

$$R_2C{=}O \longrightarrow R_2C{=}O\cdots H{-}B^-H_3\ Na^+ \longrightarrow R_2CH{-}O{-}B^-H_3\ Na^+ \xrightarrow{3R_2C=O} (R_2CHO)_4B^-\ Na^+$$

$$(R_2CHO)_4B^- Na^+ + 4R'OH \longrightarrow 4R_2CHOH + (RO)_4B^- Na^+$$

方法Ⅰ　硼氢化钠还原法

$$4PhCOPh + NaBH_4 \longrightarrow NaB(OCHPh_2)_4 \xrightarrow{H_2O} 4Ph_2CHOH$$

【试剂】

0.75g（0.004mol）二苯酮，0.2g（0.005mol）硼氢化钠，甲醇，乙醚，石油醚（60～90℃）。

【实验操作】

取0.75g二苯酮于25mL圆底烧瓶中，加入10mL甲醇，使之溶解。小心加入0.2g硼氢化钠(1)，室温搅拌20min后。在水浴上蒸去大部分甲醇，冷却后将残液倒入10mL水中，搅拌，使硼酸酯的络合物充分水解。用乙醚洗刷烧瓶，并萃取水层（5mL×3）。合并乙醚萃取液，用无水硫酸镁干燥。过滤，将滤液在水浴上加热，先蒸去乙醚，再用水泵减压抽去残余的乙醚。残渣用8mL石油醚重结晶，得二苯甲醇针状结晶约0.5g，熔点为68～69℃。

纯品二苯甲醇的熔点为69℃。

本实验约需3h。

方法Ⅱ　锌粉还原法

$$PhCOPh \xrightarrow[NaOH]{Zn} PhCH(OH)Ph$$

【试剂】

0.75g(0.004mol) 二苯酮，0.75g(0.005mol) 锌粉，0.8g(0.02mol) 氢氧化钠，乙醇，浓盐酸，石油醚（60～90℃）。

【实验操作】

在装有冷凝管的25mL烧瓶中，依次加入0.8g NaOH、0.75g二苯酮、0.75g锌粉和7mL 95%的乙醇。搅拌，反应微微放热。约20min后，于80℃水浴上再加热5min，使反应完全。

待反应混合物稍冷后，抽滤，固体用少量乙醇洗涤。将滤液和洗液合并，蒸去大部分乙醇，将残余物倒入10mL事先用冰水浴冷却的水中。搅拌混匀后，用浓盐酸小心酸化，使溶液pH值为5～6(2)，抽滤，水洗。将粗产物于红外灯下干燥，然后用15mL石油醚重结晶。干燥，得二苯甲醇的针状结晶约0.5g，熔点为68～69℃。

本实验约需3h。

【注释】

(1) 硼氢化钠有腐蚀性，称量时要小心操作，勿使之与皮肤接触。

(2) 酸化时溶液酸性不宜太强，否则难于析出固体。

【思考题】

1. 试提出合成二苯甲醇的其他方法。

2. 硼氢化钠和氢化铝锂的还原性及使用操作有何不同?

3. 在酸性条件下，用金属还原芳香醛酮，会得到什么产物?

实验 92　对羟基苯乙酮和邻羟基苯乙酮的制备[95]

对羟基苯乙酮是重要的精细有机化学品之一，作为有机合成的中间体，可用于香料的生产，还是一种利胆的药物，适用于胆囊炎和急、慢性黄疸型肝炎的辅助治疗。邻羟基苯乙酮是化工生产中的重要化工中间体，是黄酮类化合物、抗心律失常药盐酸普罗帕酮(propafenone hydrochloride) 的原料。

【实验目的】

掌握酚酯的制备方法；掌握 Fries 重排反应的机理及反应温度对产物结构的影响；掌握水蒸气蒸馏技术；巩固重结晶等操作。

【实验原理】

酚酯在 Lewis 酸或 Bronsted 酸类催化剂（如 $AlCl_3$、$TiCl_4$、$FeCl_3$、$ZnCl_2$、HF、H_2SO_4等）作用下生成邻羟基芳酮和对羟基芳酮的反应称为 Fries 重排反应。反应温度高低对反应产物影响很明显，低温有利于形成对位异构体，高温有利于形成邻位异构体，这是由于对位产物的生成速度受动力学控制，而邻位产物受热力学控制。利用邻、对位异构体性质上的差异，可将产物分离提纯。

本实验先将苯酚酰化得到乙酸苯酯，在不同的反应条件下，无水三氯化铝催化，乙酰苯酚进行 Fries 重排，分别得到对羟基苯乙酮、邻羟基苯乙酮或二者的混合物。

OH　H_3C　O　H_3C　O　CH_3　$AlCl_3$　20～25℃　OH　$AlCl_3$　230～250℃　OH

【试剂】

苯酚，乙酐，无水硫酸钠，无水三氯化铝，苯酚，四氯化碳，硝基苯，氢氧化钠，碳酸氢钠，盐酸，氢氧化钾，无水硫酸镁，三氯甲烷，无水氯化钙。

【实验操作】

1. 乙酸苯酯

在烘干的装有回流冷凝管的单口烧瓶中依次加入 8g 苯酚（0.085mol)、9.6g 乙酐(0.094mol)，小心混合，缓慢加热至沸腾，回流 3h 后，冷却至室温。分出有机相，用蒸馏水洗至近中性，无水硫酸钠干燥后，过滤，常压蒸馏收集 190～196℃馏分得乙酸苯酯无色透明液体。

2. Fries 重排反应

(1) 对羟基苯乙酮的制备　在烘干的装有电动搅拌器、温度计和恒压滴液漏斗的三口烧瓶中加入 4g 乙酸苯酯（0.73mol)，剧烈搅拌下分数次缓慢加入 4.8g 无水三氯化铝

(0.036mol)，维持在 20～25℃反应 3h(1)，停止加热，搅拌下加入适量的蒸馏水分解多余的无水三氯化铝。将反应液倾入烧杯中，冷却至室温，析出棕黄色针状结晶，过滤得对羟基苯乙酮粗品。

将对羟基苯乙酮粗品和 20 倍量的蒸馏水置于烧瓶中，搅拌、加热至沸腾。分去油层后添加少量活性炭，在沸腾状态下脱色 15min，趁热过滤得无色透明液体。室温下静置、冷却、结晶，过滤、真空干燥得白色针状结晶对羟基苯乙酮。

对羟基苯乙酮的熔点为 108～111℃。

(2) 邻羟基苯乙酮的制备　将 2.5g 干燥的氯化钠和 5.5g 粉状三氯化铝置于三口瓶中，充分混合均匀，加热至 230～250℃，保持 1h；于 200℃左右在 10min 内滴加 4g (0.03mol) 乙酸苯酚酯，滴加完毕后于 240～250℃反应 10min，冷却后加入 15mL 10%盐酸溶液水解；水蒸气蒸馏。馏出物用乙醚萃取，萃取液用无水硫酸钠干燥后回收乙醚；减压蒸馏，收集 101～105℃(2000Pa) 馏分，得淡黄色透明液体邻羟基苯乙酮。

(3) 对羟基苯乙酮和邻羟基苯乙酮混合物的制备与分离　在干燥的装有转子和温度计的 100mL 三口烧瓶中加入氯苯 50mL，剧烈搅拌下分数次缓慢加入无水三氯化铝 17.5g，滴加乙酸苯酯 13.6g，体系温度不超过 60℃(2)，加毕后继续反应 2h。停止加热，冷却后，将反应物倒入由 15mL 浓盐酸和 100mL 水组成的溶液中(3)，并迅速搅拌。用分液漏斗分出氯苯层，进行水蒸气蒸馏(4)，至氯苯蒸净为止（约 1h)。水层冷却、过滤得棕黄色对羟基苯乙酮粗品。水蒸气蒸馏蒸出部分，用分液漏斗分出氯苯层，干燥后分馏出氯苯，再收集 215～218℃馏分，得邻羟基苯乙酮。

【注释】

(1) 乙酸苯酯在无水三氯化铝作用下进行 Fries 重排是生成对羟基苯乙酮的关键。而在影响重排的诸多因素中，反应温度对产物结构影响较大。低温适宜于对位酚酮的生成，高温则有利于邻位异构体的生成。

(2) 对羟基苯乙酮制备时应该注意控制温度。Fries 重排是指酚酯在三氯化铝的存在下加热，酰基重排到邻位或对位。如果芳环上带有间位定位基，则不会发生此类重排。且低温有利于对位产物，高温有利于邻位产物。实验过程中反应温度控制在 60℃左右，这样产物绝大部分为对羟基苯乙酮，如果反应温度过高，则主要生成邻羟基苯乙酮。

(3) 若将反应液倒入水中，三氯化铝会水解生成氢氧化铝，对羟基苯乙酮形成的铝盐也溶于水相，不利于分离。若将反应液倒入稀盐酸中，破坏了对羟基苯乙酮酚羟基与铝离子离的络合，使之溶于氯苯。

(4) 通过水蒸气蒸馏出去氯苯和邻羟基苯乙酮。

【思考题】

1. 酚发生酯化反应的酰化试剂有哪些？
2. 解释 Fries 重排反应的机理。
3. 反应温度如何影响 Fries 重排反应的产物结构？
4. 使用无水三氯化铝应注意什么？

实验 93　蒽与顺丁烯二酸酐的加成[60]

【实验目的】

掌握 D-A 加成反应的特点与规律；掌握微型操作技术。

【反应式】

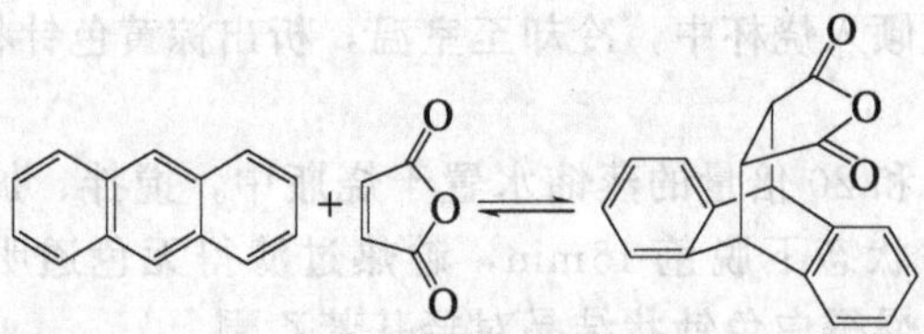

【试剂】

顺丁烯二酸酐 40mg(0.41mmol)，蒽 80mg(0.45mmol)，3mL 二甲苯。

【实验操作】

准确称取顺丁烯二酸酐 40mg(0.41mmol) 和蒽 80mg(0.45mmol) 于 5mL 圆底烧瓶中，再加入 3mL 二甲苯和几粒沸石，安装回流冷凝管。加热回流 40min，反应液颜色逐渐变淡。

停止加热，待反应液冷至室温后再以冰浴冷却。待结晶析出完全后，抽滤，用数滴冷的无水乙醇洗涤晶体。将晶体转移到表面皿上，置于红外灯下干燥。称量、计算收率并测定熔点（得 9,10-二氢蒽-9,10-α,β-丁二酸酐约 100mg，熔点为 261～262℃）。

纯品 9,10-二氢蒽-9,10-α,β-丁二酸酐为无色棱柱状晶体，熔点为 262～263℃。

本实验约需 2h。

【思考题】

1. D-A 加成反应有何特点与规律？

2. 写出下列反应的产物。

①环戊二烯与顺丁烯二酸酐　　②1,3-丁二烯与丙烯腈

第 5 章　绿色有机合成

实验 94　偶氮苯的光化异构化[60]

偶氮苯最常见的形式是反式异构体。反式偶氮苯在光的照射下能吸收紫外光形成活化分子，活化分子失去过量的能量会回到顺式或反式基态。生成的混合物的组成与所使用的光的波长有关。用波长 365nm 的光照射偶氮苯的苯溶液时，生成 90%以上热力学不稳定的顺式异构体，若在阳光照射下，苯溶液中的顺式偶氮苯稍多于反式偶氮苯。

【实验目的】

了解光合成反应的原理与操作；掌握薄层色谱板的简易制作、干燥与活化方法；掌握利用薄层色谱分离鉴别化合物的基本原理及方法。

【反应式】

$$\text{Ph-N=N-Ph (反式)} \xrightarrow{h\nu} \text{活化分子} \longrightarrow \text{Ph-N=N-Ph (反式)} + \text{Ph-N=N-Ph (顺式)}$$

【试剂】

偶氮苯，苯，环已烷，硅胶 G，0.5%的 CMC 溶液。

【实验操作】

1. 偶氮苯的光照异构化

取 0.1g 反式偶氮苯溶于 5mL 无水苯中，并分放于 2 只小试管中。将其中一个试管于太阳光下照射 1h（或用 365nm 的紫外光照射 0.5h）。另一试管用黑纸包好，避免阳光照射，并与光照后的偶氮苯苯溶液进行对比。

2. 异构体的分离-薄层色谱法

取 1.35g 硅胶 G 和 2mL 0.5%的 CMC 溶液混合，并调成浆状物，分倒在两块干净的载玻片上(1)。用手指夹住玻片两边沿水平方向轻摇，或用药勺涂布，使浆状物表面光滑均匀地附着在玻片上。水平放置 0.5h 后，将薄层板置于烘箱中，渐渐升温至 105～110℃。恒温活化 0.5h 后，取出，置于干燥器中冷却备用。

取管口平整的毛细管吸取光照后的偶氮苯溶液，在离薄层板边沿约 0.7cm 的起点线上点样。用另一毛细管吸取未经光照的反式偶氮苯溶液点样，两点之间的间距为 0.5～1cm。待苯挥发后，将点好样品的薄层板放入内衬滤纸的展开槽中展开，展开剂(2)由环已烷和苯（体积比 3∶1）组成。待展开剂前沿上升到离板上端约 1cm 处时，取出薄层板，立即用铅笔在展开剂的前沿处划一记号，置于空气中晾干。可观察到薄层板上经光照后的偶氮苯溶液点样处上端有两个黄色斑点。计算异构体的 R_f 值，并确定黄色斑点所对应的化合物的结构。

本实验约需 4h。

【注释】

(1) 取经洗涤剂浸泡过的载玻片（7.5cm×2.5cm）2块，依次用自来水、蒸馏水洗涤，最后用丙酮擦洗，并用电吹风吹干备用。

(2) 也可用1,2-二氯乙烷作展开剂。

【思考题】

1. 在薄层色谱实验中，为什么点样的样品斑点不可浸入展开剂的溶剂中？

2. 当用混合物进行薄层色谱时，如何判断各组分在薄层板上的位置？

3. 反式偶氮苯和顺式偶氮苯的 R_f 值，哪个大？为什么？

4. 薄层色谱中影响 R_f 值的因素有哪些？

实验95　苯频哪醇和苯频哪酮的制备[60]

【实验目的】

掌握光化学反应的基本原理；掌握光化学合成频哪醇和Pinacol重排的机理；巩固回流、结晶、抽滤等操作。

【实验原理】

二苯酮的光化学还原是研究得较清楚的光化学反应之一。若将二苯酮溶于“质子给予体”的溶剂（如异丙醇）中，经紫外线照射，会生成不溶性的二聚体——苯频哪醇。

$$PhCOPh + (CH_3)_2CHOH \xrightarrow{h\nu} \underset{OH\,OH}{Ph_2C-CPh_2} + (CH_3)_2CO$$

还原过程是一个包含自由基中间体的单电子反应：

$$PhCOPh + (CH_3)_2CHOH \xrightarrow{h\nu} Ph_2\dot{C}-OH + (CH_3)_2\dot{C}-OH$$

$$PhCOPh + (CH_3)_2\dot{C}-OH \longrightarrow Ph_2\dot{C}-OH + (CH_3)_2CO$$

$$2Ph_2\dot{C}-OH \longrightarrow \underset{OH\,OH}{Ph_2C-CPh_2}$$

苯频哪醇也可由二苯酮在镁汞齐或金屑镁与碘的混合物（二碘化镁）作用下发生双分子还原来制备。

$$2Ph_2CO \xrightarrow{Mg/I_2} (Ph)(Ph)_2C(O)-C(O)(Ph)_2 \text{Mg螯合物} \xrightarrow{H_2O/H^+} Ph_2C(OH)-C(OH)Ph_2$$

苯频哪醇与强酸共热或用碘作催化剂在冰醋酸中反应，发生Pinacol重排，生成苯频哪酮。

$$Ph_2C(OH)-C(OH)Ph_2 \xrightarrow{H^+} Ph_3CCOPh$$

【试剂】

二苯酮 2.8g(0.015mol)，异丙醇，冰醋酸，碘，95%乙醇。

【实验操作】

1. 苯频哪醇的制备

在25mL圆底烧瓶[1]（或大试管）中，加入2.8g二苯酮和20mL异丙醇，水浴温热使二苯酮溶解。向溶液中加入1滴冰醋酸[2]，再用异丙醇将烧瓶充满，用磨口塞或干净的橡胶塞将瓶塞紧，尽可能排除瓶内的空气，必要时可补充少量异丙醇，并用细棉绳将塞子系在瓶颈上并扎牢或用橡胶带将塞子套在瓶底上。将烧瓶倒置于烧杯中（标注好姓名），放在向阳的窗台或平台上，用太阳光照射1～2周[3]。由于生成的苯频哪醇在溶剂中溶解度很小，随着反应的进行，苯频哪醇晶体从溶液中析出。待反应完成后，在冰浴中冷却使结晶完全。减压抽滤，并用少量异丙醇洗涤。干燥后得到无色结晶，产量2～2.5g，熔点为187～189℃。

纯品苯频哪醇的熔点为189℃。

2. 苯频哪酮的制备

将1.5g苯频哪醇、8mL冰醋酸和一小粒碘置于50mL圆底烧瓶中，装上回流冷凝管。在搅拌下，加热回流10min。稍冷后加入8mL 95%乙醇，自然冷却，结晶，抽滤，并用少量的冷乙醇洗涤吸附的游离碘，干燥后称量，得苯频哪酮约1.2g，熔点为180～181℃。

纯品苯频哪酮的熔点为182.5℃。

本实验约需6h。

【注释】

(1) 因为需要比透过普通玻璃波长更短的紫外光的照射，光化学反应一般需在石英器皿中进行。而二苯酮激发的 $n \rightarrow \pi^*$ 跃迁所需要的光波波长约为350nm，易透过普通玻璃，因而可以使用普通玻璃的圆底烧瓶或大试管。

(2) 加入冰醋酸是为了中和普通玻璃器皿中微量的碱。碱催化下苯频哪醇易裂解生成二苯甲酮和二苯甲醇，对反应不利。

(3) 反应进行的程度取决于光照情况。如阳光充足，直接照射下4天即可完成反应；如天气阴冷，则需一周或更长的时间，但时间长短并不影响反应的最终结果。如用日光灯照射，反应时间可明显缩短，3～4天即可完成。

附：碘化镁还原法制备苯频哪醇

所用仪器和试剂必须干燥。

将2.8g二苯酮溶于8mL苯，配成溶液备用。

取0.8g镁屑、8mL无水乙醚和10mL无水苯置于50mL圆底烧瓶中，装上回流冷凝管，稍加温热后，自冷凝管顶端分批加入2.5g碘。控制碘的加入速度，以保持溶液剧烈沸腾。大约一半镁屑消失后，上层溶液变为几乎无色。将反应物冷至室温，拆下冷凝管，加入预先制好的二苯酮苯溶液，立即产生大量白色沉淀。塞紧烧瓶，充分摇振直至沉淀溶解并形成深红色的溶液，大约需要10min。此时尚有少量沉积于剩余镁屑表面的苯频哪醇镁盐很难溶解。

待过量的镁屑沉降后，将溶液滤入125mL锥形瓶中，并用5mL乙醚和10mL苯的混合液洗涤剩余的镁屑，将洗涤液合并转入锥形瓶中。向溶液中加入4mL浓盐酸和10mL水配成的溶液及少许亚硫酸氢钠（除去游离的碘），充分摇振，分解苯频哪醇的镁盐。分出有机层，再用10mL水洗涤，将有机相转入蒸馏瓶中，在水浴上蒸去约3/4的溶剂。将残液转入小烧杯中，并用4～5mL乙醇洗刷蒸馏瓶，洗涤液合并入小烧杯。将烧杯置于冰浴中冷却，析出苯频哪醇结晶。抽滤，用少量冷乙醇洗涤，干燥，得苯频哪醇约2g，熔点为187～188℃。

本实验约需4h。

【思考题】

1. 二苯酮和二苯甲醇的混合物在紫外光照射下能否生成苯频哪醇？写出其反应机理。

2. 试写出在氢氧化钠存在下，苯频哪醇分解为二苯酮和二苯甲醇的反应机理。

3. 写出苯频哪醇在酸催化下重排为苯频哪酮的反应机理。

实验96　3-羟基-2,6-二甲基-5-庚烯的制备[60]

自从20世纪80年代Breslow发现了水可以作为有机反应的介质以来，以水作为溶剂的文献报道相继出现。由于水是一种廉价、安全、无污染的绿色溶剂，完全克服了大多数有机溶剂带来的易燃、易爆、易挥发、容易污染环境的缺点。从而，水相中的有机反应越来越多地应用于有机合成。这些反应包括氧化、还原、烯丙基化、环加成、克来森、迈克尔、维悌希、缩合、偶联、自由基、有机光化学、取代反应等。

【实验目的】

了解水相中的有机反应；了解金属参与的有机合成；掌握醇的制备方法。

【实验原理】

碳碳键的形成是有机合成的重要转化之一，有些碳碳键的形成是通过有机金属中间体进行的。其中最典型的就是格氏试剂与格氏反应。但在反应过程中，必须小心确保反应体系无水，反应所用的仪器应预先干燥，所用原料均预先进行干燥处理。水分的存在会抑制格氏试剂的生成或在格氏试剂与羰基化合物反应将其消耗掉。如果采用金属锌来进行该反应，可以在水溶液中进行，金属锌无需活化处理，但仍需少量的THF。

$$R^1Cl+R^2COR^3 \xrightarrow[NH_4Cl/H_2O\text{-}THF]{Zn} R^1R^2C(OH)R^3$$

反应：

$$(CH_3)_2CHCHO + ClCH_2CH{=}C(CH_3)_2 \xrightarrow[NH_4Cl/H_2O\text{-}THF]{Zn} (CH_3)_2CHCH(OH)CH_2CH{=}C(CH_3)_2$$

【试剂】

1-氯-3-甲基-2-丁烯，异丁醛，锌粉，氯化铵饱和溶液，四氢呋喃，乙醚，无水硫酸钠。

【实验操作】

称取0.78g未经处理的锌粉于50mL锥形瓶中，加入10mL氯化铵饱和水溶液和搅拌磁子。将0.91mL异丁醛和1mL四氢呋喃在一个小试管中混合，并加入到锥形瓶中，然后开启搅拌并慢慢滴加1.4mL 1-氯-3-甲基-2-丁烯。反应立刻发生，并伴随着锌粉的逐渐消失。反应的进程可采用薄层色谱来跟踪。待反应混合物搅拌反应45min后，加入2mL乙醚。将反应混合物通过玻璃纤维过滤，以除掉过量的锌粉及反应中所产生的任何沉淀（锌盐）。用2mL新鲜乙醚冲洗沉淀，然后把滤液转入一个小分液漏斗，并把有机相和水相分开。用2mL乙醚萃取水相。把有机相合并，用硫酸钠干燥。经过滤和浓缩，得到3-羟基-2,6-二甲基-5-庚烯。

本实验约需3h。

【思考题】

1. 在水中反应与在有机溶剂中相比更绿色，因为用的有机溶剂较少。你能否想出水对环境所带来的新问题？

2. 假如用苯甲醛代替异丁醛来进行该反应，请写出产物的结构。

3. 为什么反应的进度可以用薄层色谱来跟踪？

4. 你能否想一些别的办法把该反应变得更绿色？

5. 该实验能否采用超声辐射法进行？

实验 97 苯甲醇和苯甲酸的制备[60]

芳醛和其他无 α-活泼氢的醛（如甲醛、三甲基乙醛、三氯乙醛等）与浓的强碱溶液作用时，一分子醛被还原为醇，另一分子醛被氧化为酸，此反应称为 Cannizzaro 反应。Cannizzaro 反应的实质是羰基的亲核加成反应。反应涉及了氢氧根负离子对一分子芳香醛的亲核加成，加成物的负氢向另一分子苯甲醛的转移和酸碱交换反应：

$$C_6H_5CHO + OH^- \rightleftharpoons C_6H_5CH(O^-)OH \xrightleftharpoons{PhCH=O} C_6H_5COOH + PhCH_2O^-$$

$$\longrightarrow C_6H_5COO^- + PhCH_2OH$$

苯甲醛在低温和过量碱存在下，产物中可分离出苯甲酸苄酯，这可能是由于苯甲醛在碱溶液中形成苄氧基负离子（$C_6H_5CH_2O^-$）对苯甲醛发生亲核加成反应的结果。

$$PhCH_2OH + OH^- \rightleftharpoons PhCH_2O^- + H_2O$$

$$C_6H_5CHO + PhCH_2O^- \rightleftharpoons C_6H_5CH(O^-)OCH_2Ph \xrightleftharpoons{PhCH=O} PhCOOCH_2Ph + PhCH_2O^-$$

在 Cannizzaro 反应中，通常使用 50% 的浓碱，其中碱的用量比醛的用量多一倍以上。否则反应不完全，未反应的醛与生成的醇混在一起，通过一般蒸馏很难分离。

芳醛与甲醛在浓碱存在下发生交叉的 Cannizzaro 反应，较活泼的甲醛作为氢的受体。当使用过量甲醛时，芳醛几乎可全部转化为芳醇，过量的甲醛被转化为甲酸盐和甲醇。

【实验目的】

掌握羰基化合物和醇的性质；掌握 Cannizzaro 反应的机理；掌握醛酮、羧酸和醇的分离纯化方法。

方法Ⅰ 超声辐射法

【试剂】

3.5g(3.5mL，0.033mol) 苯甲醛（新蒸），3g(0.055mol) 氢氧化钡，乙醇，10%碳酸钠溶液，浓盐酸，饱和亚硫酸氢钠溶液。

【实验操作】

在 50mL 锥形瓶中加入 3g 氢氧化钡、5mL 乙醇和 3.5mL 新蒸过的苯甲醛。置于超声波清洗器的水槽中，使反应混合物液面略低于水槽中的水面。开启超声波清洗器，调整锥形瓶的位置使之位于超声效果最佳位置，超声反应 10min，反应即可结束。

抽滤，乙醇洗涤。将滤饼转入 100mL 烧杯中，搅拌下加入 5mL 水和 5mL 浓盐酸，搅拌 15min，抽滤，冷水洗涤，粗产物用水重结晶，得苯甲酸 1～2g。熔点为 121～122℃。

将滤液蒸馏，回收乙醇后，将残液转入分液漏斗中，用乙醚萃取（10mL×3）。合并乙醚萃取液，依次用 2mL 饱和亚硫酸氢钠溶液、10mL 10%碳酸钠溶液及 10mL 水洗涤，用无水硫酸镁或无水碳酸钾干燥。将干燥后的醚溶液滤入 25mL 烧瓶中，先温热蒸去乙醚，再蒸馏苯甲醇，收集 204～206℃的馏分，产量约 1.5g。

纯品苯甲酸的熔点为 122.4℃，纯品苯甲醇的沸点为 205.35℃，折射率 n_D^{20} 为 1.5396。

本实验约需 5h。

方法Ⅱ　热搅拌法

$$2PhCHO + KOH \longrightarrow \begin{matrix} PhCH_2OH \\ + \\ PhCOOK \end{matrix} \xrightarrow{H^+} PhCOOH$$

【试剂】

3.5g(3.5mL，0.033mol) 苯甲醛（新蒸），3g(0.055mol) 氢氧化钾，乙醚，10%碳酸钠溶液，浓盐酸，饱和亚硫酸氢钠溶液。

【实验操作】

取 3g 氢氧化钾和 2mL 水于 50mL 锥形瓶中。冷至室温后，搅拌下加入 3.5mL 新蒸过的苯甲醛。继续搅拌反应 30min 后，混合物成为白色糊状物，再放置 24h，混合物通常在瓶内固化(1)。

向反应混合物中逐滴加入足够量的水（约 10mL），不断搅拌使苯甲酸盐溶解。将溶液转入分液漏斗中，用乙醚萃取（10mL×3）。合并乙醚萃取液，依次用 2mL 饱和亚硫酸氢钠溶液、10mL 10%碳酸钠溶液及 10mL 水洗涤，用无水硫酸镁或无水碳酸钾干燥。

过滤，用乙醚洗涤。合并滤液和洗液于圆底烧瓶中，先蒸去乙醚，再蒸馏苯甲醇，收集 204～206℃的馏分，得苯甲醇约 1.5g。

将水溶液用浓盐酸酸化至使刚果红试纸变蓝。充分冷却使苯甲酸析出完全，抽滤，粗产物用水重结晶，得苯甲酸 1～2g。熔点为 121～122℃。

纯品苯甲醇的沸点为 205.35℃，折射率 n_D^{20} 为 1.5396。纯品苯甲酸的熔点为 122.4℃。

本实验约需 6h。

【注释】

(1) 充分搅拌是反应成功的关键。如混合充分，放置 24h 后混合物通常在瓶内固化，苯甲醛气味消失。

【思考题】

1. 试比较 Cannizzaro 反应与羟醛缩合反应在醛的结构上有何不同？

2. 本实验中两种产物是根据什么原理分离提纯的？用饱和的亚硫酸氢钠及 10%碳酸钠溶液洗涤的目的是什么？

3. 乙醚萃取后的水溶液，用浓盐酸酸化到中性是否最适当？为什么？不用试纸或试剂检验，怎样知道酸化已经恰当？

实验 98　苯亚甲基苯乙酮的制备[60]

【实验目的】

掌握羰基化合物的性质；掌握 Claisen-Schmidt 反应的机理；掌握 α,β-不饱和醛酮的制备方法；巩固超声合成、重结晶等操作。

【反应式】

$$C_6H_5CHO + C_6H_5COCH_3 \xrightarrow{NaOH} \text{(OH, O)} \xrightarrow{-H_2O} \text{(H, O, H)}$$

【试剂】

苯甲醛，苯乙酮，10%氢氧化钠溶液，乙醇。

【实验操作】

将10%NaOH水溶液2.1mL、95%EtOH 2.5mL和苯乙酮1mL(1g，8.3mmol）依次加入到50mL锥形瓶中。摇匀，冷却至室温，再加入新蒸苯甲醛0.8mL(0.88g，8.3mmol)。将反应瓶置于超声波清洗槽中，使反应瓶中的液面略低于清洗槽水面，调整适当的位置，以取得最佳的超声效果。启动超声波发生器（CSF-3A超声波发生器，500W，25kHz，上海超声波仪器厂)，于25～30℃反应至有结晶析出，需30～35min。停止反应。从超声波清洗槽中取出锥形瓶，并于冰浴中冷却，使其结晶完全。抽滤，用冷水洗涤，至滤液呈中性。

用1mL冷乙醇洗涤结晶，干燥，称量，测定熔点。

苯亚甲基苯乙酮存在几种不同的晶型。通常得到的是片状的α体，纯的α体熔点为58～59℃，另外还有棱状或针状的β体（熔点56～57℃）及γ体（熔点48℃)。

本实验约需3h。

附：机械搅拌合成法

将5mL 10%的NaOH溶液、4mL乙醇和1.2mL苯乙酮于装有搅拌器、温度计和滴液漏斗的50mL三颈瓶中。在搅拌下，由滴液漏斗滴加1mL苯甲醛，控制滴加速度，以保持反应温度在25～30℃(1)之间，必要时用冷水冷却。滴毕后，继续保温搅拌反应0.5h。然后加入几粒苯亚甲基苯乙酮作为晶种(2)，室温下继续搅拌1～1.5h，即有固体析出。将三颈瓶置于冰水浴中冷却15～30min，使结晶完全。减压抽滤，收集产物，用水充分洗涤，至洗涤液对石蕊试纸显中性。然后用少量冷乙醇（1～2mL）洗涤结晶，挤压抽干，得苯亚甲基苯乙酮粗品(3)。

将粗产物用95%乙醇重结晶（每克产物需4～5mL 95%乙醇)(4)，若溶液颜色较深可加少量活性炭脱色，得浅黄色片状结晶1.5g，熔点56～57℃。

【注释】

(1) 反应温度以25～30℃为宜。温度过高，副产物多；过低，产物发黏，不易过滤和洗涤。

(2) 一般在室温下搅拌1h后即可析出结晶，为引发结晶较快析出，最好加入事先制好的晶种。

(3) 苯亚甲基苯乙酮能使某些人皮肤过敏，处理时注意勿与皮肤接触。

(4) 苯亚甲基苯乙酮熔点低，重结晶回流时呈熔融状，必须加溶剂使呈均相。

【思考题】

1. 实验中可能会产生哪些副反应？

2. 写出苯甲醛与丙醛及丙酮（过量）在碱催化下缩合产物的结构式。

实验 99 尼群地平的制备[96]

1,4-二氢吡啶类化合物可以作为钙离子通道的调节剂，人们先后合成了各种类型的 1,4-二氢吡啶类化合物的衍生物，并发现了一些具有生物活性的物质，其中尼群地平［Nitrendipine，即 2,6-二甲基-4-(3-硝基苯基)-3,5-二乙羰基-1,4-二氢吡啶或 2,6-二甲基-4-(3-硝基苯基)-1,4-二氢-3,5-吡啶二甲酸甲乙酯］具有治疗高血压及心血管疾病的作用。尼群地平可采用 Hantzch 合成法制备，即用间硝基苯甲醛、浓氨水在乙醇中回流十几个小时得到；也可以分步合成，即先制成 β-氨基巴豆酸酯，然后再与芳香醛、乙酰乙酸乙酯缩合制备。前者回流时间长、产率低，且浓氨水对人们有刺激作用，后者需分步制备，操作烦琐。将微波用于尼群地平的合成，采用无溶剂条件，一步合成尼群地平，收率约 82%。

【实验目的】

掌握微波（MW）促进有机合成反应的原理；了解 Hantzch 合成反应的机理；掌握无溶剂反应的特点与操作；练习微波合成仪的使用。

【实验原理】

反应过程可能是一分子 β-羰基酸酯和醛发生缩合反应，另一分子 β-羰基酸酯和氨反应生成 β-氨基丁烯酸酯，所生成的这两个化合物再发生 Micheal 加成反应，然后失水关环生成二氢吡啶衍生物。它很容易脱氢而芳构化，例如用亚硝酸、铁氰化钾或硝酸铈铵氧化即可得到吡啶衍生物。

NH_3　H_3C　NH_2　C_2H_5O　O　H_3C　O　C_2H_5O　O　CHO　H_3C　O　CH　C_2H_5O　O　NO_2　NO_2

NO_2　C_2H_5OOC　$COOC_2H_5$　$-H_2O$　NO_2　C_2H_5OOC　$COOC_2H_5$　H_3C　O　H_2N　CH_3　H_3C　N H　CH_3

反应：CHO　O_2N　$+\ 2CH_3COCH_2COOC_2H_5 + NH_4Ac \xrightarrow[MW]{}$　NO_2　C_2H_5OOC　$COOC_2H_5$　H_3C　N H　CH_3

【试剂】

间硝基苯甲醛，新蒸的乙酰乙酸乙酯，碳酸氢铵，乙醇。

【实验操作】

在 50mL 圆底烧瓶中，加入 1.51g(10mmol) 间硝基苯甲醛、2.6g(20mmol) 乙酰乙酸乙酯和碳酸氢铵 20mmol，充分混匀后放入微波合成仪，安装搅拌器和回流冷凝管。设定微波功率 130W，辐射 4min。开启微波合成仪，微波反应。停止反应后，取出，倒入 100mL 水中，冷却，过滤，用少量乙醇洗涤，得粗产物。

将粗产物经乙醇重结晶得纯品。干燥，称量，计算收率，测定熔点。

本实验约需 3h。

附：1. 机械搅拌合成法

将 1.51g(10mmol) 间硝基苯甲醛、2.6g(20mmol) 乙酰乙酸乙酯、碳酸氢铵 20mmol 和 5mL 乙醇加入到 50mL 圆底烧瓶中，安装搅拌器和回流冷凝管，加热回流反应 1h，倒入 100mL 水中，冷却，过滤，用少量乙醇洗涤，得粗产物。

将粗产物经乙醇重结晶得纯品。干燥，称量，计算收率，测定熔点。

本实验约需 4h。

2. 超声辐射法

将 1.51g(10mmol) 间硝基苯甲醛、2.6g(20mmol) 乙酰乙酸乙酯和碳酸氢铵 20mmol 加入到 25mL 锥形瓶中。将锥形瓶置于超声波发生器的水槽中，液面略低于水面，开启超声波发生器，超声辐射 25min，停止反应，加入 100mL 水，过滤，用少量乙醇洗涤，得粗产物。

将粗产物经乙醇重结晶得纯品。干燥，称量，计算收率，测定熔点。

本实验约需 3h。

【思考题】

1. 写出苯甲醛、乙酰丙酮和碳酸氢铵发生 Hantzch 反应的产物的结构式。
2. 写出由 3-氨基巴豆酸酯与芳香醛、乙酰乙酸乙酯缩合制备尼群地平的反应式。

实验 100　3-氯-4-氟硝基苯的制备[97]

【实验目的】

掌握卤代芳烃的性质；掌握卤素的交换反应；了解微波促进反应的原理及在有机合成中的应用；掌握微波合成仪的使用。

【反应式】

$$\text{3,4-}Cl_2C_6H_3NO_2 + KF \xrightarrow[MW]{SbCl_3} \text{3-Cl-4-F-}C_6H_3NO_2$$

【试剂】

3,4-二氯硝基苯（3.84g，20mmol），KF（2.33g，40mmol），$SbCl_3$（0.4g），DMSO（20mL），二氯甲烷，无水硫酸镁。

【实验操作】

依次将 3,4-二氯硝基苯（3.84g，20mmol）、KF(1)（2.33g，40mmol）、0.4g 的 $SbCl_3$(2) 和 20mL 的 DMSO(3) 加入到微波合成仪的圆底烧瓶(4) 内，安装搅拌器和回流冷凝管（上端安装氯化钙干燥管）。设定微波功率 400W，微波辐照(5) 时间 10min，开启微波合成仪，微波反应 10min。

反应完成后，将反应物冷却至 70℃以下，抽滤，用二氯甲烷洗涤滤饼 2 次。合并滤液与洗液，进行水蒸气蒸馏。结束后，分出溜出液的有机层，水层用二氯甲烷萃取 2 次。合并有机层与萃取液，无水硫酸镁干燥。过滤，蒸除溶剂，得 3-氯-4-氟硝基苯。称量，计算产率。

本实验约需 3h。

【注释】

(1) 最好使用比表面积大的 KF（如喷雾干燥的 KF），使用前 150℃真空干燥 10h。

(2) 也可使用无水 $AlCl_3$，但收率稍低些。

(3) DMSO 需通过 4A 分子筛脱水处理。

(4) 合成实验所需仪器均需干燥，避免产物水解。

(5) 微波促进反应源于其“热效应”和“非热效应”（对极性分子的诱导和取向作用促进了反应物的活化）。

【思考题】

1. 微波合成法有何优点？
2. 试解释 $SbCl_3$ 的催化机理。
3. 写出 3-氯-4-氟硝基苯水解产物的结构。

实验 101 电化学合成碘仿[79]

电化学合成也称电解合成，是通过电流在电极上或利用电极周围实现物质合成的过程。Kolbe 反应是有机合成的第一个电有机反应。1965 年，利用丙烯腈电解还原二聚制备己二腈实现了工业化，从此，电化学方法在合成化学上的应用受到了广泛的注意，已成为合成领域寻找新反应的有效手段之一。

在电化学反应中，物质的分子或离子与电极间发生电子转移，在电极表面生成新的分子或活性中间体，再进一步反应生成产物。

【实验目的】

了解电解合成的基本原理与应用；掌握电合成的简单操作；掌握碘仿反应的机理与应用。

【实验原理】

主反应：碘化钾-丙酮水溶液进行电解时，在阳极碘离子失去电子被氧化成碘，碘在碱性介质中变成次碘酸根离子，再与丙酮作用生成碘仿。

$$2I^- - 2e \longrightarrow I_2$$

$$I_2 + 2OH^- \longrightarrow IO^- + I^- + H_2O$$

$$CH_3COCH_3 + 3IO^- \longrightarrow CH_3COO^- + CHI_3 + 2OH^-$$

副反应：

$$3IO^- \longrightarrow IO_3^- + 2I^-$$

【试剂】

碘化钾 6g，蒸馏水 100mL，丙酮 1mL，无水乙醇。

【实验操作】

用一只 150mL 烧杯作为电解槽，用 4 只直径为 6mm 旧 1 号电池的石墨棒做电极，两根并联作为阳极，另两根并联作为阴极，把它们固定在有机玻璃板上(1)，两节 1.5V 干电池做电源。向烧杯中加入 100mL 蒸馏水、6g 碘化钾，溶解后加入丙酮 1mL，将烧杯放置在电磁搅拌器上慢慢搅拌(2)。接通电源，这时在电解槽阳极周围会有碘仿晶体析出(3)。电解

30min，切断电源，停止反应(4)。

将电解液过滤，并将黏附于烧杯壁和电极上的碘仿用水洗入漏斗中，滤干，再水洗一次，干燥。将粗碘仿用无水乙醇重结晶可得较纯晶体，干燥，称量，测熔点，计算产率。

纯碘仿为亮黄色晶体，熔点 119℃，能升华，不溶于水。

本实验约需 3h。

【注释】

(1) 电极浸入电解液的高度约 40mm。

(2) 亦可采用人工搅拌，但搅拌要避免把两个电极碰在一起，可用一支半圆形玻璃搅拌圈，将阳极（或阴极）插入其中，反应时，上下拉动搅拌圈，也可以达到搅拌的目的。

(3) 纯净的碘仿为黄色晶体，但用石墨作电极时，析出的晶体呈灰绿色，是因为混有石墨，需要精制。

(4) 此时电解反应并未完全，溶液中还剩有大部分碘化钾和丙酮，可用来再次做实验。

【思考题】

1. 计算在本次实验中有多少（以百分数计）碘化钾和丙酮转化为碘仿?

2. 电解过程中，溶液的 pH 值逐渐增大（可用 pH 试纸试验），试对此作出解释?

3. 试举例说明电化学在有机合成中的应用。

实验 102　苯甲酸的制备[98]

【实验目的】

掌握醇、醛、酸的性质与合成方法；了解无溶剂反应的意义；巩固回流、重结晶等操作。

【反应式】

$$PhCH_2OH \xrightarrow{Cu(OH)_2} PhCHO$$

$$CuCl_2 \xrightarrow{NaOH} Cu(OH)_2$$

$$2PhCHO \xrightarrow{NaOH} PhCH_2OH + PhCOONa$$

$$Cu(OH) \xrightarrow{O_2} Cu(OH)_2$$

$$PhCOONa \xrightarrow{HCl} PhCOOH$$

$$PhCH_2OH + NaOH \xrightarrow[O_2,\triangle]{Cu(OH)_2} PhCOONa \xrightarrow{HCl} PhCOOH$$

【试剂】

苯甲醇 2.2g(0.02mol)，NaOH 1.0g(0.025mol)，$CuCl_2 \cdot 2H_2O$ 0.3g(0.0017mol)，浓盐酸。

【实验操作】

在 50mL 圆底烧瓶中分别加入 2.2g(0.02mol) 苯甲醇、1.0g(0.025mol) NaOH 和 0.3g(0.0017mol)$CuCl_2 \cdot 2H_2O$，安装回流冷凝管，搅拌，加热，回流反应，圆底烧瓶中的固体不断增加。待苯甲醇基本消失后，停止加热。

待反应混合物冷却至室温时，加入 25mL 水，并加热回流 10min，过滤，滤饼用 5mL 水洗后回收铜催化剂。

将滤液用浓盐酸酸化至 pH≤2，白色固体析出，静置 15min 后过滤，将白色固体用水重结晶，干燥，得苯甲酸，称量，测定熔点，计算收率。

本实验约需 4h。

【思考题】

1. 简述绿色化学的内容。
2. 简述绿色化学的意义。
3. 还可以采用哪些方法制备苯甲酸？
4. 简述本实验的原理。
5. 以苯甲醇为原料，如何合成苯甲醛？

实验 103　2-苯基苯并吡喃酮的制备[99]

黄酮类化合物（flavonoids）是一类重要的天然有机化合物，具有 2-苯基色原酮（flavone）结构，分子中有一个酮式羰基，第一位上的氧原子具碱性，能与强酸成盐，其羟基衍生物多呈黄色，故称黄酮，又称黄碱素。黄酮广泛存在于植物根、茎、叶、花、果实中，对植物的生长、发育、开花、结果以及抗菌防病等有重要作用。黄酮类化合物也是许多中草药的有效成分，具有心血管系统活性、抗菌、抗病毒、抗肿瘤、抗氧化、抗炎镇痛、抗疲劳、抗衰老以及保肝活性，此外还有降压、降血脂、提高机体免疫力等药理活性。

【实验目的】

掌握黄酮类化合物的合成方法；掌握混合溶剂重结晶等实验操作；熟练运用薄层色谱跟踪反应以及检测产物的纯度。

【实验原理】

邻羟基苯乙酮类化合物与芳甲酰卤在碱作用下形成酯，然后再用碱处理，发生分子内 Claisen 缩合，形成 1,3-二酮化合物；1,3-二酮化合物再经酸催化闭环而成黄酮化合物。

OH　COCl　CH₃　Δ　KOH　OH　AcOH　H_2SO_4

【试剂】

邻羟基苯乙酮，苯甲酰氯，吡啶，甲醇，乙醚，盐酸，NaOH，KOH，$AlCl_3$，无水 Na_2SO_4，冰醋酸，浓硫酸，pH 试纸。

【实验操作】

1. 苯甲酸邻乙酰基苯酚酯

在装有回流冷凝管、温度计的 50mL 三颈瓶中，加入 3.4g(0.025mol) 邻羟基苯乙酮，4.9g(4mL，0.035mol) 苯甲酰氯，5mL 干燥并重蒸过的吡啶(1)，搅拌加热至 50℃，维持 20min，TLC 跟踪反应。量取 120mL 1mol·L^{-1} 盐酸和 50g 碎冰于 250mL 烧杯中，在不断搅拌下，将反应混合液倒入烧杯中；抽滤，依次用 5mL 冰冷的甲醇、5mL 水洗涤。固体用甲醇-水混合溶剂重结晶（或取 10mL 甲醇，加热溶解，再加适量水），冰浴冷却、静置；抽滤，干燥，称量，得苯甲酸邻乙酰基苯酚酯。

苯甲酸邻乙酰基苯酚酯的熔点为 87～88℃。

2. 1-邻羟基苯基-3-苯基-1，3-丙二酮

取 4.8g(0.02mol) 苯甲酸邻乙酰基苯酚酯于装有回流冷凝管的 100mL 圆底烧瓶中，加入 18mL 干燥并重蒸过的吡啶。称取 1.7g(0.03mol) KOH 粉末，迅速加入反应瓶中；搅拌，加热至 50℃，反应 15min(2)。待反应液冷至室温后，搅拌下加入 25mL 10%乙酸水溶液，有沉淀产生，抽滤、水洗、干燥，称量，得 1-邻羟基苯基-3-苯基-1，3-丙二酮。

1-邻羟基苯基-3-苯基-1,3-丙二酮的熔点为 117～120℃。

3. 2-苯基苯并吡喃酮

在 100mL 圆底瓶中加入 3.6g (0.015mol) 1-邻羟基苯基-3-苯基-1,3-丙二酮和 20mL 冰醋酸，搅拌摇匀后，加人 0.8mL 浓硫酸，装上回流冷凝管，搅拌加热至 100℃，反应 1h(3)。不断搅拌下，将反应混合液倒人盛有 100g 碎冰的烧杯中。待冰全部融化后；抽滤，用水洗涤至滤液不再呈酸性，干燥。得 2-苯基苯并吡喃酮粗品。粗品略带浅黄色，用石油醚（沸点：60～90℃）-乙酸乙酯重结晶，得 2-苯基苯并吡喃酮白色针状结晶，TLC 法检验产品的纯度(4)。

2-苯基苯并吡喃酮的熔点为 95～97℃。

【注释】

(1) 吡啶作缚酸剂，苯甲酰氯易水解，吡啶需进行干燥和重蒸处理。

(2) 苯甲酸邻乙酰基苯酚酯发生 Claisen 缩合反应的机理为：

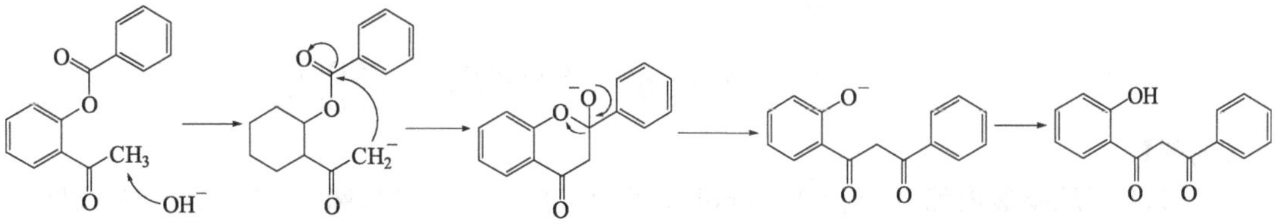

(3) β-丙二酮化合物在冰醋酣浓硫酸介质中闭环生成 2-苯基苯并吡喃酮的反应机理为：

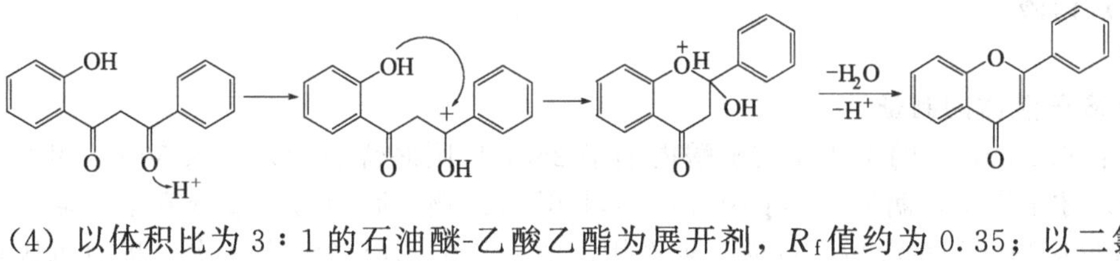

$$\xrightarrow[-H^+]{-H_2O}$$

(4) 以体积比为 3：1 的石油醚-乙酸乙酯为展开剂，R_f值约为 0.35；以二氯甲烷为展开剂，R_f值约为 0.40。

【思考题】

1. 苯甲酸邻乙酰基苯酚酯的制备过程中，吡啶用作缚酸剂，除吡啶外还可以用哪些试剂作为缚酸剂？

2. β-丙二酮化合物的合成还可以采用其他什么方法？

实验 104　己二酸的制备[60]

室温离子液体（room temperature ionic liquids）是由离子组成的液体，是低温（<100℃）下呈液态的盐，也称为低温熔融盐。一般由有机阳离子和无机阴离子（如 BF_4、

PF_6^- 等）所组成。室温离子液体是一种新型的溶剂或催化剂。它们对有机、金属有机、无机化合物有很好的溶解性。由于没有蒸气压，可以用于高真空下的反应。同时又无味、不燃，在作为环境友好的溶剂方面有很大的潜力。离子液体能溶解作为催化剂的金属有机化合物，可替代对金属配位能力强的极性溶剂如乙腈等。溶解在离子液体中的催化剂，同时具有均相和非均相催化剂的优点。产物可通过静置分层或蒸馏分离出来，而留在离子液体中的催化剂可循环使用。

室温离子液体由于其低蒸气压、环境友好、高催化率和易回收等特点。在有机合成中得到广泛的关注，如 Fridel-Crafts 烷基化和酰基化、Diels-Alder、Heck、Suzuki、Mannich、酯化和醛酮缩合反应等。

离子液体的溶解性可通过改变阴离子或阳离子中烷基链的长短而改变。因此，人们称离子液体为“可设计合成的溶剂”。

【实验目的】

了解离子液体的结构、性质与应用；掌握羧酸的制备原理与方法；了解离子液体的制备原理、方法；巩固过滤、重结晶等操作。

【反应式】

$$\text{1-甲基咪唑} + \text{1,4-丁烷磺酸内酯} \longrightarrow H_3C\text{—}N^{\oplus}N\text{—}C_4H_8SO_3^- \xrightarrow{p\text{-}CH_3\text{—}C_6H_4SO_3H} \left[H_3C\text{—}N^{\oplus}N\text{—}C_4H_8SO_3H\right] \cdot p\text{-}CH_3C_6H_4SO_3^-$$

$$\text{环己烯} + 4H_2O_2 \xrightarrow{Na_2WO_4 \cdot 2H_2O} \text{环己烷-1,2-}(COOH)_2$$

【试剂】

1,4-丁烷磺酸内酯 24.5g(0.18mol)，甲苯 50mL，1-甲基咪唑 15.0g(0.18mol)，二水钨酸钠 0.825g(2.5mmol)，10.5mL(100mmol) 环己烯，乙醚，乙酸乙酯，对甲苯磺酸，30%的 H_2O_2 溶液。

【实验操作】

1. 酸性离子液体的制备

取 24.5g(0.18mol) 的 1,4-丁烷磺酸内酯于 250mL 圆底烧瓶中，加入 50mL 甲苯，搅拌使之溶解。冰水浴下，滴加 15.0g(0.18mol)1-甲基咪唑。滴毕后，缓慢升至室温，搅拌反应 2h。待反应物冷至室温后，过滤，依次用乙醚、乙酸乙酯各洗涤 3 次。将白色固体于 100℃干燥 5h，得 1-甲基-(3-丁基-4-磺酸基) 咪唑盐。

将 1-甲基-3-(丁基-4-磺酸基) 咪唑盐溶于水，于室温和搅拌下，分多批次加入等摩尔的对甲苯磺酸。缓慢升温至 90℃，保温反应 2h，真空脱水 3h，冷却，得黏稠液体——酸性离子液体。

2. 己二酸的制备

取 0.825g(2.5mmol) 的二水钨酸钠于 100mL 圆底烧瓶中，加入 44.5mL 质量分数为 30%的 H_2O_2 和 20g 离子液体。室温下搅拌 15min 后，加入 10.5mL(100mmol) 环己烯。搅拌，加热，回流反应 10h。

将反应后得到的均相透明液体于 0～5℃下静置 12h，己二酸晶体析出。减压抽滤，冷水洗涤，干燥，称量，测定熔点（151～152℃）。所得产品无需重结晶。

纯己二酸为白色棱状晶体，熔点 153℃。

本实验约需 37h。

附：环已醇氧化法制备已二酸

方法Ⅰ　硝酸为氧化剂

$$3\,C_6H_{11}OH + 8HNO_3 \longrightarrow 3HOOC(CH_2)_4COOH + 8NO + 7H_2O$$

$$2NO \xrightarrow{O_2} 2NO_2$$

取4mL 50%硝酸和1小粒钒酸铵（或偏钒酸铵）于50mL的三颈瓶中，瓶口分别安装温度计、回流冷凝管（冷凝管上端装置一气体吸收装置，用碱液吸收反应过程中产生的气体）和恒压滴液漏斗。取1.35mL环已醇于滴液漏斗中，先将三颈瓶预热到约50℃，移去热源，滴入3～4滴环已醇，反应开始后，瓶内反应物温度升高并有红棕色气体放出。慢慢滴入其余的环已醇，调节滴加速度，使瓶内温度维持在50～60℃之间。若温度过高或过低时，可借冷水浴或加热进行调节。滴毕后（约需15min）再加热10min，至几乎无红棕色气体放出为止。将反应物小心倾入一外部用冷水浴冷却的烧杯中，抽滤，收集析出的晶体，用少量冰水洗涤。将粗产物干燥后，用水重结晶，干燥，称量，测定熔点（151～152℃）。

纯已二酸为白色棱状晶体，熔点153℃。

约需5h。

方法Ⅱ　高锰酸钾为氧化剂

$$3\,C_6H_{11}OH + 8KMnO_4 + H_2O \longrightarrow 3KO_2C(CH_2)_4CO_2K + 8MnO_2 + 2KOH$$

取2.5mL 10%氢氧化钠溶液和25mL水于50mL二颈瓶中，搅拌下加入3g高锰酸钾。待高锰酸钾溶解后，瓶口分别安装温度计和恒压滴液漏斗。取1.05mL环已醇于恒压滴液漏斗中，缓慢滴加环已醇。控制滴加速度，维持反应温度约45℃。滴毕后，反应温度开始下降，将混合物加热5min，使氧化反应完全，并使二氧化锰沉淀凝结。用玻棒蘸取1滴反应混合物，点到滤纸上做点滴试验。如有高锰酸盐存在，则在二氧化锰斑点的周围会出现紫色的环，可加少量固体亚硫酸氢钠，至点滴试验呈阴性为止。

趁热抽滤，滤渣用少量热水洗涤3次。合并滤液与洗涤液，用约2mL浓盐酸酸化，使溶液呈强酸性。加热浓缩，使溶液体积减少至约5mL，加少量活性炭脱色，放置结晶，过滤，干燥，得白色晶体，测定熔点（151～152℃），得已二酸约1g。

纯已二酸为白色棱状晶体，熔点153℃。

约需5h。

【注意事项】

(1) 切忌用同一量筒量取环已醇与浓硝酸，二者相遇发生剧烈反应，甚至发生意外。

(2) 最好在通风橱内进行。因产生的氧化氮是有毒气体，不可逸散在实验室内。要求安装仪器装置严密不漏，如发现漏气现象，应立即暂停实验，改正后再继续进行。

(3) 环已醇的熔点为24℃，室温时为黏稠液体。为减少转移时的损失，可用少量水冲洗量筒，并入滴液漏斗中。在室温较低时，这样做还可降低其熔点，以免堵住漏斗。

(4) 反应强烈放热，切不可大量加入，以免反应过剧，引起爆炸。

(5) 已二酸在15℃、34℃、50℃、70℃、87℃、100℃温度下的溶解度分别为1.44g·100mL水$^{-1}$、3.08g·100mL水$^{-1}$、8.46g·100mL水$^{-1}$、34.1g·100mL水$^{-1}$、94.8g·100mL水$^{-1}$、100g·100mL水$^{-1}$。粗产物须用冰水洗涤，将母液浓缩可回收少量已二酸。

【思考题】

1. 试比较在离子液体中、溶液中制备已二酸各有何优缺点？

2. 在酸性离子液体中能否实现羧酸与醇的酯化反应？

实验 105　离子液体中合成肉桂酸[60,100]

【实验目的】

了解离子液体的结构与性质；了解离子液体的合成方法；掌握肉桂酸的制备方法；巩固重结晶等操作。

【反应式】

$$\text{1-甲基咪唑} + C_4H_9Br \longrightarrow [\text{1-丁基-3-甲基咪唑}]^{\oplus}Br^{\ominus}$$

$$[\text{1-丁基-3-甲基咪唑}]^{\oplus}Br^{\ominus} \xrightarrow{NaBF_4} [\text{1-丁基-3-甲基咪唑}]^{+}\cdot BF_4^-$$

$$PhCHO + (CH_3CO)_2O \xrightarrow[\text{或}K_2CO_3]{CH_3CO_2K} \xrightarrow{H^+} PhCH{=}CHCOOH + CH_3COOH$$

【试剂】

1-甲基咪唑 15.0g(0.18mol)，正溴丁烷 25.0g(0.19mol)，氟硼酸钠 9.7g(0.088mol)，新蒸苯甲醛 2.6g(2.5mL，0.025mol)，新蒸醋酸酐 4g(3.8mL，0.039mol)，研细的无水碳酸钾 3.5g，饱和 Na_2CO_3 水溶液，无水硫酸镁，1,1,1-三氯乙烷，丙酮，乙醇。

【实验操作】

1. 1-丁基-3-甲基咪唑溴化物的制备

取 15.0g(0.18mol) 1-甲基咪唑于 250mL 圆底烧瓶中，加入 100mL 1,1,1-三氯乙烷，搅拌使之溶解。在搅拌下，由恒压滴液漏斗缓慢滴加正溴丁烷 25.0g(0.19mol)(1)，约 100min 滴完。溶液变浑浊，将滴液漏斗撤下，换上球形回流冷凝管(2)，加热回流 2h。反应完毕后，用旋转蒸发仪将 1,1,1-三氯乙烷蒸出(3)，得到 1-甲基-3-丁基咪唑的溴化物，为黏稠状液体。

2. 1-丁基-3-甲基咪唑四氟硼酸盐（[BMIM]BF_4）的制备

将制备好的 1-丁基-3-甲基咪唑溴化物 17.6g(0.08mol) 和 80mL 丙酮置于 250mL 圆底烧瓶中，混合均匀。搅拌下，加入研细的氟硼酸钠 9.7g(0.088mol)，室温反应 12h。过滤，减压浓缩滤液得到无色透明液体 1-丁基-3-甲基咪唑四氟硼酸盐。

3. 肉桂酸的制备

在 100mL 圆底烧瓶中，依次加入 25mL [BMIM]BF_4、2.6g(2.5mL，0.025mol) 新蒸苯甲醛、4g(3.8mL，0.039mol) 新蒸醋酸酐和 3.5g 研细的无水碳酸钾，安装带有无水氯化钙干燥管的回流冷凝管。搅拌加热，于 160℃反应 1.5h。

冷却，将反应混合物用饱和 Na_2CO_3 水溶液小心调节 pH 值至 8 左右，用甲苯萃取(10mL×3)。合并萃取液，用无水硫酸镁干燥。过滤，旋转蒸发脱除甲苯。粗产品用用3∶1的稀乙醇重结晶，得白色肉桂酸晶体。干燥，称量，测定熔点（131～133℃）。

纯反式肉桂酸为白色片状结晶，熔点为 133℃。

本实验约需 20h。

【注释】

（1）要注意控制搅拌速度和滴加速度，使两种原料缓慢混合均匀。

（2）滴完后，迅速换上球形冷凝管回流，1,1,1-三氯乙烷的沸点为 73～76℃，应控制回流速度，不宜过快。

(3) 将旋蒸仪的水浴温度缓慢上升至80℃，0.1MPa下旋蒸40min，将1,1,1-三氯乙烷彻底蒸出。

附：肉桂酸的常规合成法

A. 无水醋酸钾作缩合剂

取1.5g无水醋酸钾、3.8mL醋酸酐和2.5mL苯甲醛于100mL烧瓶中，加热回流1.5～2h。稍冷，加入少量沸水。加入适量的固体碳酸钠（3～4g），使溶液呈微碱性。进行水蒸气蒸馏至馏出液无油珠为止。

向残留液中加入少量活性炭，煮沸数分钟，趁热过滤。在搅拌下，向热滤液中小心加入浓盐酸至呈酸性。冷却，待结晶全部析出后，抽滤，以少量冷水洗涤，干燥，得粗品约2g。将粗品在热水或3∶1的稀乙醇中重结晶，得反式肉桂酸为白色片状结晶，熔点为131.5～132℃。

纯反式肉桂酸为白色片状结晶，熔点为133℃。

约需5h。

B. 无水碳酸钾作缩合剂

在50mL圆底烧瓶中，加入3.5g无水碳酸钾、2.5mL苯甲醛和7mL醋酸酐。装置回流冷凝管，在170～180℃的油浴中，加热回流45min。由于有二氧化碳逸出，最初反应会出现泡沫。冷却，加入20mL水浸泡几分钟，用玻棒轻轻捣碎瓶中的固体，进行水蒸气蒸馏，至无油状物蒸出为止。将烧瓶冷却后，加入20mL 10%氢氧化钠水溶液，使生成的肉桂酸形成钠盐而溶解。再加入45mL水和少量活性炭，加热煮沸，趁热过滤。待滤液冷至室温后，在搅拌下，小心加入10mL浓盐酸和10mL水的混合液，至溶液呈酸性。冷却结晶，抽滤，用少量冷水洗涤，干燥后称量，粗产物约2g。可用3∶1的稀乙醇重结晶。

纯反式肉桂酸为白色片状结晶，熔点为133℃。

约需4h。

【思考题】

1. 用丙酸酐和无水丙酸钾与苯甲醛反应，得到什么产物？
2. 在Perkin反应中，如使用与酸酐所不同的羧酸盐，会得到两种不同的芳基丙烯酸，为什么？
3. 写出Perkin反应的反应历程。
4. 在离子液体中进行有机合成有何优点？

第6章　多步连续合成

实验106　18-冠-6的制备[101]

【实验目的】

掌握醇的取代反应；掌握卤代烃的制备方法与性质；掌握冠醚的制备方法；巩固回流、减压蒸馏等操作。

【反应式】

$$HOCH_2(CH_2OCH_2)_2CH_2OH + 2SOCl_2 \xrightarrow{\text{吡啶}} ClCH_2(CH_2OCH_2)_2CH_2Cl + 2SO_2 + 2\,C_5H_5N \cdot HCl$$

$$HOCH_2(CH_2OCH_2)_2CH_2OH + ClCH_2(CH_2OCH_2)_2CH_2Cl \xrightarrow{KOH/THF}$$

【试剂】

二缩三乙二醇，苯，吡啶，氯化亚砜，氢氧化钠，盐酸，四氢呋喃，氢氧化钾，氯化钾，二氯甲烷，乙腈，丙酮。

【实验操作】

1. 3,6-二氧-1,8 二氯辛烷

取4.8g(0.06mol) 吡啶和7.2g(0.06mol) 氯化亚砜混合均匀（混合液为暗红色），备用。

取4g(0.027mol) 二缩三乙二醇和14mL苯于装有搅拌器、滴液漏斗、回流冷凝管和气体吸收装置的50mL三颈瓶中。搅拌混匀后，从恒压滴液漏斗滴加氯化亚砜与吡啶的混合液，反应过程中放出的SO_2气体可用NaOH水溶液吸收。滴毕后，继续回流1h。

冷却反应物，加入10mL质量分数为5%的盐酸。将混合物转移到分液漏斗中，振荡，静置。分去下层红色水层。将有机层转入克氏蒸馏瓶中，蒸去苯和水后，用水泵减压蒸尽残余的苯，得浅黄色粗产物3,6-二氧-1,8-二氯辛烷4.9g，此粗产物可直接用于下步合成。

2. 18-冠-6的合成

在装有搅拌器、回流冷凝管的50mL三颈瓶中，加入二缩三乙二醇2.9g(0.019mol) 和15mL四氢呋喃。搅拌下加入质量分数为60%的KOH水溶液4.7g(0.05mol)。15min后，从恒压滴液漏斗滴加3,6-二氧-1,8-二氯辛烷（3.6g，0.019mol）的THF溶液（溶于3mL的THF）。剧烈搅拌，回流反应18h。

冷却后转入蒸馏瓶，旋转蒸出THF，得棕色黏稠物。用15mL二氯甲烷稀释，过滤除去 KCl，用少量二氯甲烷洗涤。将滤液与洗液用无水 $MgSO_4$ 干燥。过滤，先蒸出二氯甲烷，再旋转蒸尽溶剂及低沸点物。减压蒸馏，收集 100～165℃/133.332Pa（1mmHg）馏分约 2g。

3. 18-冠-6 的纯化

取 2g 粗 18-冠-6 和 5mL 乙腈于 50mL 锥形瓶中，瓶口安装 $CaCl_2$ 干燥管，在搅拌下加热。冠醚溶解后，再冷至室温，可观察到 18-冠-6 与乙腈形成的络合物结晶析出。在干冰-丙酮液（于广口保温瓶）中进一步冷却，用布氏漏斗（预先冷冻）快速过滤，压干。滤液还可再放入干冰-丙酮液中结晶，直至滤不出固体产物。将所得的无色晶体放入 25mL 圆底烧瓶中，磁力搅拌下于 40℃水浴温热，并在 133.332Pa 真空度下，减压蒸去乙腈，约 3h，得无色 18-冠-6 结晶约 1g，熔点 36.5～38℃。

本实验约需 25h。

【思考题】

1. 试按如下反应设计二苯并 18-冠-6（纤维状结晶，熔点 162.5～163.5℃）的合成方案。

$$2\ C_6H_4(OH)_2 \xrightarrow[n\text{-}C_4H_9OH]{2NaOH} 2\ C_6H_4(ONa)(OH) \xrightarrow[n\text{-}C_4H_9OH]{ClCH_2CH_2OCH_2CH_2Cl}$$

$$HOC_6H_4OCH_2CH_2OCH_2CH_2OC_6H_4OH \xrightarrow[ClCH_2CH_2OCH_2CH_2Cl]{2NaOH,\ n\text{-}C_4H_9OH} \text{二苯并18-冠-6}$$

2. 二缩三乙二醇的氯化过程中，吡啶起什么作用？

3. 12-冠-4 可与锂离子络合，18-冠-6 可与钾离子络合，为什么？

实验 107　对硝基苯胺的制备[60]

对硝基苯胺（$C_6H_6N_2O_2$）为黄色针状结晶，熔点 148～149℃，沸点 332℃、260℃(13.3kPa)，相对密度 1.424(20℃/4℃)，溶于苯和酸溶液；1g 对硝基苯胺可溶于 1250mL 水、45mL 沸水、25mL 乙醇、30mL 乙醚中。主要用作合成偶氮染料、农药和兽药的中间体，在医药工业中可用于生产氯硝柳胺、硝基安定、喹啉脲硫酸盐等。还可用于生产对苯二胺、抗氧化剂和防腐剂等。可采用乙酰苯胺硝化、水解的方法制备，也可用对硝基氯苯氨解的方法来制备。

【实验目的】

掌握氨基酰化的方法；掌握氨基保护与脱保护的方法及在有机合成中的应用；熟悉分馏的原理与操作；练习柱色谱分离纯化操作；巩固重结晶等操作。

【反应式】

主反应：

$$C_6H_5NHCOCH_3 + HNO_3 \xrightarrow{H_2SO_4} O_2N\text{-}C_6H_4\text{-}NHCOCH_3 + H_2O$$

$$O_2N\text{-}C_6H_4\text{-}NHCOCH_3 + H_2O \xrightarrow{H_2SO_4} O_2N\text{-}C_6H_4\text{-}NH_2 + CH_3COOH$$

副反应：

$$C_6H_5\text{—}NHCOCH_3 + H_2O \xrightarrow{H_2SO_4} C_6H_5\text{—}NH_2 + CH_3COOH$$

$$C_6H_5\text{—}NHCOCH_3 + HNO_3 \xrightarrow{H_2SO_4} o\text{-}O_2N\text{—}C_6H_4\text{—}NH_2COCH_3 + H_2O$$

【试剂】

2.5g(0.018mol) 乙酰苯胺，1.1mL(0.016mol) 硝酸（$\rho=1.40g\cdot mL^{-1}$），浓硫酸，冰醋酸，乙醇，碳酸钠，20%氢氧化钠溶液，中性氧化铝，无水苯。

【实验操作】

1. 乙酰苯胺的制备

方法Ⅰ　冰醋酸为酰化试剂

在 50mL 圆底烧瓶中，加入 3.3mL 苯胺[1]、5mL 冰醋酸及少许锌粉（约 0.1g）[2]，装置一套分馏装置[3]，上端装温度计，接收瓶外部用冷水浴冷却。

将圆底烧瓶加热，使反应物保持微沸约 15min。然后逐渐升高温度，当温度计读数达到 100℃左右时，有液体馏出。维持温度在 100～110℃之间反应约 1.5h，生成的水及大部分醋酸已被蒸出[4]，此时温度计读数下降，表示反应已经完成。拆除分馏装置，在搅拌下趁热将反应物倒入 70mL 冰水中[5]。冷却后抽滤析出的固体，用冷水洗涤。粗产物用水重结晶，得乙酰苯胺 3～4g，熔点 113～114℃。

纯品乙酰苯胺的熔点为 114.3℃。

约需 4h。

方法Ⅱ　乙酸酐为酰化试剂

取 2.5mL 浓盐酸、60mL 水于 200mL 烧杯中，搅拌下加入 2.8mL 苯胺。待苯胺溶解后[6]，加入少量活性炭（约 0.5g），加热煮沸 5min，趁热滤去活性炭及其他不溶性杂质。将溶液转移到 100mL 锥形瓶中，冷却至 50℃，加入 3.7mL 醋酸酐，摇振使其溶解后，立即加入事先配制好的 4.5g 结晶醋酸钠溶于 10mL 水的溶液，充分摇振混合。将混合物置于冰浴中冷却，析出结晶。减压过滤，用少量冷水洗涤，干燥后称量，得乙酰苯胺 2～3g，熔点 113～134℃。如果进一步提纯，可用水进行重结晶。

约需 2h。

2. 对硝基乙酰苯胺的制备

在冰水浴中配制 1.1mL 浓硝酸和 0.7mL 浓硫酸的混酸，备用。

取 2.5g 乙酰苯胺和 2.5mL 冰醋酸于 100mL 锥形瓶内，冰水浴冷却。边摇动锥形瓶，边缓慢加入 5mL 浓硫酸，使乙酰苯胺尽量溶解完全。将此溶液放入冰水浴中冷却至 0～2℃。搅拌下，用滴管缓慢滴加混酸，控制反应温度不高于 5℃。

滴毕后，撤掉冰水浴，室温放置 30min，间歇振荡。然后，在搅拌条件下将此反应物缓慢倒入 10mL 水和 15g 碎冰的混合物中，立即析出固体，放置约 10min，抽滤，用冰水洗涤（10mL×3），利用 95%乙醇进行重结晶。干燥，称量，计算产率。

纯对硝基乙酰苯胺为黄色棱柱体，熔点 216℃。

约需 2h。

3. 对硝基乙酰苯胺的水解

取 2g 对硝基乙酰苯胺于 50mL 圆底烧瓶中，加入 7%的硫酸 10mL。搅拌下，加热回流 15～20min。将此热溶液倒入 60mL 冰水中，加入过量的 20%的氢氧化钠溶液（注意一定要过量，可用 pH 试纸检验)，使对硝基苯胺沉淀出来，冷却后抽滤，滤饼用冷水洗去碱液，用水重结晶，干燥，称量，计算产率。

纯对硝基苯胺为黄色针状晶体，熔点为 148～149℃。

约需 2h。

4. 对硝基苯胺的精制

由于邻硝基苯胺形成分子内氢键，极性小于对硝基苯胺，而对硝基苯胺可与吸附剂形成氢键。因此，可利用柱色谱将二者分离。

称取 150mg 对硝基苯胺粗品，加入 3mL 无水苯，配成溶液。

取色谱柱 1 根，用中性氧化铝和适量的无水苯制备色谱柱。

当苯的液面恰好降至氧化铝上端的表面上时，用滴管沿柱壁加入 3mL 对硝基苯胺粗品的无水苯溶液。当溶液液面降至氧化铝上端表面时，用滴管沿柱壁滴入苯洗去黏附在柱壁上的混合物。然后在色谱柱上装置滴液漏斗，用苯淋洗，观察色层带的形成和分离。当黄色邻硝基苯胺色层带到达柱底时，立即更换另一接收器，收集全部此色层带。然后改用苯-乙醚(体积比 1∶1) 为洗脱剂，并收集淡黄色对硝基苯胺色层带。

将收集的邻硝基苯胺的苯溶液和对硝基苯胺的苯-乙醚溶液分别用水泵减压蒸去溶剂，冷却结晶，干燥后测定熔点。

邻硝基苯胺和对硝基苯胺的熔点分别为 71～71.5℃、147～148℃。

约需 3h。

【注释】

(1) 久置的苯胺色深有杂质，会影响乙酰苯胺的质量，故最好用新蒸的苯胺。

(2) 加入锌粉的目的，是防止苯胺在反应过程中被氧化，生成有色的杂质。

(3) 因属小量制备，可用微量分馏管代替刺形分馏柱。

(4) 收集醋酸及水的总体积约为 1.5mL。

(5) 反应物冷却后，固体产物立即析出，粘在瓶壁不易处理。故须在搅动下趁热倒入冷水中，以除去过量的醋酸及未作用的苯胺(它可成为苯胺盐酸盐而溶于水)。

(6) 自制的苯胺中有少量硝基苯，用盐酸使苯胺成盐后，此时苯胺盐酸盐溶解，可用分液漏斗分出硝基苯。

附：芳胺的酰化在有机合成中有着非常重要的作用。作为一种保护措施，一级和二级芳胺在合成中通常被转化为乙酰基衍生物以降低芳胺对氧化降解的敏感性，使其不被反应试剂破坏；同时，氨基经酰化后，降低了氨基在亲电取代反应中的活化能力，使其由很强的第Ⅰ类定位基变为中等强度的第Ⅰ类定位基，并使反应由多元取代变为一元取代；由于乙酰基的空间效应，往往选择性地生成对位取代产物。在某些情况下，酰化可以避免氨基与其他功能基或试剂(如 RCOCl、$—SO_2Cl$、HNO_2 等)之间发生不必要的反应。在合成的最后步骤，氨基很容易通过酰胺在酸碱催化下水解被重新产生。

芳胺可用酰氯、酸酐或与冰醋酸加热来进行酰化。使用冰醋酸作为酰化剂，具有试剂易得、价格便宜的特点，但需要较长的反应时间，适合于较大规模的制备。酸酐一般来说是比酰氯更好的酰化试剂。用游离胺与纯乙酸酐进行酰化时，常伴有二乙酰胺[$ArN(COCH_3)_2$]生成，如果在醋酸-醋酸钠的缓冲溶液中，由于酸酐的水解速度比酰化速度慢得多，可以得到高纯度的产物。但此法不适合于硝基苯胺和其他碱性很弱的芳胺的酰化。

【思考题】

1. 如何检验反应中是否有邻硝基乙酰苯胺的生成？

2. 对硝基苯胺是否可以利用苯胺直接硝化来制备？

3. 反应中如果有邻硝基乙酰苯胺生成，如何除去？

4. 如果采用薄层色谱对硝基苯胺的生成进行跟踪，应选择何种固定相、展开剂？如何显色？

实验108　对氨基苯磺酰胺的制备[60]

【实验目的】

掌握芳香族化合物的磺化反应机理；掌握磺胺类化合物的制备方法；掌握羧酸衍生物水解的机理与操作；巩固有毒、腐蚀性气体吸收、重结晶等操作。

【反应式】

$$C_6H_5NHCOCH_3+2HOSO_2Cl \longrightarrow p\text{-}CH_3CONHC_6H_4SO_2Cl+H_2SO_4+HCl$$

$$p\text{-}CH_3CONHC_6H_4SO_2Cl+2NH_3 \longrightarrow p\text{-}CH_3CONHC_6H_4SO_2NH_2+NH_4Cl$$

$$p\text{-}CH_3CONHC_6H_4SO_2NH_2+H_2O \xrightarrow{H^+} p\text{-}NH_2C_6H_4SO_2NH_2+CH_3CO_2H$$

【试剂】

2.5g 乙酰苯胺（0.018mol），11.3g 氯磺酸(1)（$\rho=1.77g\cdot mL^{-1}$，6.3mL，0.095mol），8.5mL 浓氨水（28%，$\rho=0.9g\cdot mL^{-1}$），浓盐酸，碳酸钠。

【实验操作】

1. 对乙酰氨基苯磺酰氯的制备

称取 2.5g 干燥的乙酰苯胺于 50mL 干燥的锥形瓶中，搅拌加热熔化。若瓶壁上有少量水汽凝结，可用滤纸吸去。冷却，熔化物凝结成块(2)。冰浴中冷却，迅速加入 6.3mL 氯磺酸，立即安装氯化氢气体吸收装置（用水吸收氯化氢）。反应很快发生，若反应过于剧烈，可用冰水浴冷却。待反应缓和后，旋摇锥形瓶使固体溶解，在温水浴中再加热 10min，使之反应完全(3)。经冰水浴充分冷却后，在充分搅拌下，于通风橱内，将反应液缓慢倒入盛有 40g 碎冰的烧杯中(4)，用少量冷水洗涤反应瓶并倒入烧杯中。搅拌数分钟，尽量将大块白色固体捣碎成均匀细小颗粒(5)。抽滤，用少量冷水洗涤，压干，立即进行下一步反应(6)。

2. 对乙酰氨基苯磺酰胺的制备

将上述粗产物移入烧杯中，并置于通风橱内。不断搅拌下，缓慢加入 8.5mL 浓氨水，立即发生放热反应（得到白色糊状物），继续搅拌 15min，使反应完全。再加入 5mL 水，小心加热 10min，不断搅拌，以除去多余的氨，得到的混合物用于下一步合成(7)。

3. 对氨基苯磺酰胺（磺胺）的制备

将上述混合物移入圆底烧瓶中，加入 1.8mL 浓盐酸，加热回流 0.5h。冷却后，得几乎澄清的溶液。若有固体析出(8)，应继续加热，使之反应完全。如溶液呈黄色，并有少量固体时，加少量活性炭煮沸 10min，过滤。将滤液转入大烧杯中，搅拌下小心加入粉状碳酸钠(9)至呈碱性（约 2g）。在冰水浴中冷却，抽滤，用少量冰水洗涤，压干。用水重结晶（每克产物约需 12mL 水），得对氨基苯磺酰胺 1～2g，熔点为 161～162℃。

纯对氨基苯磺酰胺为白色针状结晶，熔点为 163～164℃。

本实验约需 8h。

【注释】

(1) 氯磺酸对皮肤和衣服有强烈的腐蚀性，暴露在空气中会冒出大量氯化氢气体，遇水会发生猛烈的放热反应，甚至爆炸，取用时须加小心。所用仪器及试剂皆须十分干燥，含氯磺酸的废液不可倒入水槽，应倒入废液缸中。工业氯磺酸常呈棕黑色，使用前宜进行蒸馏纯化，收集148～150℃的馏分。

（2）氯磺酸与乙酰苯胺的反应相当剧烈，将乙酰苯胺凝结成块状可降低反应速率，当反应过于剧烈时，应适当冷却。

（3）氯磺化过程中，有大量氯化氢气体放出。为避免污染室内空气，装置应严密，导气管的末端要与接收瓶内的水面接近，但不能插入水中，否则可能倒吸而引起严重事故！

（4）加入速度必须缓慢，并充分搅拌，以免局部过热使对乙酰氨基苯磺酰氯水解。这是实验成功与否的关键。

（5）尽量洗去固体所夹杂和吸附的盐酸，否则产物在酸性介质中放置过久，会水解，因此在洗涤后，应尽量压干，不应久置，需在1～2h内将它转变为磺胺类化合物。

（6）粗制的对氨基苯磺酰氯久置容易分解，甚至干燥后也不可避免。若要得到纯品，可将粗产物溶于温热的氯仿中，然后迅速转移到事先温热的分液漏斗中，分出氯仿层，在冰水浴中冷却后即可析出结晶，纯对氨基苯磺酰氯的熔点为149℃。

（7）这一步的粗产物可不必分出。若要得到产品，可在冰水浴中冷却、抽滤，用冰水洗涤，干燥即可。粗品用水重结晶，纯品熔点为219～220℃。

（8）对乙酰氨基苯磺酰胺在稀酸中水解成磺胺，后者又与过量的盐酸形成水溶性的盐酸盐，所以水解完成后，反应液冷却时应无晶体析出。由于水解前溶液中氨的含量不同，加1.8mL盐酸有时不够，因此，在回流至固体全部消失前，应测一下溶液的酸碱性，若酸性不够，应补加盐酸再回流一段时间。

（9）用碳酸钠中和滤液中的盐酸时，有二氧化碳伴生，应控制加入速度并不断搅拌使其逸出。

注意：磺胺是两性化合物，在过量的碱溶液中也易变成盐类而溶解。故中和操作必须仔细，以免降低产率。

【思考题】

1. 为什么在氯磺化反应完成以后处理反应混合物时，必须移到通风橱内，且在充分搅拌下缓缓倒入碎冰中？若在未倒完碎冰就化完了，是否应补加冰块？为什么？

2. 为什么苯胺要乙酰化后再氯磺化？直接氯磺化如何？

3. 如何理解对氨基苯磺酰胺是两性物质？

实验109　2-硝基-1,3-苯二酚的制备[60]

2-硝基-1,3-苯二酚的制备是一个巧妙地运用定位规律的典型例子。是通过间苯二酚先磺化，再硝化，最后脱去磺酸基而实现的。酚羟基为强的邻对位定位基，磺酸基为强的间位定位基，是体积很大的基团，且很容易通过水解而除去。间苯二酚磺化时，磺酸基先进入最容易起反应的4位和6位，再硝化时，受定位规律影响，硝基只能进入位阻较大的2位，将硝化后的产物脱去磺酸基，即可得到产物。在反应中磺酸基同时起了占位和定位的双重作用。

【实验目的】

掌握芳香族化合物亲电取代反应的定位规律；掌握酚类化合物的性质；掌握芳香族化合物磺化反应的特点；巩固水蒸气蒸馏等操作。

【反应式】

$$\text{间苯二酚} \xrightarrow{H_2SO_4} \text{4,6-二磺酸基间苯二酚} \xrightarrow{\text{混酸}} \text{2-硝基-4,6-二磺酸基间苯二酚} \xrightarrow{H^+/H_2O} \text{2-硝基-1,3-苯二酚}$$

【试剂】

2.8g(0.025mol) 间苯二酚，28g(15.3mL，0.28mol) 浓硫酸（$\rho=1.84g \cdot mL^{-1}$），2.8g(2mL，0.032mol) 浓硝酸（$\rho=1.42g \cdot mL^{-1}$），乙醇，尿素。

【实验操作】

1. 磺化反应

取 2.8g 细粉状间苯二酚(1) 于 250mL 烧杯中。在充分搅拌下，小心加入 12.5mL 浓硫酸，此时反应液发热，立即生成白色的磺化产物(2)，室温放置 15min，然后在冰水浴中冷至 0～10℃。

2. 硝化反应

取 2mL 浓硝酸于锥形瓶中，搅拌下加入 2.8mL 浓硫酸制成混合酸并置于冰浴中冷却。用滴管将冷却好的混合酸慢慢滴加到上述磺化后的反应物中，并不停搅拌，控制反应温度不超过 30℃，此时反应物呈黄色黏稠状（不应为棕色或紫色）。滴毕后，在室温放置 15min，然后小心加入 10mL 冰水稀释，保持反应温度不超过 50℃。

3. 脱磺酸基反应

将反应物转移至 50mL 三颈瓶中，加入约 0.1g 尿素(3)，进行水蒸气蒸馏，冷凝管壁和馏出液中有橘红色固体产生(4)，至冷凝管壁上无橘红色固体时，即可停止蒸馏。将馏出液在冰水浴中冷却后，减压抽滤，水洗。将粗产物用 50％乙醇（约需 5mL）重结晶，得橘红色片状结晶 1～1.5g，测定熔点。

纯 2-硝基-1,3-苯二酚的熔点为 84～85℃。

本实验约需 4h。

【注释】

(1) 间苯二酚需在研钵中研成粉状，否则磺化不完全。间苯二酚有腐蚀性，注意勿使接触皮肤。

(2) 如无白色磺化产物形成，可将反应物加热至 60～65℃。

(3) 加入尿素的目的是使多余的硝酸与尿素反应生成盐［$CO(NH_2)_2HNO_3$］，减少二氧化氮气体的污染。

(4) 可用调节冷凝水速度的方式避免产生的固体堵塞冷凝管。

【思考题】

1. 2-硝基-1,3-苯二酚能否用间苯二酚直接硝化来制备，为什么？
2. 本实验硝化反应温度为什么要控制在 30℃以下？温度偏高有什么不好？
3. 进行水蒸气蒸馏时为什么先要用冰水稀释？
4. 芳环的磺化反应在有机合成中有何用途？

实验 110　对氨基苯甲酸的制备[60]

对氨基苯甲酸（又称 PABA）是维生素 B_{10}（叶酸）的组成部分。细菌把 PABA 作为组分之一合成叶酸，磺胺药则具有抑制这种合成的作用。

对氨基苯甲酸的合成涉及 3 个反应：①把对甲苯胺用乙酸酐处理转变为相应的酰胺，形成的酰胺在所用氧化条件下是稳定的，此反应的目的是在下一步高锰酸钾氧化反应中保护氨基，避免氨基被氧化；②对甲基乙酰苯胺中的甲基被高锰酸钾氧化为相应的羧基（由于溶液中有氢氧根离子生成，故加入少量的硫酸镁作缓冲剂，使溶液碱性变得不致太强，以避免酰胺键发生水解）；③酰胺水解，除去起保护作用的乙酰基，此反应在稀酸溶液中很容易进行，同时还使上一步产生的羧酸盐转化成羧酸。

【实验目的】

掌握氨基的保护与脱保护的原理与方法；掌握芳环侧链的氧化反应；理解实验中缓冲剂的作用；巩固回流、抽滤、重结晶等操作。

【反应式】

$$p\text{-}CH_3C_6H_4NH_2 \xrightarrow[CH_3COONa]{(CH_3CO)_2O} p\text{-}CH_3C_6H_4NHCOCH_3 + CH_3COOH$$

$$p\text{-}CH_3C_6H_4NHCOCH_3 \xrightarrow{2KMnO_4} p\text{-}CH_3CONHC_6H_4COOK + MnO_2 + H_2O + KOH$$

$$p\text{-}CH_3CONHC_6H_4COOK \xrightarrow{H^+} p\text{-}CH_3CONHC_6H_4COOH \xrightarrow[H_2O]{H^+} p\text{-}NH_2C_6H_4COOH$$

【试剂】

对甲苯胺 3.8g（0.035mol），醋酸酐 4.4g（4mL，0.043mol），结晶醋酸钠（$CH_3CO_2Na \cdot 3H_2O$）6g，高锰酸钾 10.3g（0.065mol），硫酸镁晶体（$MgSO_4 \cdot 7H_2O$）10g（0.04mol），乙醇，盐酸，硫酸，氨水。

【实验操作】

1. 对甲基乙酰苯胺的制备

将 6g 三水合醋酸钠溶于 10mL 水中制成溶液，可温热促使固体溶解，备用。

依次将对甲苯胺 3.8g、水 90mL 和浓盐酸 4mL 置于 250mL 烧杯中，温热搅拌促使溶解。若溶液颜色较深，可加适量活性炭脱色。将此溶液加热至 50℃后，加入 4mL 醋酸酐，并立即加入预先配制好的醋酸钠水溶液。充分搅拌后，将混合物置于冰浴中冷却，析出对甲基乙酰苯胺白色固体。抽滤，用少量冷水洗涤，干燥后称量，得对甲基乙酰苯胺约 3.8g，测定熔点。纯对甲基乙酰苯胺的熔点为 154℃。

2. 对乙酰氨基苯甲酸的制备

将 10.3g 高锰酸钾溶于 35mL 沸水中，制成热溶液，备用。

取制得的对甲基乙酰苯胺（约 3.8g）、10g 七水合结晶硫酸镁和 170mL 水于 500mL 烧杯中，将混合物在水浴上加热到约 85℃。在充分搅拌下(1)，将热的高锰酸钾溶液在 30min 内分批加到对甲基乙酰苯胺的混合物中。加毕后，继续在 85℃搅拌反应 15min。混合物变成深棕色，趁热用两层滤纸抽滤，除去二氧化锰沉淀，并用少量热水洗涤二氧化锰。若滤液呈紫色，加入 2～3mL 乙醇，煮沸直至紫色消失，将滤液再用折叠滤纸过滤。

冷却滤液，用 20%硫酸酸化至溶液呈酸性，析出白色固体，抽滤，压干，得湿产品可直接进行下一步合成。若干燥，得对乙酰氨基苯甲酸 2～3g。熔点 250～252℃。

3. 对氨基苯甲酸的制备

将制得的乙酰氨基苯甲酸置于 250mL 圆底烧瓶中，加入盐酸，每克湿产物需 5mL 盐酸，加热回流 30min。待反应物冷却后，加入 15mL 冷水，并用 10%氨水中和，将反应液调至 pH4～5，使沉淀容易析出和析出完全，必要时用玻棒摩擦瓶壁或放入晶种引发结晶。抽滤、收集产物，干燥，计算产率，测定产物的熔点。纯对氨基苯甲酸的熔点为 186～187℃。

本实验约需 7h。

【注释】

(1) 要充分搅拌，以免氧化剂局部浓度过高破坏产物。

【思考题】

1. 在对甲苯胺的乙酰化反应中，加入醋酸钠的目的是什么？
2. 对甲基乙酰苯胺用高锰酸钾氧化时，为何要加入硫酸镁？

3. 在氧化步骤中，若滤液有色，需加入少量乙醇煮沸，发生了什么反应？

实验 111　盐酸苯海索的制备[79,96]

盐酸苯海索又名安坦，是一种中枢神经系统药物，具有抗震颤麻痹的作用，可恢复帕金森病患者脑内多巴胺和乙酰胆碱的平衡，改善患者的帕金森病症状，用于治疗帕金森病。但有一定副作用，如口干、恶心、呕吐、便秘、视物模糊等，长期应用可出现嗜睡、抑郁、记忆力下降、幻觉、意识混浊。盐酸苯海索结构式为：

$$\text{OH};\ \text{C}-CH_2CH_2-\text{N}\ \cdot \text{HCl}$$

【实验目的】

掌握曼尼希、格氏反应及其在有机合成中的应用；巩固无水、回流、重结晶等操作。

【反应式】

$$\text{COCH}_3 + (\text{CH}_2\text{O})_n + \text{NH}_2^+\text{Cl}^- \xrightarrow{\text{HCl}} \text{COCH}_2\text{CH}_2-\text{N}\ \cdot\text{HCl}$$

$$-\text{Cl} \xrightarrow[\text{Et}_2\text{O}]{\text{Mg,I}_2} -\text{MgCl} \xrightarrow[\text{Et}_2\text{O}]{\text{COCH}_2\text{CH}_2-\text{N}\ \cdot\text{HCl}}$$

$$\text{OMgCl};\ \text{CCH}_2\text{CH}_2-\text{N}\ \cdot\text{HCl} \xrightarrow{\text{H}^+,\text{H}_2\text{O}} \text{OH};\ \text{CCH}_2\text{CH}_2-\text{N}\ \cdot\text{HCl}$$

【试剂】

哌啶 5g（0.059mol），95％乙醇 50mL，苯乙酮 3.02g（0.025mol），多聚甲醛 1.3g（0.042mol），镁屑 0.68g（0.028mol），氯代环己烷 3.75g（0.032mol），碘，无水乙醚，浓盐酸。

【实验操作】

1. 哌啶盐酸盐的制备

在装有磁力搅拌器、恒压滴液漏斗、球形冷凝管（上端附尾气吸收装置）的 50mL 三颈瓶中(1)，加入 5g 哌啶和 10mL 的 95％乙醇。搅拌下缓慢滴加 5.2mL 浓盐酸，至反应液 pH 值为 2 左右。改为减压蒸馏装置，减压蒸去乙醇和水，至反应物呈糊状，停止蒸馏。冷却到室温后，抽滤，洗涤。滤饼于 60℃干燥，得白色哌啶盐酸盐结晶，熔点为 240℃。

2. *β*-哌啶苯丙酮盐酸盐的制备

在装有磁力搅拌器、恒压滴液漏斗和球形冷凝管的 250mL 三颈瓶中，依次加入苯乙酮 3.02g、95％乙醇 6mL、哌啶盐酸盐 3.03g、多聚甲醛 1.3g 和浓盐酸 0.08mL。搅匀后，加热至80～85℃，搅拌回流反应约 3h。反应结束后(2)，用冰水浴冷却，抽滤，滤饼用 95％乙醇洗涤2～3次，每次约 2mL，至洗出液呈近中性。滤饼于 60℃干燥至恒重，得白色鳞片状结晶。熔点为 195～199℃。

3. 盐酸苯海索的制备

在装有磁力搅拌器、恒压滴液漏斗和球形冷凝管（上端装氯化钙干燥管）的 50mL 三颈瓶中(3)，依次加入镁屑 0.68g、无水乙醚 5mL(4) 和一小粒碘。将 3.75g 氯代环己烷与 5mL 无水乙醚的混合液置于恒压滴液漏斗中，先滴入 8～10 滴，缓慢搅拌，勿将反应物搅至瓶壁上，缓慢加热（浴温度不超过 40℃）至微沸，碘的颜色逐渐褪去，反应物呈乳灰色浑浊状，此时表示反应开始。缓慢滴加剩余的氯代环己烷与无水乙醚的混合液，控制滴加速度，以维持正常回流为宜(5)。滴毕后，继续搅拌回流 30min，至镁屑全部消失。用冷水浴冷却反应瓶，搅拌下分 3 次加入制得的 β-哌啶苯丙酮盐酸盐。加毕后，再搅拌加热回流 2h。然后冰水浴冷却，控制温度在 15℃以下，将反应物极缓慢地加到盛有稀盐酸（4mL 浓盐酸和 11mL 水）的烧杯中(6)，继续冷却至 5℃以下，析出固体，抽滤，水洗涤至近中性，得粗品。

在装有球形冷凝管的 150mL 圆底烧瓶中，加入粗产品及 1.5 倍量的 95%乙醇，加热溶解。加粗品量的 2%～3%活性炭，回流 15min 脱色，趁热过滤。将滤液冷到 10℃以下，析出结晶。过滤，用少量乙醇洗涤，60℃干燥，得白色盐酸苯海索结晶，测熔点，称量，计算产率。

【注释】

(1) 制备哌啶盐酸盐的过程中，有氯化氢气体逸出，可用水吸收。应注意漏斗与水面保持一定空隙与空气相通。

(2) 制备 β-哌啶苯丙酮盐酸盐的反应结束时，反应液中不应有多聚甲醛颗粒存在。

(3) 格氏反应要求严格无水操作，反应所用的仪器应预先干燥，所用原料均预先干燥。

(4) 无水乙醚的干燥：于市售无水乙醚中用压钠机压入少量金属钠，静置一段时间后，不再有气泡产生，加塞备用。

(5) 使用无水乙醚时，实验环境严禁使用明火。

(6) 有机镁化合物遇水即分解放出大量的热，并有氢氧化镁沉淀析出，故应在冷却下慢慢加入到稀酸中，以免乙醚挥发逸出，并将氢氧化镁转变为可溶性的氯化镁，以便于处理。

【思考题】

1. 制备哌啶盐酸盐时，尾气为什么可用水来吸收？
2. 制备哌啶盐酸盐时，为何滴加浓盐酸至反应液 pH 值为 2 左右？
3. 何谓曼尼希反应？
4. 何谓格氏反应？实验中应注意哪些问题？
5. 中间体 β-哌啶苯丙酮盐酸盐不洗至中性，对后面的实验结果有何影响？
6. 为什么要将中间体 β-哌啶苯丙酮盐酸盐干燥至恒重？

实验 112　阿司匹林和阿司匹林铝的制备[60,102]

阿司匹林是 19 世纪末合成成功的，作为一个有效的解热止痛、治疗感冒的药物，至今仍广泛使用。它能抑制体温调节中枢的前列腺素合成酶，使前列腺素（pgel）合成、释放减少，从而恢复体温中枢的正常反应性，使外周血管扩张并排汗，使体温恢复正常。本品尚具抗炎、抗风湿作用，并促进人体内所合成的尿酸的排泄，对抗血小板的聚集。阿司匹林适用于解热，减轻中度疼痛如关节炎、神经痛、肌肉痛、头痛、偏头痛、痛经、牙痛、咽喉痛、感冒及流感症状。

阿司匹林临床应用极为广泛，但在大剂量口服时，对胃黏膜有刺激作用，甚至引起胃出血。为克服这一缺点，常做成盐、酯或酰胺。阿司匹林铝即是其中之一，它的疗效和阿司匹林相近，但对胃黏膜刺激性较小。阿司匹林铝化学名为羟基双乙酰水杨酸铝，为白色或类白色粉末，几乎不溶于水和有机溶剂，溶于氢氧化碱或碳酸盐水溶液中，同时分解。

【实验目的】

掌握酚酰化成酯的原理、方法及应用；巩固重结晶和熔点测定等操作；掌握酚羟基的检验方法；掌握异丙醇铝、阿司匹林羟基铝的制备方法；练习减压蒸馏操作。

【实验原理】

阿司匹林是由水杨酸（邻羟基苯甲酯）与醋酸酐进行酯化反应而得的。水杨酸是具有酚羟基和羧基双官能团的化合物，能进行两种不同的酯化反应。当与乙酸酐作用时，可以得到乙酰水杨酸，即阿司匹林；如与过量的甲醇反应，生成水杨酸甲酯（它是第一个作为冬青树的香味成分被发现的，因此通称为冬青油）。

乙酰水杨酸能与碳酸氢钠反应生成水溶性钠盐，而副产物聚合物不能溶于碳酸氢钠，这种性质上的差异可用于阿司匹林的纯化。

存在于最终产物中的杂质是水杨酸本身，这是由于乙酰化反应不完全或由于产物在分离步骤中发生水解造成的。它可以在各步纯化过程和产物的重结晶过程中被除去。与大多数酚类化合物一样，水杨酸可与氯化铁形成深色络合物；阿司匹林因酚羟基已被酰化，不再与氯化铁发生颜色反应，因此杂质很容易被检出。

阿司匹林与异丙醇铝作用，得到阿司匹林羟基铝。

$$o\text{-HOC}_6\text{H}_4\text{COOH} \xrightarrow[(\text{CH}_3\text{CO})_2\text{O}]{\text{H}^+} o\text{-CH}_3\text{COOC}_6\text{H}_4\text{COOH}$$

$$3\,(\text{H}_3\text{C})_2\text{CH—OH} + \text{Al} \xrightarrow{\text{HgCl}_2} \left((\text{H}_3\text{C})_2\text{CH—O}\right)_3\text{Al}$$

$$o\text{-CH}_3\text{COOC}_6\text{H}_4\text{COOH} + \left((\text{H}_3\text{C})_2\text{CH—O}\right)_3\text{Al} \xrightarrow{\text{H}_2\text{O}} (o\text{-CH}_3\text{COOC}_6\text{H}_4\text{COO})_2\text{Al(OH)}$$

副反应：

$$2\,o\text{-HOC}_6\text{H}_4\text{COOH} \xrightarrow{\text{H}^+} o\text{-HOC}_6\text{H}_4\text{COO—}C_6\text{H}_4\text{COOH-}o$$

$$o\text{-CH}_3\text{COOC}_6\text{H}_4\text{COOH} + o\text{-HOC}_6\text{H}_4\text{COOH} \xrightarrow{\text{H}^+} o\text{-CH}_3\text{COOC}_6\text{H}_4\text{COO—}C_6\text{H}_4\text{COOH-}o$$

在生成乙酰水杨酸的同时，水杨酸分子之间可以发生缩合反应，生成少量的聚合物：

$$o\text{-HOC}_6\text{H}_4\text{CO}_2\text{H} \xrightarrow{\text{H}^+} \left[\text{—O—C}_6\text{H}_4\text{—C(=O)—}\right]_n + \text{H}_2\text{O}$$

【试剂】

乙酸酐 5mL(53mmol)，水杨酸 2g(14mmol)，浓硫酸，饱和 $NaHCO_3$ 溶液，浓盐酸，乙醇，氯化铁，乙酸乙酯，0.3g 铝片，氯化汞，异丙醇，四氯化碳。

【实验操作】

1. 阿司匹林的制备

取 2g(14mmol) 水杨酸于 100mL 三颈瓶中，安装搅拌器、温度计和恒压滴液漏斗。搅拌下，自恒压滴液漏斗缓慢加入 5mL(53mmol) 乙酸酐，再滴加 3 滴浓硫酸。加热（温度约 70℃）5～10min 后，冷至室温，即有乙酰水杨酸析出。若无晶体析出，可用玻璃棒摩擦瓶壁促使其结晶。晶体析出后，再慢慢加入 50mL 水，在冰水中冷却，使晶体析出完全。抽滤，用少许水洗涤晶体，压干滤饼。

将阿司匹林粗品转移至锥形瓶中，加入 25mL 饱和 $NaHCO_3$ 溶液，搅拌，直至无 CO_2 气泡产生，抽滤，用少量水洗涤，将洗涤液与滤液合并，弃去滤渣。

先取 5mL 浓盐酸于烧杯中，加入 10mL 水，配成盐酸溶液。再将上述滤液倒入烧杯中，阿司匹林沉淀析出，冰水冷却令结晶析出完全。抽滤，冷水洗涤，压干滤饼，干燥，称量，得阿司匹林约 1.5g，熔点 133～135℃。

2. 水杨酸限量检查

称取阿司匹林 0.100g，加乙醇 1mL 溶解后，加冷水适量使成 50mL，立即加氯化铁（或新制的稀硫酸铁铵）溶液 1mL，摇匀；30s 内如显色与对照液比较，不得更深（其限量为 0.1%）。

若产品不合格，可采用重结晶法进行精制。重结晶的方法较多，如用干燥苯、乙酸乙酯、乙醇（1∶1）、汽油（40～60℃）等进行重结晶。例如：将上述结晶的一半溶于最少量的乙酸乙酯中（需 2～3mL），溶解时应在水浴上小心地加热。如有不溶物出现，可用预热过的玻璃漏斗趁热过滤。将滤液冷至室温，阿司匹林晶体析出。如不析出结晶，可在水浴上稍加浓缩，并将溶液置于冰水中冷却，或用玻棒摩擦瓶壁，抽滤收集产物，干燥后测熔点。如果采用乙醇和水进行重结晶，溶液应避免加热过久，否则产品将有部分分解。

3. 阿司匹林的鉴定

(1) 外观及熔点　纯乙酰水杨酸为白色针状或片状晶体，熔点 135～136℃，但由于它受热易分解，因此熔点难测准。

(2) 红外光谱、质谱　将合成的乙酰水杨酸做红外光谱、质谱图，并与标准谱图对比。

4. 异丙醇铝的制备

称取 0.3g 铝片(1)，剪细，置于 25mL 圆底烧瓶中。加入少许氯化汞(2)和异丙醇 4mL，装好回流冷凝管及干燥管，加热至沸腾，从冷凝管上口加入四氯化碳 2 滴。维持加热温度 120℃左右，加热回流至铝片全部消失（约 1.5h），溶液呈黑灰色。改为减压蒸馏装置，先用水泵减压回收异丙醇，然后用油泵减压蒸出异丙醇铝（142～150℃/25mmHg），得透明油状物或白色蜡状物，称量、计算收率。

5. 阿司匹林羟基铝的制备

称取异丙醇铝 1.2g 于 25mL 三颈瓶中，加异丙醇 2.5mL，开启搅拌，加热至 45℃，溶液呈乳白色浑浊。搅拌下加入阿司匹林 2g。几分钟后溶液呈透明，控制反应温度55～57℃（不要超过 60℃），搅拌反应 30min，冷却至 30℃，搅拌下加入 7mL 异丙醇和水的混合液（由 6.5mL 异丙醇和 0.5mL 水混合而成）(3)，形成大量白色沉淀，再于 30℃下搅拌 30min 后，抽滤，用 3mL 异丙醇洗涤，干燥得白色粉末状产品。称量，计算收率。

本实验约需 6h。

【注释】

(1) 铝片应剪成细丝，要剪成细长状，长短均匀。

(2) 加入的氯化汞以直径为1mm大小的颗粒为宜，颗粒过大反应则慢。

(3) 加入异丙醇和水的混合液进行水解反应时，由于阿司匹林分子中的乙酰氧基和铝原子呈络合状态，在本实验条件下，乙酰基不会水解下来。

【注意事项】

1. 由于乙酸酐易水解，所以所用仪器必须干燥。醋酐要使用新蒸馏的，收集139～140℃的馏分。

2. 由于分子内氢键的作用，水杨酸和乙酸酐需在150～160℃才能生成乙酰水杨酸。加入酸的目的主要是破坏氢键，使反应在较低的温度下就可以进行，而且大大减少副产物，因此实验中要注意控制温度。

3. 乙酰水杨酸受热易分解（分解温度为126～135℃），因此烘干、重结晶、熔点的测定均不宜时间过长。

【思考题】

1. 为什么使用新蒸馏的乙酸酐？
2. 加入浓硫酸的目的是什么？
3. 为什么控制反应温度在70℃左右？
4. 乙酰水杨酸重结晶时需要注意什么？
5. 测定乙酰水杨酸的熔点时应注意些什么？
6. 本实验是否可以使用乙酸来代替乙酸酐？
7. 酚羟基的酰化试剂有哪些？

实验113 4-苯基-2-丁酮和亚硫酸氢钠加成物的制备[60]

4-苯基-2-丁酮存在于烈香杜鹃的挥发油中，具有止咳、祛痰的作用。作为治疗剂，它通常被制成亚硫酸钾或亚硫酸氢钠的加成物，便于服用和存放，同时不影响药效。本实验将4-苯基-2-丁酮制成亚硫酸氢钠的加成物。

【实验目的】

掌握4-苯基-2-丁酮的制备原理和方法；掌握乙酰乙酸乙酯合成法和在有机合成中的应用；掌握羰基化合物的性质；巩固回流、蒸馏、干燥等操作。

【实验原理】

乙酰乙酸乙酯的钠化物在醇溶液中可与卤代烷发生亲核取代，生成一烷基或二烷基取代物。

$$CH_3COCH_2CO_2C_2H_5 \xrightarrow[C_2H_5OH]{C_2H_5ONa} Na^+[CH_3COCHCO_2C_2H_5]^- \xrightarrow{RX}$$

$$\underset{\displaystyle R}{CH_3CO\overset{}{C}HCO_2C_2H_5} \xrightarrow[C_2H_5OH]{C_2H_5ONa;\ R'X} CH_3CO\overset{\displaystyle R'}{\underset{\displaystyle R}{C}}CO_2C_2H_5$$

取代乙酰乙酸乙酯可以发生成酮水解和成酸水解。经冷的稀碱溶液处理，酸化后加热脱羧，发生成酮水解，用来合成取代丙酮（CH_3COCH_2R 或 CH_3COCHR_2）。如与浓碱在醇溶液中加热，酸化，发生成酸水解，生成取代乙酸。由于用丙二酸酯可以得到更高产率的取代乙酸，乙酰乙酸乙酯的成酸水解在合成中很少应用。

$$H_3CCO-\underset{R}{\overset{H}{C}}-CO_2C_2H_5 \xrightarrow[H_2O]{OH^-} CH_3CO\underset{R}{C}HCO_2^- \xrightarrow[2)\triangle,-CO_2]{1)H_3^+O} CH_3COCH_2R$$

$$H_3CCO-\underset{R}{\overset{H}{C}}-CO_2C_2H_5 \xrightarrow[2)H_3^+O]{1)KOH,EtOH,\triangle} RCH_2CO_2H+CH_3CO_2H$$

反应：

$$CH_3COCH_2CO_2C_2H_5 \xrightarrow[C_2H_5OH]{C_2H_5ONa} Na^+[CH_3COCHCO_2C_2H_5]^- \xrightarrow{PhCH_2Cl}$$

$$CH_3CO\underset{CH_2Ph}{C}HCO_2C_2H_5 \xrightarrow[H_2O]{NaOH} \xrightarrow[-CO_2]{HCl} CH_3COCH_2CH_2Ph \xrightarrow[H_2O]{Na_2S_2O_5} CH_3\underset{SO_3Na}{\overset{OH}{C}}CH_2Ph$$

【试剂】

0.9g(0.04mol) 金属钠，5.1g(5mL，0.04mol) 乙酰乙酸乙酯，5.5g(5mL，0.043mol) 氯化苄，12mL 无水乙醇，3.2g(0.017mol) 焦亚硫酸钠，氢氧化钠，盐酸，95%乙醇。

【实验操作】

1. 4-苯基-2-丁酮的制备

取 12mL 无水乙醇(1) 于 50mL 干燥的三颈瓶中，安装搅拌器、回流冷凝管（冷凝管上口装氯化钙干燥管）和恒压滴液漏斗。分批向瓶内加入 0.9g 切成小片的金属钠(2)，加入速度以维持溶液微沸为宜。待金属钠全部作用完后，开动搅拌，在室温下，自恒压滴液漏斗滴加 5mL 乙酰乙酸乙酯(3)。加毕后继续搅拌 10min。再缓慢滴加 5mL 氯化苄，约 10min 加完，有大量白色沉淀生成。将三颈瓶加热回流 1.5h，反应物呈米黄色乳状液。停止加热，稍冷后缓慢滴加由 2g 氢氧化钠和 15mL 水配成的溶液，约 10min 加完，溶液由米黄色变为橙黄色，呈强碱性。加热回流 2h，有油层析出，水层 pH 值为 8～9。停止加热，冷却至 40℃以下，缓慢加入约 5mL 浓盐酸进行酸化，至 pH 值为 1～2，约 10min 加完(4)。将溶液加热回流 1h 进行脱羧反应，至无 CO_2 气泡逸出为止。

稍冷后，改为蒸馏装置，加热，先将低沸点物蒸出，馏出液体积为 15～20mL。冷却后将反应物转入分液漏斗中，分出红棕色有机相（粗油）约 4～5g，即为 4-苯基-2-丁酮和副产物（主要是苄基取代物及未水解的产物）(5)，含量 70%～75%，粗油无需提纯即可供制备亚硫酸氢钠加成物之用。

纯 4-苯基-2-丁酮为无色透明液体，沸点为 233～234℃[96～102℃/1.07～1.2kPa(8～9mmHg)]，折射率 n_D^{20} 为 1.5110。

2. 亚硫酸氢钠加成物的制备

将上述粗油转移至 50mL 锥形瓶中，加入 15mL 95%乙醇，制成乙醇溶液，加热至 60℃，备用。

取 3.2g 焦亚硫酸钠和 14mL 水于三颈瓶中，安装搅拌器、回流冷凝管和温度计，加热至约 80℃，搅拌使固体溶解。在搅拌下，将粗油的乙醇溶液自冷凝管顶端慢慢加到三颈瓶中。加毕后，加热回流 15min，得到透明溶液。冷却让其结晶，抽滤，并用少量乙醇洗涤，得白色片状结晶，即为 4-苯基-2-丁酮亚硫酸氢钠加成物。进一步提纯可用 70%乙醇重结晶，干燥后得加成物纯品 1.5～2g。

本实验约需 10h。

【注释】

(1) 第一步制备操作要求仪器干燥，并使用绝对乙醇，乙醇中所含少量的水会明显降低产率。

(2) 待加入的钠应置于干燥的锥形瓶中并塞紧瓶口。

(3) 乙酰乙酸乙酯储存时间过长会出现部分分解，用时须经减压蒸馏纯化。

(4) 滴加速度不宜太快，以防止酸分解时逸出大量二氧化碳而冲料。

(5) 如需制备纯的 4-苯基-2-丁酮，可在脱羧反应后，将溶液冷至室温，用稀氢氧化钠溶液调节至中性。用乙醚萃取（15mL×3），合并醚萃取液，经水洗后用无水氯化钙干燥。滤除干燥剂后，加热蒸去乙醚后，减压蒸馏，收集 95～102℃/1.07～1.2kPa(8～9mmHg)馏分。

【思考题】

1. 乙酰乙酸乙酯在合成上有何用途？取代乙酰乙酸乙酯与稀碱和浓碱作用将分别得到何产物？

2. 如何利用乙酰乙酸乙酯合成下列化合物？

① 2-庚酮　　② 4-甲基-2-己酮

③ 苯甲酰乙酸乙酯　　④ 2,6-庚二酮

3. 哪些化合物可以和亚硫酸氢钠发生加成反应？

4. 醛酮与亚硫酸氢钠的加成反应有何用途？

实验 114　香豆素-3-羧酸的制备[60]

香豆素又名 1,2-苯并吡喃酮，为白色斜方晶体或结晶粉末，存在于许多天然植物中。早在 1820 年就从香豆的种子中发现了香豆素。香豆素也存在于薰衣草、桂皮的精油中。香豆素为香辣型，表现为甜而有香茅草的香气，是重要的香料，常用作定香剂，用于配制香水、花露水香精。香豆素的衍生物除用作香料外，还可用作农药、杀鼠剂、医药等。

由于天然植物中香豆素含量很少，主要通过合成得到。1868 年，Perkin 用邻羟基苯甲醛（水杨醛）与醋酸酐、醋酸钠一起加热制得，称为 Perkin 合成法。水杨醛和醋酸酐首先在碱性条件下缩合，经酸化后生成邻羟基肉桂酸，在酸性条件下闭环成香豆素。

$$\text{(o-HOC}_6\text{H}_4\text{CHO)} + (CH_3CO)_2O \xrightarrow{CH_3CO_2K} \text{o-HOC}_6\text{H}_4\text{—CH=CH—CO}_2\text{K} \xrightarrow{H_3\overset{+}{O}} \text{(顺式 o-HOC}_6\text{H}_4\text{CH=CHCOOH)} + \text{(反式 o-HOC}_6\text{H}_4\text{CH=CHCOOH)} \longrightarrow \text{香豆素}$$

水杨醛和丙二酸酯在有机碱的催化下，可在较低的温度下合成香豆素的衍生物。这种合成方法称为 Knovengel 反应。水杨醛与丙二酸酯在六氢吡啶催化下，缩合生成中间体香豆素-3-甲酸乙酯。后者加碱水解，使酯基和内酯同时被水解，然后酸化再次闭环内酯化即生成香豆素-3-羧酸。

【实验目的】

掌握 Perkin 反应和 Knovengel 反应的原理与应用；掌握丙二酸酯合成法与应用；巩固回流、重结晶等操作。

【反应式】

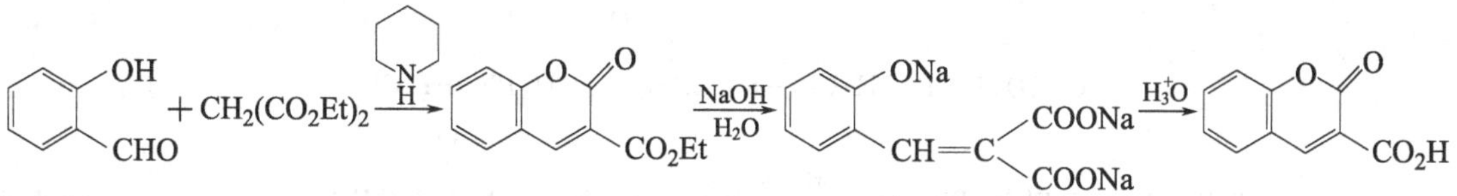

水杨醛（邻羟基苯甲醛）$+ CH_2(CO_2Et)_2 \xrightarrow{\text{六氢吡啶}}$ 香豆素-3-甲酸乙酯（3-CO_2Et）$\xrightarrow[H_2O]{NaOH}$ 邻-ONa-C_6H_4-$CH{=}C(COONa)_2$ $\xrightarrow{H_3^+O}$ 香豆素-3-羧酸（3-CO_2H）

【试剂】

2.5g(2.1mL，0.007mol) 水杨醛，3.6g(3.4mL，0.023mol) 丙二酸二乙酯，无水乙醇，六氢吡啶，冰醋酸，95%乙醇，氢氧化钠，浓盐酸，无水氯化钙。

【实验操作】

1. 香豆素-3-甲酸乙酯

取 2.1mL 水杨醛、3.4mL 丙二酸二乙酯、12mL 无水乙醇、0.3mL 六氢吡啶、2 滴冰醋酸和几粒沸石于干燥的 50mL 圆底烧瓶中。装置回流冷凝管，冷凝管上端接氯化钙干燥管。加热回流 2h。稍冷后，加入 15mL 水，置于冰浴中冷却。待结晶完全后，过滤，晶体每次用 2～3mL 冰冷过的 50%乙醇洗涤 2～3 次。粗产物为白色晶体，干燥，得粗品 3～4g，熔点 92～93℃。香豆素-3-甲酸乙酯粗品可用 25%的乙醇水溶液重结晶，熔点 93℃。

2. 香豆素-3-羧酸

在 50mL 圆底烧瓶中，加入 2g 香豆素-3-甲酸乙酯、1.5g 氢氧化钠、10mL 95%乙醇、5mL 水和几粒沸石。安装回流冷凝管，缓慢加热至酯溶解后，再继续回流 15min。停止加热，稍冷后，在搅拌下，将反应混合物加到盛有 5mL 浓盐酸和 25mL 水的烧杯中，立即有大量白色结晶析出。在冰浴中冷却，使结晶完全。抽滤，用少量冰水洗涤，压干，干燥，称量，约 1.5g，熔点 188℃。可用水重结晶。纯香豆素-3-羧酸的熔点为 190℃(分解)。

本实验约需 7h。

【思考题】

1. 写出利用 Knovengel 反应制备香豆素-3-羧酸的反应机理。反应中加入醋酸的目的是什么？
2. 如何利用香豆素-3-羧酸制备香豆素？

实验 115　(*E*)-1,2-二苯乙烯的制备[60]

醛酮与 Ylide 试剂作用生成烯烃的反应，称为 Wittig 反应。

$$R_2CHX \xrightarrow{Ph_3P} R_2CHP^+Ph_3X^- \xrightarrow{n\text{-}C_4H_9Li} R_2C^- {-}P^+Ph_3 \xrightarrow{R_2CO} R_2C{=}CR_2$$

在 Wittig 反应中，Ylide 中带负电的碳进攻羰基碳，生成不稳定的环状化合物，后者迅速分解成烯烃和氧化三苯膦。

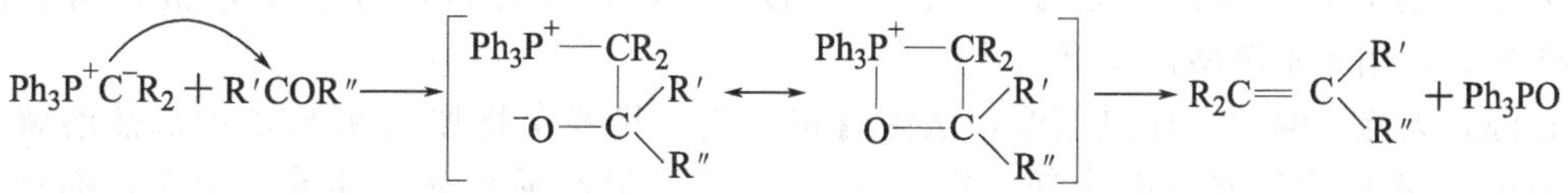

$$Ph_3\overset{+}{P}\overset{-}{C}R_2 + R'COR'' \longrightarrow \left[\begin{matrix} Ph_3\overset{+}{P}{-}CR_2 \\ | \quad\ \ | \\ {}^{-}O{-}C(R')(R'') \end{matrix} \longleftrightarrow \begin{matrix} Ph_3\overset{+}{P}{-}CR_2 \\ | \quad\ \ | \\ O{-}C(R')(R'') \end{matrix}\right] \longrightarrow R_2C{=}C(R')(R'') + Ph_3PO$$

Wittig 反应是在分子内导入烯键的重要方法，可以用来合成一些用其他方法难以得到的烯烃。具有反应条件温和，产率高，并且不产生烯烃异构体的特点，可以用来合成一些对酸敏感的烯烃和共轭烯烃。

一个改进的 Wittig 反应是由亚磷酸酯与活泼的卤代烃（如苄氯）反应，生成苄基膦酸酯，后者在碱存在下，产生类似 Ylide 的碳负离子，与羰基化合物反应。

$$(EtO)_3P + PhCH_2Cl \longrightarrow (EtO)_2\overset{O}{\overset{\|}{P}}—CH_2Ph + EtCl$$

$$(EtO)_2\overset{O}{\overset{\|}{P}}—CH_2Ph + PhCHO \xrightarrow{EtONa} PhCH{=}CHPh + NaO\overset{O}{\overset{\|}{P}}(OEt)_2$$

α-卤代酸酯也可与亚磷酸酯发生类似的反应，这是一个改良 Wittig 反应重要的合成中间体，通过改良的 Wittig 反应制备单和双取代丙烯酸酯是比 Reformatsky 反应更好的合成方法。

$$(EtO)_3P + BrCH_2CO_2Et \longrightarrow (EtO)_2\overset{O}{\overset{\|}{P}}—CH_2CO_2Et \xrightarrow{NaH}$$

$$(EtO)_2\overset{O}{\overset{\|}{P}}—\overset{-}{C}HCHO_2Et \xrightarrow{R_2CO} R_2C{=}CHCO_2Et + (EtO)_2\overset{O}{\overset{\|}{P}}ONa$$

【实验目的】

掌握烯烃的制备方法；掌握 Wittig 反应与应用；掌握季鏻盐的制备方法；巩固蒸馏、萃取、重结晶等操作。

【实验原理】

通过苄氯与三苯基膦作用生成氯化苄基三苯基鏻，再在碱存在下与苯甲醛作用，制备1,2-二苯乙烯。后一步是两相反应，通过季鏻盐和 Ylide 鏻盐起相转移催化剂的作用，使反应顺利进行。具有操作简便、反应时间短等优点。

$$Ph_3P + ClCH_2C_6H_5 \longrightarrow Ph_3P^+CH_2C_6H_5Cl^- \xrightarrow{NaOH} Ph_3P{=}CHPh \xrightarrow{PhCHO} PhCH{=}CHPh + Ph_3PO$$

【试剂】

苄氯[1] 3g(2.8mL，0.024mol)，三苯基膦[2] 6.2g(0.024mol)，苯甲醛 1.6g(1.5mL，0.015mol)，氯仿，乙醚，二氯甲烷，50%氢氧化钠，95%乙醇。

【实验操作】

1. 氯化苄基三苯基鏻的制备

在 50mL 圆底烧瓶中，加入 3g 苄氯、6.2g 三苯基膦和 20mL 氯仿，安装带有干燥管的回流冷凝管。搅拌，加热回流 2～3h。待反应完成后，改为蒸馏装置，蒸出氯仿并回收。向烧瓶中加入 5mL 二甲苯，充分摇振混合，真空抽滤，用少量二甲苯洗涤结晶，于 110℃烘箱中干燥 1h，得 7g 季鏻盐。产品为无色晶体，熔点 310～312℃，贮于干燥器中备用。

2. (*E*)-1,2-二苯乙烯的制备

称取 5.8g 氯化苄基三苯基鏻、1.6g 苯甲醛[3] 和 10mL 二氯甲烷于 50mL 圆底烧瓶中，安装回流冷凝管。在充分搅拌下，自冷凝管顶部滴入 7.5mL 50%氢氧化钠水溶液，约 15min 加完，继续搅拌 0.5h。将反应混合物转入分液漏斗中，加入 10mL 水和 10mL 乙醚，摇振后分出有机层，水层用乙醚萃取（10mL×2），合并有机层和醚萃取液，用水洗涤(10mL×3)，用无水硫酸镁干燥。

过滤，去除干燥剂。加热蒸馏，蒸除有机溶剂。将残余物加入 95%乙醇加热溶解（约需 10min），然后置于冰浴中冷却，析出 (*E*)-1,2-二苯乙烯结晶。抽滤，干燥，称量。得 (*E*)-1,2-二苯乙烯约 1g，熔点 123～124℃。进一步纯化可用甲醇-水重结晶。

纯（*E*)-1,2-二苯乙烯的熔点为124℃。

本实验约需8h。

【注释】

（1）苄氯蒸气对眼睛有强烈的刺激作用，转移时切勿滴于瓶外，量取与使用应在通风橱内进行。

（2）有机膦化合物通常是有毒的，与皮肤接触后应立即用肥皂擦洗。

（3）用2g(0.015mol）肉桂醛代替苯甲醛，可得到1,4-二苯基-1,3-丁二烯，产量1g，熔点150～151℃。

【思考题】

1. 三苯亚甲基膦与水起反应，三苯亚苄基膦则在水存在下与苯甲醛反应，并生成烯烃，试比较二者的亲核活性并从结构上加以说明。

2. 以肉桂醛代替苯甲醛，可得到1,4-二苯基-1,3-丁二烯，试设计该反应的实验方案。

实验116　2-乙酰基环己酮的制备[60]

烯胺为醛酮与仲胺反应生成的化合物。将烯胺应用于醛酮的烷基化和酰基化，可以避免多元取代和醛酮在强碱存在下自身缩合反应的发生，从而为非活化羰基化合物的烷基化和酰基化找到了一条新途径。由于双键与氮原子的孤对电子共轭，烯胺α-碳原子具有亲核性，可以与卤代烷、酰氯等发生亲核取代反应，也可以与不饱和羰基化合物发生Micheal加成。因此，烯胺是有机合成的一个重要中间体。反应结束后，进行水解即可得到产物。

烯胺可通过仲胺和醛酮在酸性催化剂存在下进行制备，利用恒沸带水的方法使可逆反应趋于完全。常用的仲胺有吗啉、六氢吡啶和四氢吡咯等环状的仲胺。催化剂可以是对甲苯磺酸，也可以是强脱水性的四氯化钛等。

【实验目的】

掌握烯胺的制备方法；掌握通过烯胺对酮进行烷基化和酰基化的反应机理；巩固减压蒸馏等操作。

【反应式】

O + NH $\xrightarrow{p\text{-}CH_3C_6H_4SO_3H}$ N + H_2O

$\xrightarrow{CH_3COCl}$ O CH3 $\xrightarrow{H_2O/H^+}$ O O CH_3 + $\overset{+}{N}H_2Cl^-$

O O ⇌ O H O

【试剂】

7.5g（7.5mL，0.075mol）环己酮，7.5g（8.7mL，0.088mol）六氢吡啶，4.5g

(4.1mL，0.058mol) 乙酰氯（新蒸)，0.1g 对甲苯磺酸，5mL 三乙胺，甲苯，氯仿，浓盐酸，无水硫酸钠。

【实验操作】

1. *N*-(1-环己烯基) 六氢吡啶的制备

取 7.5mL 环己酮、8.7mL 六氢吡啶、0.1g 对甲苯磺酸和 20mL 甲苯于装有分水器和冷凝管的 50mL 圆底烧瓶中，搅拌加热回流反应 3h(生成的水与甲苯共沸混合物经冷凝后在分水器中分层，上层甲苯不断流回反应瓶)。待分出接近理论量的水时，停止加热。

将反应物转入克氏蒸馏瓶中，先在常压下蒸出甲苯和未反应的六氢吡啶，再将剩余物进行减压蒸馏，收集 118～120℃/1.33kPa(10mmHg) 或 94～96℃/1.07kPa(8mmHg) 馏分，称量，得 *N*-(1-环己烯基) 六氢吡啶约 7.5g。

2. 2-乙酰基环己酮的制备

取 3.2g(0.019mol) 制得的 *N*-(1-环己烯基) 六氢吡啶、2.5mL 三乙胺和 20mL 氯仿于装有搅拌器、冷凝管、干燥管和恒压滴液漏斗的 50mL 三口瓶中。在搅拌下，由滴液漏斗缓慢滴加乙酰氯的氯仿溶液 (2.1mL 乙酰氯溶于 10mL 氯仿)，约 15min 滴完。滴毕后，加热回流 1h。待反应混合物冷至室温后，搅拌下加入由 5mL 浓盐酸和 5mL 水组成的溶液。继续回流 1h，使乙酰化后的烯胺水解。

将反应混合物冷至室温后，转入分液漏斗中。分出有机层，用水洗涤 (15mL×2)。用无水硫酸钠干燥过夜。过滤除去干燥剂，加热，先在常压下蒸出氯仿 (倒入指定回收瓶)，再将粗产物转入 25mL 蒸馏瓶中，进行减压蒸馏，收集 107～114℃/1.9kPa(14mmHg) 馏分，得 2-乙酰基环己酮约 1.5g。

本实验约需 12h。

【思考题】

1. 写出 2-甲基环己酮与四氢吡咯作用得到的烯胺的结构。

2. 为什么制备烯胺时，常用环状的仲胺，而很少用链状的仲胺？

3. 在酰化反应操作中，加入三乙胺的目的是什么？

4. 由 2-乙酰基环己酮的 ^{1}H NMR 谱表明，烯醇质子的积分高度为 6mm($\delta=7.7$)，其余所有质子的积分高度为 92mm($\delta=1.5\sim2.8$)，根据这些数据计算出 2-乙酰基环己酮烯醇式和酮式的含量。

实验 117　Aza-BODIPY 荧光染料的制备[93]

荧光探针由于其灵敏度高、选择性好，获得的信息直观、准确，能精确表达、解释复杂样品的结构、分布、含量及生理功能等诸多问题。荧光探针在光化学传感器、免疫标记、体外显像、荧光标记、荧光分析、数据存储、光电导体和电致发光等方面具有广泛的应用。荧光探针具有以下特征：

(1) 荧光量子产率较高，大于 0.5；

(2) 最大紫外吸收波长和荧光发射波长较长，不小于 500nm，若吸收波长低于 500nm 会受到体内共轭分子（如嘌呤、嘧啶、各种氨基酸和蛋白质分子）的影响而降低灵敏度；

(3) 具有较高的稳定性；

(4) 具有较好的细胞穿透能力和胞内溶解能力；

(5) 对生物体没有或者仅有极小的毒害。

目前使用较多的荧光探针有噻嗪、噁嗪类，荧光素类，罗丹明类，花菁类，菁类和氟硼荧类，芘类，香豆素类，萘酰亚胺类等分子。

氟硼荧（BODIPY）荧光探针分子中，吡咯环之间通过硼桥键和甲川桥键被固定在一个平面上，具有刚性平面结构。该类探针分子大多具有以下优点：

（1）较高的刚性，较窄的荧光发射光谱；

（2）较高的摩尔消光系数，吸光效率高；

（3）较高的荧光量子产率、荧光光谱半峰宽窄；

（4）较好的光物理化学稳定性，受环境、溶液pH值影响较小；

（5）分子结构中存在多个修饰位点。

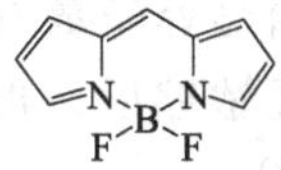

BODIPY骨架的结构

BODIPY荧光探针的合成方法主要有：吡咯与酰氯或酸酐缩合，吡咯与芳香醛缩合再氧化，吡咯醛自身缩合，吡咯醛与吡咯缩合，亚硝基吡咯与吡咯缩合，α,β-不饱和酮硝化、成环再缩合等。

大多数BODIPY类染料分子的吸收和发射波长在小于600nm的可见区域，缺少真正意义上的近红外BODIPY衍生物；且缺乏足够的水溶性。为此，目前研究主要集中在以下两个方面：①对BODIPY结构进行修饰衍生，改善光物理化学性能，实现长波近红外吸收发射或与现有商品化激光光源相匹配，从而获得最大荧光强度，降低背景干扰；②根据光诱导电子转移、分子内电荷转移、荧光能量转移等原理设计BODIPY荧光探针分子。

【实验目的】

了解荧光染料分子的结构与用途；了解BODIPY荧光染料分子的合成方法；掌握BODIPY荧光染料分子的骨架结构；掌握吡咯环的合成方法；掌握柱色谱纯化操作技术；巩固回流、TLC跟踪、减压浓缩等操作。

【实验原理】

1-苯基-3-芳基-4-硝基丁酮与醋酸铵反应得到氮杂四芳基吡咯，再与三氟化硼发生络合得到氮杂氟硼荧（Aza-BODIPY）。

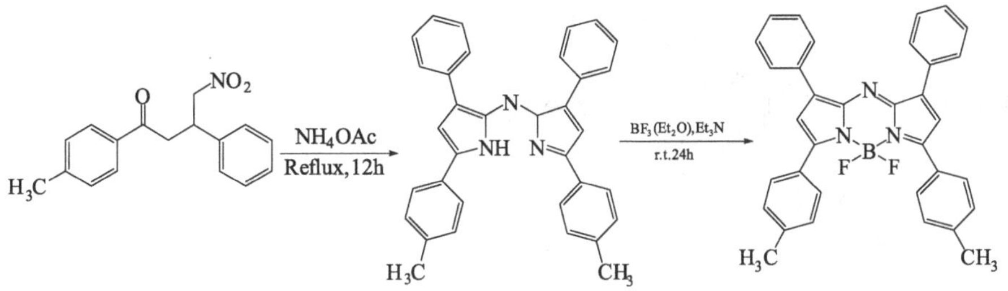

【试剂】

1-苯基-3-芳基-4-硝基丁酮，无水乙醇，醋酸铵，二氯甲烷（干燥），三乙胺（新蒸），三氟化硼-乙醚，氯化钠，无水硫酸镁。

【实验操作】

1.（*N*-3,5-二芳基亚吡咯-2-基）-3,5-二芳基吡咯-2-胺

称取1.42g(5mmol) 1-苯基-3-芳基-4-硝基丁酮置于50mL烧瓶中，用25mL无水乙醇溶解，再加入醋酸铵固体（13.5g，175mmol），磁力搅拌下加热回流，TLC跟踪，约12h

后反应完全，停止加热。待溶液冷却到室温，减压浓缩到原来体积的1/4，过滤得到褐色固体，再经过无水乙醇重结晶得到0.48g蓝色固体产物（*N*-3,5-二芳基亚吡咯-2-基）-3,5-二芳基吡咯-2-胺[1]。

（*N*-3,5-二芳基亚吡咯-2-基）-3,5-二芳基吡咯-2-胺的熔点为249～250℃。

2.（*N*-3,5-二芳基亚吡咯-2-基）-3,5-二芳基吡咯-2-胺与三氟化硼的络合

称取0.48g（1mmol）（*N*-3,5-二芳基亚吡咯-2-基）-3,5-二芳基吡咯-2-胺于100mL的三口烧瓶中，磁力搅拌下，用30mL干燥的二氯甲烷溶解，冰水浴冷却。在0～5℃下，将含有1.11g新蒸三乙胺（11mmol）的5mL干燥的二氯甲烷溶液滴加到上述溶液中，再逐滴缓慢加入含有三氟化硼-乙醚（2.22g，15.6mmol）与5mL干燥二氯甲烷的溶液，滴加完毕，移至室温搅拌24h，整个反应体系始终处于氮气保护中。待反应结束，混合溶液经水、饱和氯化钠洗涤，无水硫酸镁干燥，减压浓缩后，再经过柱色谱纯化，用无水乙醇重结晶得到0.45g红棕色固体产物Aza-BODIPY[2]。

产率85%，熔点217～218℃。

【注释】

(1)（*N*-3,5-二芳基亚吡咯-2-基）-3,5-二芳基吡咯-2-胺的表征数据：^{1}H NMR（$CDCl_3$，500MHz）δ：8.08（d，*J*=7.36 Hz，4H），7.86（d，*J*=7.36 Hz，4H），7.44（d，*J*=7.40 Hz，4H），7.40～7.42（m，6H），7.18（s，2H），2.47（s，6H）；FT-IR（KBr）ν：1501 cm^{-1}；EI-MS（70 eV）*m/z*：477（M^+，100），400（11），205（15）．Anal. calcd for $C_{34}H_{27}N_3$：C 85.50，H 5.70，N 8.80；found C 85.32，H 5.66，N 8.74。

(2) Aza-BODIPY的表征数据：m.p.（熔点）217～218℃；^{1}HNMR（$CDCl_3$，500MHz）δ：8.08（d，*J*=6.91 Hz，4H），7.99（d，*J*=8.23 Hz，4H），7.47～7.48（m，6H），7.32（d，*J*=8.13 Hz，4H），7.06（s，2H），2.44（s，6H）；^{13}C NMR（$CDCl_3$，125 MHz）δ：159.25，145.50，143.73，141.53，132.43，129.69，129.65，129.44，128.34，128.86，128.58，118.94，21.64；FT-IR（KBr）ν：1504cm^{-1}；EI-MS（70 eV）*m/z*：525（M^+，100），497（31），189（24），77（8）．Anal. calcd for $C_{34}H_{26}BF_2N_3$：C 77.72，H 4.99，N 8.00；found C 77.67，H 4.96，N 7.96。

【思考题】

设计化合物（结构式）的合成路线。

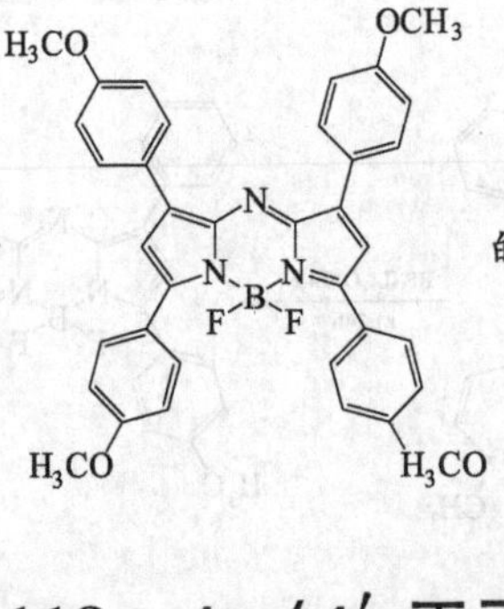

实验118　4-（4′-正丁基环己基）苯甲酸戊基苯酚酯的制备[103]

液晶显示器以其体积小、重量最轻、功耗最小、电压极低以及平板薄型、易集成等优点成为21世纪平板显示开发的热点。液晶材料一般需要具备以下条件：

① 无色，对热、光、电、化学等稳定性好；

② 清亮点高，相变温度范围宽；

③ 黏度低，响应速度快；

④ 双折射率与显示方式相匹配；

⑤ 正介电各向异性大；

⑥ 阈值电压对温度依赖性小等。

4-烷基环己基苯甲酸酯类液晶系列具有以上多种优良性能，也是高档液晶混合配方的重要组分。

【实验目的】

掌握傅-克酰基化、卤仿反应的原理及其在合成中的应用；掌握羧酸、羧酸衍生物的制备方法；掌握酰氯的制备方法；巩固重结晶等操作。

【实验原理】

卤仿反应（haloform reaction）是指甲基酮和乙醛与次卤酸盐作用产生卤仿的反应。乙醇和甲基二级醇在这一反应条件下被氧化成羰基化合物，因而也能发生卤仿反应。用于甲基酮和甲基醇的鉴定，有时也用于羧酸的合成。

4-丁基-1-苯基环己烷在无水三氯化铝催化下发生傅-克酰基化反应得到 4-（4′-正丁基环己基）苯乙酮；经溴仿反应转化为 4-（4′-正丁基环己基）苯甲酸，与氯化亚砜作用转化为酰氯后，以吡啶为缚酸剂，与戊基苯酚作用得到 4-（4′-正丁基环己基）苯甲酸戊基苯酚酯。

Bu-*n* + CH_3COCl $\xrightarrow{AlCl_3}$ 4-(4′-Bu-*n*-环己基)苯乙酮 $\xrightarrow[(2)H^+]{(1)次溴酸钠}$ HO(O)C–苯基–环己基–Bu-*n*

$\xrightarrow{SOCl_2}$ *n*-Bu–环己基–苯基–COCl $\xrightarrow{HO–C_6H_4–C_5H_{11}\text{-}n}$ *n*-Bu–环己基–苯基–CO_2–苯基–C_5H_{11}-*n*

【试剂】

无水三氯化铝，硝基苯（干燥），乙酰氯，4-丁基-1-苯基环己烷，盐酸，甲醇，二氧六环，NaOH，11%次溴酸钠，乙醇，氯化亚砜，甲苯（干燥），吡啶（干燥），戊基苯酚。

【实验操作】

1. 4-（4′-正丁基环己基）苯乙酮

向装有温度计、搅拌及回流装置的 250mL 四颈瓶(1) 中加入无水三氯化铝 4.4g（0.033mol）和干燥好的硝基苯 30mL，强烈搅拌并冷却至 10℃以下，缓慢滴加 2.1mL（0.03mol）乙酰氯(2)。加毕，冷却至 0℃，滴加 7.4g(0.03mol) 4-丁基-1-苯基环己烷。滴毕，恒温搅拌 5h，然后升至室温。将反应液倒入冰水中，搅拌后静置，分出有机层。水层用硝基苯（2×10mL）萃取。合并有机相，依次用 3mL 质量分数为 5%的盐酸和 10mL 水洗至中性，干燥、过滤、蒸去溶剂。残余物用甲醇重结晶，得白色片状或针状晶体 4-(4′-正丁基环己基）苯乙酮约 7.7g。

4-(4′-正丁基环己基）苯乙酮的熔点为 71～72℃。

2. 4-（4′-正丁基环己基）苯甲酸

取 3.4g(0.013mol) 4-(4′-正丁基环己基）苯乙酮 250mL 三颈瓶中，加入 5mL 二氧六环(3)，搅拌溶解，加入 6.9g(0.17mol) NaOH 和质量分数为 11%的次溴酸钠 73.1mL。于 30～40℃搅拌反应 1h，然后逐渐升温至 70～75℃回流反应 3h。反应完毕后，停止加热，搅拌冷却至室温，过滤，将白色滤饼投入到 40mL 质量分数为 20%的盐酸中，保持 pH 值在 1

左右，静置30min。过滤，水洗滤饼至中性，烘干，用乙醇重结晶，得白色粉末状固体4-(4'-正丁基环己基)苯甲酸约3.4g。

4-(4'-正丁基环己基)苯甲酸的相变温度为199～264℃。

3. 4-(4'-正丁基环己基)苯甲酸戊基苯酚酯

取3g(0.01mol)的4-(4'-正丁基环己基)苯甲酸和6mL(0.08mol)氯化亚砜于250mL三颈瓶(4)中，搅拌下，缓慢加热，升温至回流，继续反应4h。反应完毕后蒸去多余的氯化亚砜[残余的4-(4'-正丁基环己基)苯甲酸不经分离处理]，冷却至室温后，加入10mL干燥好的甲苯。冰水浴冷却至0℃，将溶于12mL干燥吡啶的戊基苯酚溶液(0.01mol)滴加至反应瓶中。加毕，升温至75～85℃回流搅拌4h，冷却至室温后倒入冰水中。分离有机层，水层用甲苯(3×10mL)萃取，合并有机相，依次用5%盐酸(10mL)，5%NaOH水溶液(10mL)洗涤，最后水洗至中性。无水硫酸镁干燥，过滤，蒸去溶剂，残余固体用乙醇重结晶得白色针状晶体4-(4'-正丁基环己基)苯甲酸戊基苯酚酯约3.5g。

【注释】

(1) 所用玻璃仪器均需经干燥处理。

(2) 控制乙酰氯的滴加速度，反应温度不超过10℃。

(3) 有利于4-(4'-正丁基环己基)苯乙酮在水溶液中的溶解。

(4) 所用玻璃仪器也均需经干燥处理。

【思考题】

1. 羧酸的制备方法有哪些？

2. 4-(4'-正丁基环己基)苯甲酸转化为酰氯，除使用氯化亚砜外，还可以使用什么试剂？

3. 在戊基苯酚的酯化过程中，本实验中采用吡啶作为缚酸剂，还可以使用什么试剂？

第7章 天然有机化合物的提取、生物转化与手性拆分

凡从天然植物或动物资源衍生出来的有机物都称为天然有机化合物。天然有机化合物种类繁多，根据其结构特征一般可分成四大类，即碳水化合物、类脂化合物、萜类和甾体化合物及生物碱。人类对天然有机化合物的利用具有悠久的历史。事实上，有机化学本身就是源于对天然产物的研究。有些天然产物可用作染料、香料；有些天然产物具有神奇的药效，如中药黄连可以治疗痢疾和肠炎，麻黄可以抗哮喘，金鸡纳树皮可医治疟疾。仅就这些具有各种药理活性的天然产物而言，就足以唤起有机化学家对其进行探究的热情。在研究天然产物过程中，首先要解决的是天然产物的提取与纯化。常用的提取方法有溶剂萃取法、水蒸气蒸馏法等。

溶剂萃取方法主要依照“相似相溶”原理，采取适当的溶剂进行提取。通常，油脂、挥发性油等弱极性成分可用石油醚或四氯化碳提取；生物碱、氨基酸等极性较强的成分可用乙醇提取。一般情况下，用乙醇、甲醇或丙酮就能将大部分天然产物提取出来。对于多糖和蛋白质等成分则可用稀酸水溶液浸泡提取，用这些方法所得提取液多为多组分混合物，还需结合其他方法加以分离和纯化，如柱色谱、重结晶或蒸馏等。

水蒸气蒸馏主要用于那些不溶于水，且具一定挥发性的天然产物的提取，如萜类、酚类及挥发性油类化合物。除了这些方法外，各种色谱法已越来越广泛地应用于天然产物的分离和提纯，如纸色谱、柱色谱、气相色谱、高压液相色谱等。

在提取过程中，人们十分关注如何提高提取效率，并保证被提取组分的分子结构不受破坏。超临界流体萃取技术能很好地解决这个问题。所谓超临界流体是物质介于气液之间的一种物理状态，例如超临界二氧化碳在室温下对许多天然产物具有良好的溶解性。当完成对组分的萃取后，二氧化碳易于除去，从而使被提取物免受高温处理，这特别适合于处理那些易氧化不耐热的天然产物。分离纯化后的天然产物即可利用红外、紫外、质谱或核磁共振谱等波谱技术进行分子结构分析。

实验 119 从肉桂皮中提取肉桂油及其主要成分的鉴定[90]

【实验目的】

学习从天然产物中提取有效成分的一般方法；掌握水蒸气蒸馏基本操作；学习并掌握官能团定性、色谱法、衍生物法等在有机化合物结构鉴定中的应用。

【实验原理】

植物的香精油一般存在于植物的根、茎、叶、籽和花中，大部分是易挥发性的物质。因此可以用水蒸气蒸馏的方法加以分离，其他的分离方法还有萃取法和榨取法。

肉桂皮中香精油的主要成分是肉桂醛（反-3-苯基丙烯醛）。肉桂醛为略带浅黄色油状液体，沸点为252℃。难溶于水，易溶于苯、丙酮、乙醇、二氯甲烷、氯仿、四氯化碳等有机溶剂。肉桂醛易被氧化，长期放置，经空气中的氧慢慢氧化成肉桂酸。肉桂醛能随水蒸气蒸发。因此本实验将用水蒸气蒸馏的方法提取肉桂油。利用肉桂醛具有双键和醛基，可以发生加成和氧化反应等，来进行肉桂醛官能团的定性，也可以用光谱分析法定性。

【实验操作】

1. 从肉桂皮中提取肉桂油

在水蒸气发生器中装入2/3热水，加入1～2粒沸石，安装好安全管。同时在二口烧瓶中加入8g磨碎的肉桂皮粉末和40mL热水，安装好水蒸气蒸馏装置，加热。当水蒸气大量生成时关闭螺旋夹，使蒸气通入二口瓶中进行提取。蒸馏速度控制在1～2滴·s^{-1}为宜。当收集30～40mL馏出液时停止水蒸气蒸馏，备用。

停止蒸馏时，先打开螺旋夹，再停止加热，关闭冷凝水，拆除仪器。

2. 肉桂油的性质检验

（1）羰基的鉴定　取一支试管，加入1mL 2,4-二硝基苯肼溶液，不断振荡下，逐滴加入肉桂皮水蒸气蒸馏液，直至橙红色沉淀生成为止。

（2）醛基的鉴定　在一支洁净的试管中，加入1mL 5% $AgNO_3$ 溶液和1滴10% NaOH溶液，立即生成棕色沉淀，不断振荡下，逐滴加入浓 $NH_3 \cdot H_2O$，直至沉淀恰好溶解为止。

在制得的上述溶液中加入2～3滴肉桂皮水蒸气蒸馏液，振荡后在水浴中加热，观察银镜的生成。

（3）双键的鉴定　取一支试管，加入3～4mL肉桂皮水蒸气蒸馏液和1mL CCl_4 溶液，剧烈振荡后静置。待分为两层后，用吸管小心地吸去上层的水层，然后在 CCl_4 层中加入2～3滴 Br_2-CCl_4 溶液，振荡后放置，观察溶液的颜色变化。

（4）双键及醛基的鉴定　取一支试管，加入3～4mL肉桂皮水蒸气蒸馏液，逐滴加入4～5滴0.5% $KMnO_4$ 溶液边加边振荡试管，并注意观察溶液的变化。在水浴中稍微温热，观察棕黑色沉淀的生成。

【思考题】

1. 本实验采用哪种方法从肉桂皮中提取肉桂油？其主要依据是什么？
2. 通过肉桂油官能团定性实验，试判断肉桂油的主要成分中可能含有哪些重要官能团？为什么？写出反应式。
3. 设计利用薄层色谱来确定肉桂油的主要成分的实验方案。
4. 从肉桂皮提取的肉桂油的主要成分是何种化合物？应通过哪些方法进行确定？该化合物具有哪些主要化学性质？

实验120　乙醇的生物合成[60]

发酵是天然有机物借助生物催化剂——酶进行的化学变化过程，在工业及日常生活中有广泛的应用。酿酒是最古老的化学技艺之一，但是直到19世纪化学家才开始从科学观点去了解发酵过程。多年来人们一直认为酵母把糖变为乙醇和二氧化碳的转化作用与酵母细胞的生命过程是不可分割的。1907年，Buchner证明了糖的发酵是由于非常高效的催化剂所造成的生化过程，这种催化剂称为酒化酶。酒化酶是一个复合物，具有高度的选择性，但受温度、pH值以及抑制剂等因素所影响。蔗糖的发酵可表示如下：

$$C_{12}H_{22}O_{11} \xrightarrow{\text{酶}} \underset{\text{葡萄糖}}{C_6H_{12}O_6} + \underset{\text{果糖}}{C_6H_{12}O_6} \xrightarrow{\text{酶}} 4CH_3CH_2OH + 4CO_2$$

葡萄糖-6-磷酸酯 ⇌ 果糖-6-磷酸酯 ⟶ 果糖-1,6-二磷酸酯 ⟶ 甘油醛3-磷酸酯（及 CH_2OH–C=O–CH_2OH）⟶

$^*PO$–C(=O)–CH(OH)–CH_2OP^* ⟶ HO–C(=O)–C(=O)–CH_3 ⟶ CO_2 + $CH_3CHO \longrightarrow CH_3CH_2OH$

其过程是蔗糖首先水解为葡萄糖和果糖的磷酸酯，后者再断裂为两三个碎片，这些磷酸酯碎片最终转化为丙酮酸，再脱羧生成乙醛，乙醛在最后阶段被还原为乙醇。每一步都需要一种特效的酶作催化剂，也需要一些常见的无机离子。在这一连串的厌氧反应中，每消耗1mol的葡萄糖便释放出4.18kJ的热量。

发酵液中含8%～10%的乙醇，通过分馏可得含量为95.6%的乙醇，即普通的工业酒精。高沸点馏分中含杂醇油。杂醇油是丙醇、异丙醇、异丁醇、异戊醇和2-甲基-1-丁醇等C_3～C_5的混合物。其组成取决于发酵所用的原料，它不是从葡萄糖发酵形成的，而是由存在于原料和酵母中的蛋白质所生成的某些氨基酸转化而来的。

【实验目的】

了解糖的发酵过程；了解生物转化在有机合成中的作用；掌握分馏操作。

【试剂】

4g(0.012mol) 蔗糖，干酵母，磷酸钙，硫酸镁，酒石酸铵，磷酸二氢钠。

【实验操作】

称取4g蔗糖于50mL锥形瓶中，加入35mL水使之溶解。加入3.5mL Pasteur盐溶液(1)和0.15g干酵母(2)，室温下剧烈摇振使混合完全。在瓶口塞上插有弯玻璃管的单孔胶塞，玻璃管下端浸入盛有10mL饱和石灰水的试管的液面下（石灰水起到水封作用，防止空气进入烧瓶，但允许瓶中的气体逸出(3)）。将混合物在室温（25～35℃）下放置一周，待停止放出气体（二氧化碳）时，表明发酵已经完全。

完成发酵后，小心将液体（小心移动烧瓶，以免瓶底沉积物泛上）通过一团棉花或玻璃丝滤入50mL圆底烧瓶中(4)。加入几粒沸石，装上刺形分馏柱和冷凝管，蒸馏，收集6mL馏出液于量筒中，弃去留在瓶内的残液。

将馏出液转入25mL圆底烧瓶中，使用相同的分馏装置，加热，分馏收集下列沸程范围的馏分：A，78～82℃；B，82～88℃；C，88～95℃。弃去瓶内含杂醇油的残液，测量各馏分的体积。如馏分A的收集量少于15mL，应合并馏分A、B和C，重新分馏。

假设馏分A和B中含80%的乙醇，计算乙醇的百分产率。

本实验约需4h。

【注释】

(1) Pasteur盐溶液由2.0g磷酸钾、0.2g磷酸钙、0.2g硫酸镁和10g酒石酸铵溶于860mL水配制而成。也可用0.25g磷酸氢二钠代替Pasteur盐溶液来进行发酵，而不必加入其他任何盐类，但收率较低，且酵母残渣的分离较困难。

(2) 用市售的质量较好的浓缩甜酒药1包（约1.5g）即可。

(3) 或用气球代替石灰水水封装置。水封和气球的作用是防止空气及不需要的酶进入烧瓶中。若让氧气持续接触发酵溶液，乙醇会进一步氧化成乙酸，甚至变成二氧化碳和水。

(4) 也可用虹吸法将发酵后的液体吸出。若液体含有较多的沉积物，可将10g助滤剂（硅藻土）和约100mL水置于烧杯中，剧烈搅拌后抽滤，使助滤剂沉积在滤纸上。弃去吸滤瓶中的水，然后将液体抽滤。

【思考题】

1. 应采取哪些措施，以减少乙醇的损失？
2. 为什么用蒸馏的方法只能得到95.6%的乙醇？如何用普通乙醇来制备无水乙醇？
3. 乙醇中水的百分含量能通过测定溶液密度的方法来加以确定吗？根据是什么？

实验121　苦杏仁酸的拆分[60,104]

有机分子的生物活性与其立体结构密切相关。含手性中心的分子，其对映体的生物活性往往有很大的差异。用化学方法合成的苦杏仁酸，是无旋光性的外消旋体。它们是由化学结构相同，而原子在空间排列不同的两种等量的对映体组成的。由于它们的许多性质，如熔点、沸点、溶解度等完全相同，而难以将它们分离开。

对映异构体可以通过不对称合成或拆分方法得到。拆分是获得手性化合物的重要方法，常用的光学异构的拆分方法如下。

(1) 播种结晶法　向外消旋体的饱和溶液中加入一种纯的单一光学异构体（左旋或右旋）结晶，使溶液对这种异构体形成过饱和状态。然后在一定温度下该过饱和的旋光异构体优先大量析出结晶，迅速过滤得到单一光学异构体。再向滤液中加入一定量的消旋体，则溶液中另一种异构体达到饱和，经冷却过滤后得到另一个单一光学异构体，经过如此反复操作，连续拆分，便可以交叉获得左旋体和右旋体。播种结晶法的优点是无需光学拆分剂，具有原料消耗少，成本低，操作较简单，所需设备少，生产周期短，母液可套用多次，拆分收率高等优点。但该法仅适用于两种对映体晶体独立存在的外消旋混合物的拆分，对大部分只含一个手性碳原子的互为对映体的光学异构体，无法用播种结晶法进行拆分。且播种结晶法拆分的条件控制比较麻烦，制备过饱和溶液的温度和冷却析晶的温度必须通过实验加以确定，拆分所得的光学异构体的光学纯度不高。

(2) 非对映异构体法　如果手性化合物的分子中含有一个易于反应的拆分基团，可以使其与一个纯的旋光性化合物（拆解剂）反应，把一对对映体变成两个非对映体。由于非对映体之间的性质如溶解性、结晶性等差别较大，可利用结晶等方法将它们分离、精制。然后再利用逆反应去掉拆解剂，以达到拆分的目的。通常可用马钱子碱、奎宁和麻黄素等旋光纯的生物碱拆分酸性外消旋体；用酒石酸、樟脑磺酸等旋光纯的有机酸拆分碱性外消旋体。

(3) 酶拆分法　利用酶对光学活性异构体的选择性酶解作用，使外消旋体中的一个光学异构体优先酶解，而另一个异构体难以酶解而被保留，从而达到分离的目的。

(4) 色谱拆分法　利用色谱（使用具有光学活性的吸附剂作填料）可以测定光学异构体纯度，进行实验室少量样品制备，推断光学异构体的构型等。

在实际工作中，把一对光学对映体完全分离开是比较困难的。因此常用光学纯度表示被拆分后对映体的纯净纯度，它等于实测样品的比旋光度与纯旋光体比旋光度之比。

【实验目的】

了解外消旋体拆分的意义和原理；掌握手性碱拆分外消旋酸的原理；掌握重结晶、萃取和比旋光度测定等操作。

【实验原理】

苦杏仁酸　　盐酸麻黄素

利用天然纯的（一）-麻黄素作为拆解剂，与外消旋的苦杏仁酸作用，生成非对映异构体，再利用这两种盐的溶解度不同加以分离，然后用酸分别处理已拆分的盐可得到两种较纯的左旋和右旋的苦杏仁酸。其实验过程可简单表示为：

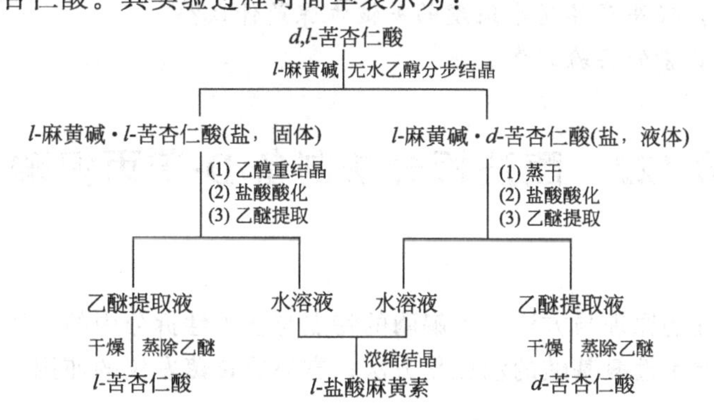

【试剂】

外消旋苦杏仁酸 3g(0.02mol)，盐酸麻黄素 4g(0.02mol)，乙醚，无水硫酸钠，无水乙醇，浓盐酸，氢氧化钠。

【实验操作】

1. (一)-麻黄素的制备

将 4g 盐酸麻黄素加入到 50mL 锥形瓶中，并加 10mL 水使溶解。将 1g 氢氧化钠溶于 5mL 水制成溶液，并加入上述锥形瓶中。充分搅拌，冷却后，用乙醚萃取（10mL×2）。合并乙醚萃取液，用无水硫酸钠干燥 0.5h。滤除干燥剂后，蒸去乙醚，即得（一）-麻黄素。

2. 外消旋苦杏仁酸的拆分

在 100mL 圆底烧瓶中加入上述制备的麻黄素，加 30mL 无水乙醇使之溶解。将 3g 外消旋苦杏仁酸溶于 10mL 无水乙醇中，制成溶液并加入到上述烧瓶中，将混合物加热回流 2h。待反应物冷至室温后，再用冰水冷却，促使其结晶。抽滤（保存滤液），得白色粗产物。将粗产物用 40mL 无水乙醇重结晶，得无色晶体，再用 20mL 无水乙醇重结晶一次，得白色粒状晶体，即为（一）-麻黄素 ·（一）-苦杏仁酸，约 1.5g，熔点为 169～170℃。

将得到的上述盐溶于 10mL 水，用浓盐酸小心酸化至使刚果红试纸变蓝（约需 1mL）。然后用乙醚萃取（10mL×2），合并萃取液，并用无水硫酸钠干燥 0.5h。滤除干燥剂，蒸去乙醚，得（一）-苦杏仁酸白色结晶约 0.5g，熔点为 131～132℃（萃取后的水溶液倒入指定的容器内，以便回收麻黄素）。

将保存的滤液在水浴上蒸去乙醇，并用水泵减压将溶液蒸干。向残留物中加入 20mL 水，再滴加浓盐酸至刚果红试纸变蓝，并搅拌使固体物溶解。过滤除去不溶物。再用乙醚萃取（10mL×2），合并萃取液并用无水硫酸钠干燥 0.5h。滤除干燥剂，蒸去乙醚，得（＋）-苦杏仁酸约 0.5g，熔点为 120～124℃。

萃取后的水溶液亦应倒入指定容器，以便回收麻黄素。

3. 比旋光度的测定

将制得的（+）-苦杏仁酸和（−）-苦杏仁酸准确称量后，用蒸馏水配成2%的溶液，测定其旋光度。按下式计算比旋光度及计算拆分后每个对映体的光学纯度：

$$[\alpha]_D^t = \frac{\alpha}{l\rho_B}$$

式中，α 为旋光度；l 为管长，dm；ρ_B 为质量浓度，$g \cdot mL^{-1}$。

纯苦杏仁酸的 $[\alpha] = \pm 156°$。

【思考题】

1. （+）-苦杏仁酸和（−）-苦杏仁酸红外光谱图相同吗？
2. 如果苦杏仁酸水溶液的旋光度为−6°，你如何确定其旋光度是−6°而不是+354°？
3. 在本实验中，提高产品光学纯度的关键步骤是什么？
4. 设计回收麻黄素的实验方案。

实验 122　酶法拆分法制备 D-苯丙氨酸[105]

【实验目的】

掌握拆分氨基酸的原理与方法；了解酶的特点与在手性拆分中的应用；掌握氨基酸的性质与分离方法；掌握手性氨基酸的消旋化方法；掌握旋转蒸发仪的使用。

【反应式】

D,L-苯丙氨酸　N-苯乙酰-D,L-苯丙氨酸　PA-750　L-苯丙氨酸　+　N-苯乙酰-D-苯丙氨酸

120℃　$6mol \cdot L^{-1}$ HCl　D-苯丙氨酸

1) Ac_2O-HAc，60℃　2) $3mol \cdot L^{-1}$ HCl，回流2h

【试剂】

27.2g（200mmol）苯乙酸，18.7mL（240mmol）二氯亚砜，19.3g D,L-苯丙氨酸，NaOH，茚三酮，浓盐酸，NaH_2PO_4-Na_2HPO_4 缓冲液（pH=7），200mg 青霉素酰化酶（PA-750），无水乙醇，氨水，甲醇，冰乙酸，乙酸酐。

【实验操作】

1. 苯乙酰氯的制备

取27.2g（200mmol）苯乙酸于100mL三颈瓶中。在冰盐浴和搅拌下，缓慢滴加18.7mL（240mmol）二氯亚砜(1)。滴毕后，继续搅拌30min，再回流6h。蒸除过量的二氯亚砜后，得到浅黄绿色的油状液体苯乙酰氯。

2. 苯乙酰-D,L-苯丙氨酸的制备

取 19.3g D,L-苯丙氨酸和 25mol·L^{-1}的 NaOH 水溶液 100mL 于 250mL 三颈瓶中，在冰盐浴和搅拌下，缓慢滴加 19.2mL 苯乙酰氯（1 滴·$3s^{-1}$），维持在 0℃以下。滴毕后，用 NaOH 水溶液调 pH 值为 12～13 后，撤掉冰盐浴，于室温反应，直至用茚三酮检验无紫色出现时，终止反应。缓慢加入浓盐酸调 pH 值为 1～2。冷却，析出黄色固体，过滤，用热水洗涤 2 次，于 50℃烘干，得白色固体 24g。

3. 苯乙酰-L-苯丙氨酸的酶解

在 250mL 锥形瓶中加入 NaH_2PO_4-Na_2HPO_4 缓冲液（pH＝7）100mL 和 2.83g（10mmol）苯乙酰-D,L-苯丙氨酸。放置到超声波清洗器的水槽中，超声 5min。将苯乙酰-D,L-苯丙氨酸乳化分散后，加入 200mg 青霉素酰化酶（PA-750），置于摇床中，于 30℃反应 5h。取出锥形瓶，加热 10min 使酶失活。冷却后，调 pH 值为 2。于 50℃以下进行旋转蒸发浓缩，至液体体积约 30mL。冷却，静置 2h 后，减压抽滤，用少量水洗涤，真空干燥得苯乙酰-D-苯丙氨酸 1.3g。

用 1mol·L^{-1}的 NaOH 溶液调节滤液的 pH 值至 5.5(2)，旋转蒸发浓缩至有晶体析出。于冰箱中冷却，静置过夜。抽滤，干燥，称量，得 L-苯丙氨酸约 0.4g。

4. D-苯丙氨酸的制备

在 250mL 烧瓶中，加入 1.3g 苯乙酰-D-苯丙氨酸和无水乙醇 50mL，搅拌溶解。冰水浴 20min 后，滤除不溶性杂质。将滤液于 30℃以下进行旋转蒸发脱除乙醇。将残余物溶于 100mL 6mol·L^{-1}的盐酸溶液中，于 120℃反应 8h。冷却，滤除不溶性杂质。用氨水调节滤液的 pH 值至 5.5。旋转蒸发浓缩至溶液呈浆状。冷却，加入 2 倍体积的甲醇，冰水浴中冷却，析出沉淀。抽滤，用甲醇洗涤，干燥，得 D-苯丙氨酸约 0.45g。

5. L-苯丙氨酸的消旋化

在 25mL 烧瓶中加入 L-苯丙氨酸 0.4g 和冰乙酸 3mL，搅拌，加热使之溶解。再加入 0.5mL 乙酸酐，回流反应 2h。进行旋转蒸发以脱除溶剂后，加入 3mL 3mol·L^{-1}的盐酸溶液，加热回流 2h，并用活性炭脱色。过滤后，用氨水调节滤液的 pH 值至 5.5。冷却，过滤，水洗，得 D,L-苯丙氨酸。

本实验约需 33h。

【注释】

（1）二氯亚砜的量取与使用须在通风橱内进行。

（2）接近于苯丙氨酸的等电点。

【思考题】

1. 如果 D-苯丙氨酸中含有少量的氯化铵，如何去除？
2. 还可以采用什么方法来拆分外消旋的苯丙氨酸？
3. 试设计拆分外消旋的对羟基苯甘氨酸的实验方案。

实验 123　面包酵母还原苯乙酮合成 *S*-1-苯基乙醇[106]

【实验目的】

了解手性醇的制备方法；了解生物还原的意义；掌握旋转蒸发仪的使用；掌握柱色谱的原理与操作。

【反应式】

【试剂】

5.74g(20mmol) 蔗糖，8.04g 面包酵母，1.2g(10mmol) 苯乙酮，乙醚，氯化钠，无水硫酸钠，硅胶（柱色谱用），环己烷。

【实验操作】

1. *S*-1-苯基乙醇的制备

取 5.74g(20mmol) 蔗糖(1)、67mL 蒸馏水和面包酵母 8.04g 于 250mL 锥形瓶中，盖上纱布，在水浴恒温振荡仪中振荡 1h(120 次 · min^{-1}，控温 32℃)，使酵母活化。加入 1.2g (10mmol) 苯乙酮(2)，于 32℃振荡反应 27h。

将反应液转入离心管中，加适量硅藻土搅拌均匀后，离心分离（4000r · min^{-1}）8min。取出上清液，用 10mL 乙醚洗涤固体。将上清液用氯化钠饱和，再用乙醚萃取（10mL×2）。合并乙醚萃取液，用无水硫酸钠干燥。过滤，旋转蒸发浓缩脱除乙醚，得残留液。

将残留液用硅胶柱色谱（洗脱液为乙醚：环己烷＝1：8）进行分离纯化，得 *S*-1-苯基乙醇约 0.7g。

2. *S*-1-苯基乙醇的 *ee* 值测定

以环己烷（或环戊烷）为溶剂将 *S*-1-苯基乙醇配成溶液，测定旋光度，计算 *ee* 值。$[\alpha]_D^{22}=-37.5°$（环己烷），$[\alpha]_D^{22}=-42.6°$（环戊烷）。

本实验约需 33h。

【注释】

（1）在还原过程中，起催化作用的除氧化还原酶外，还需辅酶 NADH 的参与，而生成的氧化型辅酶 NAD^+ 需通过能源供体（如蔗糖）再转化为 NADH，才能使苯乙酮的还原反应进行下去。

（2）苯乙酮的浓度达到一定值时，还原酶已被底物所饱和，底物浓度过高，会对酶产生抑制作用。

【思考题】

1. 面包酵母能够还原哪些化合物？
2. 蔗糖所起的作用是什么？
3. 试设计面包酵母还原乙酰乙酸乙酯的实验方案。

实验 124　从虾蟹壳制取氨基葡萄糖盐酸盐[107,108]

甲壳素，是一种含氮的多糖，又称甲壳质、几丁质等，是自然界第二大丰富的生物聚合物，分布十分广泛，是许多低等动物特别是节肢动物如虾、蟹、昆虫等外壳的重要成分（虾壳约含 15%～30%，蟹壳约含 15%～20%）也是低等植物菌类细胞膜的组成部分，地衣，绿藻、酵母、水母及乌贼体内也含有。据估计每年的生物合成量超过 10 亿吨，是一种巨大的可再生资源。

甲壳素外观呈白色或微黄色透明体，是 2-乙酰氨基葡萄糖多聚体，其化学结构与天然纤维素相似，分子中除存在羟基外，还含有乙酰氨基和氨基功能基团，可供结构修饰的基团多，具有比纤维素及其衍生物更加丰富的功能性质，甲壳素不溶于一般的酸碱，化学性质非常稳定。

氨基葡萄糖（$C_6H_{13}NO_5$）又称葡萄糖胺、葡糖胺或氨基葡糖，是葡萄糖的一个羟基被氨基取代后的化合物。氨基葡萄糖衍生物 *N*-乙酰化氨基葡萄糖是甲壳素的单体。因此工业上通常采用水解甲壳类动物外骨骼即水解甲壳素制取氨基葡萄糖。

D-氨基葡萄糖盐酸盐，又称葡萄糖胺盐酸盐（D-Glucosamine Hydrochloride，简称GAH），为白色结晶，无气味，略有甜味，易溶于水，微溶于甲醇，不溶于乙醇等有机溶剂，具有重要的生理功能，参与肝肾解毒，发挥抗炎护肝作用，对治疗风湿性关节炎症和胃溃疡有良好的疗效，是合成抗生素和抗癌药物的原料，同时广泛应用于化工、医药、食品等各个行业。

【实验目的】

掌握虾蟹壳制备甲壳素的一般方法；掌握多糖的水解过程；掌握氨基葡萄糖盐酸盐制备方法；了解糖类化合物的功能。

【实验原理】

甲壳动物的外壳，如虾壳、蟹壳都由两部分组成，其表面是薄而透明的角质层，主要成分是碳酸钙，内部则是较厚的甲壳质层。首先酸溶去钙，然后在碱作用下，脱去甲壳质层的脂质和蛋白质类物质，即可得到较纯净的甲壳素。

本试验采用二次酸处理除钙，二次碱处理脱脂质及蛋白质的方法。除钙方法是将虾壳与盐酸反应，生成可溶性盐类，并放出二氧化碳。脱蛋白质和脱脂质的方法是与 NaOH 反应，使之脱离虾壳，待反应液颜色不变浑浊为止。色素去除原理是利用虾壳中的虾红素发生氧化反应，由红色变成白色。工业生产用阳光晒即可脱色。

甲壳素是 2-乙酰氨基-2-脱氧-D-葡萄糖经 β-1,4 糖苷键连接的聚合物。甲壳素经盐酸水解使糖苷键断裂、酰胺键水解而生成 2-氨基-2-脱氧-D-葡萄糖的盐酸盐，即 D-氨基葡萄糖盐酸盐：

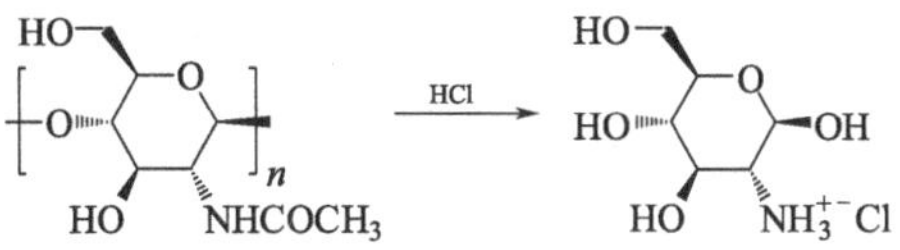

【试剂】

虾蟹壳，盐酸，NaOH，双氧水，醋酸，乙醇。

【实验操作】

1. 甲壳素的制备

虾蟹壳洗净烘干，用 5%的盐酸浸泡 16h，直至不冒气泡为止；取出用大量清水冲洗至中性，此时甲壳中的大部分碳酸钙等无机盐被除去，变得比较柔软。用 2%的 NaOH 溶液再次浸泡已变软的甲壳加热煮沸 1h，取出用大量清水冲洗至中性，以除去角质层和脂肪。再用 4%盐酸浸泡 16h，水洗至中性；改用 2%的 NaOH 溶液再煮沸回流 1h，水洗至中性；滤出虾蟹壳加入 2%双氧水溶液，加热至 100℃煮沸直至虾壳变成白色，捞出水洗至中性。此时甲壳应呈白色，干燥后即得不溶性甲壳素。收率虾壳为 20%左右，蟹壳为 15%左右。

2. 氨基葡萄糖盐酸盐的制备

称取自制粉碎后的甲壳素 25g，溶于 70mL 12mol・mL^{-1}盐酸中，加热，保持 95℃反应 2.5h，冷却后抽滤，滤液可蒸馏冷凝回收盐酸，滤渣中加水 50mL，微热至 65～70℃使溶解。加入 1g 活性炭保持 65～70℃脱色 20～30min 后趁热抽滤。滤液经浓缩、冷却得一次结晶。抽滤，晶体用少量乙醇洗涤，干燥即得氨基葡萄糖盐酸盐；母液可浓缩后进行二次结晶（第一次结晶率可达到60%）。

D-氨基葡萄糖盐酸盐为白色结晶，熔点190～194℃，比旋光度72.5°（D-氨基葡萄糖盐酸盐的质量分数5%，H_2O为溶剂，稳定20h）。

3. GAH含量的测定

采用吸附指示剂法测定产品中GAH的含量。取GAH产品约0.4g，精密称量，加水50mL溶解，加2%糊精溶液5mL和碳酸钙少许，再加入荧光黄指示剂5～8滴，用$AgNO_3$标准溶液（$0.1mol \cdot L^{-1}$）滴定至溶液变为粉红色。1mL $AgNO_3$标准溶液相当于21.5mg GAH。

【注意事项】

1. 经测定，龙虾壳的主要成分含量分别为：甲壳质20%～30%，碳酸盐25%～40%，蛋白质、脂质、色素等含量25%～30%，具体含量根据虾蟹品种而定。

2. 结晶时的降温速度会直接影响晶体的大小与整齐度，经测定GAH在水中随着温度的升高其溶解度也相应提高。当温度从0℃升到90℃时，其在水中溶解度相应从$243g \cdot L^{-1}$增加到$950g \cdot L^{-1}$。需要注意的是在60～70℃之间，GAH的溶解度存在一个突跃区，在60℃之前与70℃以后，溶解度增加相对缓慢。因此，在浓缩结晶时，在60～70℃之间要掌握好降温速度，不能过快，否则晶体快速大量析出、颗粒细小，会造成后面抽滤分离困难。据此结果也可知，GAH在精制、脱色、热过滤时应保持温度在70℃以上，以免GAH结晶析出。

【思考题】

1. 由虾蟹壳制备甲壳素时，加酸加碱的目的分别是什么？

2. 以盐酸水解甲壳素时，水解打断了甲壳素结构中的什么化学键？

参考文献

[1] 浙江大学、华东理工大学、四川大学合编，殷学锋主编．新编大学化学实验，北京：高等教育出版社，2004.

[2] 李晓娥，陈秀娟，祖庸等．醇盐水解制备纳米级二氧化钛．稀有金属材料与工程，1995，4 (5)：65-69.

[3] 李志军，王红英．纳米级二氧化钛的制备方法．山西化工，2006，26 (2)：47-64.

[4] 祖庸，刘超锋，李晓娥等．均匀沉淀法合成纳米氧化锌．现代化工，1997 (9)：33-35.

[5] 张绍岩，丁士文，刘淑娟等．均相沉淀法合成纳米 ZnO 及其光催化性能研究．化学学报，2002，60 (7)：1225-1229.

[6] 王士斌，翁连进，郑昌琼等．多孔 β-磷酸三钙骨修复材料的制备，华侨大学学报（自然科学版）1999，20 (3)：287-290.

[7] 王士斌，胡亮，郑昌琼，等．$Ca(OH)_2$ 和 H_3PO_4 制备 $Ca_3(PO_4)_2$ 生物陶瓷粉末的研究，昆明理工大学学报，1999，24 (3)：90-94.

[8] 刘建本，阮建明，邹俭鹏，李亚军，骆锋．化学共沉淀法制备四方相 ZrO_2-CaO 纳米粉 [J]．粉末冶金材料科学与工程，2002，7 (4)，265-27.

[9] 余家国，张联盟，童兵等．Sol-gel 工艺制备二氧化硅超微细粉及其机理的研究．硅酸盐通报，1992 (3)：43-48

[10] Titulaer M K，Jansen J B H，Geus J W. The preparation and characterization of sol-gel silica spheres. J. Non-Cryst. Solids，1994，168 (1)：1-13.

[11] 赵秦生，李中军，刘长让．溶胶-凝胶法制备多孔 SiO_2 超细粉体．中南工业大学学报，1998，29 (2)：131-134.

[12] 董相廷，洪广言．溶胶一凝胶法合成二氧化铈纳米晶．长春理工大学学报，2002，25 (2)：43-46.

[13] Tai L W，Natallah M M，Anderson H U，et al. Structure and electrical properties of $La_{1-x}Sr_xCo_{1-y}Fe_yO_3$ [J]．Solid State Ionics，1995，76：273-283.

[14] (a) 宋爱军，高发明．$LaFeO_3$ 溶胶凝胶合成和光催化性能．稀土，2004，25 (1)：25-27. (b) 李继光，孙旭东，张民等．碳酸铝铵热分解制备 α-Al_2O_3 超细粉．无机材料学报，1998，13 (6)：803-807.

[15] 郑文杰，杨芳，刘应亮．无机化学实验．第 2 版．广州：暨南大学出版社，2006.

[16] 王先友等编著，锂离子电池，长沙：中南大学出版社，2002.

[17] 刘兴泉，李淑华，何泽珍等．氧化还原溶胶-凝胶法制备 $LiCoO_2$，电池，2002，32 (5)：258-260.

[18] 南开大学编写组，无机及分析化学实验．第 3 版．北京：高等教育出版社，2000.

[19] 赵伟．氯化亚铜合成及精制，氯碱工业，1999，(4)：32-34.

[20] 王沛喜，刘积灵，张玉坤．氯化亚铜制备技术的进展和用途．中国氯碱，2002，(11)：17-19，37.

[21] 薛建跃．氯化亚铜制备中有关离子颜色的讨论和实验改进．化学教学，2002，(6)：43

[22] 陈艳丽．氯化亚铜制备实验的研究．济南大学学报，1996，6 (2)：76-78.

[23] 颜智殊，侯素兰．氯化亚铜实验室制备的绿色化研究．湖南人文科技学院学报，2006，(6)：34-36.

[24] 邹洪涛，唐文华，刘吉平等．低热固相化学反应法合成磷酸锌微米晶棒．化工矿物与加工，2006，(5)：19-22.

[25] 宋宝玲，廖森，吴文伟等．固相反应制备磷酸锌纳米晶体．广西大学学报（自然科学版），2003，28（4）：314-317.
[26] 李志林，马志领，翟永清．无机及分析化学实验．北京：化学工业出版社，2007.
[27] 周怀宁主编，微型无机化学实验，北京：科学出版社，2001.
[28] 杨秋华，曲建强，邱海霞，马骁飞．大学化学实验．天津：天津大学出版社，2012.
[29] 韩冰，杨桂琴等．纳米尖晶石型复合氧化物的合成及应用．化学工业与工程，2002，19（6）：448-452.
[30] Carty P，Metcalfe E，Saben T J. Thermal analysis of plasticised PVC containing flame retardant/smoke suppressant inorganic and organometallic iron compounds. Fire Safety Journal，1991，17（1）：45-56.
[31] 邱忠诚，周剑平，朱刚强等．较为宽松条件下水热合成铁酸铋粉体．无机化学学报，2009，25（4）：751-755.
[32] 林文修，林晓霞．碘酸钾的电合成研究．莆田学院学报，2005，112（2）：46-48
[33] 林文修，阮丽琴．碘酸钾的电化学制法的研究．盐湖研究，1998，6（4）：34-39.
[34] 霍冀川．化学综合设计实验．北京：化学工业出版社，2007.
[35] 冶金工业部有色金属研究院编．有色金属合金分析．北京：冶金工业出版社，1981.
[36] 鄢洪建，陈种菊，苏志珊等．钛酸铝陶瓷粉体的制备研究．四川大学学报（自然科学版），2003，40（4）：740-744。
[37] 任雪潭，曾令可，黄浪欢等．用溶胶-凝胶法制备钛酸铝超微细粉的探讨．陶瓷，2003，（2）：22-30.
[38] 董春华，王东杰，张永霞．废弃蛋壳微波合成羟基磷灰石．科技创新导报，2010，15：129-131.
[39] 王志锋，宋邦才，张军．化学分析法精确测定羟基磷灰石中的 Ca 和 P 含量．硅酸盐通报，2007，26（1）：186-189.
[40] 廖学红，王刚，杨水彬．微波合成非晶形 ZrO_2 纳米粒子．湖北师范学院学报（自然科学版），2003，2（23）：44-46.
[41] 北京师范大学无机化学教研室等编，无机化学实验．第 3 版．北京：高等教育出版社，2001.
[42] 张晓顺，邱竹贤，翟秀静等．超声波-化学沉淀法制备纳米二氧化锡．东北大学学报（自然科学版），2005，26（4）：265-267.
[43] 周新文，王锦，郭军刚等．α-八钼酸铵的制备表征．中国钼业，2012，36（5）：32-34.
[44] 郑子樵，李红英主编．稀土功能材料．北京：化学工业出版社，2003.
[45] 刘光华主编．稀土材料与应用技术．北京：化学工业出版社，2005.
[46] 南京大学《无机及分析化学试验》编写小组编．无机及分析化学实验．第 3 版．高等教育出版社，1998.
[47] 大连理工大学无机化学教研室编．无机化学．第 4 版．2001.
[48] 李蕾，张春英，矫庆泽等．Mg-Al-CO_3 与 Zn-Al-CO_3 水滑石热稳定性差异的研究．无机化学学报，2001，17（1）：113-118.
[49] 李蕾，孙鹏，段雪．Mg-Al-CO_3 水分散液的稳定性及流变性．应用化学，2001，18（6）：436-439.
[50] 王伯康，钱文浙等编．中级无机化学实验．北京：高等教育出版社，1984.
[51] 北京师范大学等校编．无机化学，高等教育出版社，1988.
[52] 方惠群，虞振新等编．电化学分析，原子能出版社，1984.
[53] 熊家林等．无机精细化学品的制备和应用．北京：化学工业出版社，1999.
[54] 周惠琳等．无机化学实验．广州：暨南大学出版社，1993.
[55] 梅群波，杜乃婴，吕满庚．含 8-羟基喹啉铝配合物的高分子聚合物的合成与表征．化学学报，2004，62（20），2113-2117.
[56] 赵燕平，由臣，宁保群．巨磁电阻材料及应用．天津理工学院学报，2003，19（3）：50-53.
[57] 李宝河，鲜于文旭，万欣等．钙钛矿锰氧化物 $La_{0.7}Sr_{0.3}M_xMn_{1-x}O_3$（M=Cr，Fe）的巨磁电阻效应与磁性．物理学报，2000，49（7）：1366-1370.
[58] Pauson P. L.，J Org Chem，2001，637：3-6.

[59] Fischer E. O.，Jira R.，J Org Chem，2001，637：7-12.
[60] 王清廉，沈凤嘉．有机化学实验．第 2 版．北京：高等教育出版社，2003.
[61] Jamlet M，Ralani J，Zilkha I A. J. Polym. Sci.，1958，28：287.
[62] Vogel A. Q.，Practical Organic Chemislity 3nd de. 1956，932.
[63] Wakefield B J. The Chemistry of Organolithium Compounds，Pergamon，Oxford，London：1974.
[64] 李在国．有机中间体制备．第 2 版．北京：化学工业出版社，2001.
[65] House H. O.，J. Org. Chem. 1975，40，1460.
[66] Gilman H.，J. Org. Chem. 1952，17，1630.
[67] Skau，E. L. et al. J. Am. Chem. Soc.，1935，57，2440.
[68] 马军营．有机化学实验．北京：化学工业出版社，2007.
[69] 李树安，尹福军，葛洪玉，赵宏．对甲苯磺酸制备实验的改进．实验室研究与探索，2005，24 (11)：43-45.
[70] 李文遐，姚志刚，高秀兵，杨海康．丙磺酸内酯的合成．化学试剂，1998，20 (3)，183-184.
[71] 谷珉珉，贾韵仪，姚子鹏．有机化学实验．上海：复旦大学出版社，1996，5.
[72] Sarma J A. R. P,；Nagaraju A. J. Chem. Soc.，Perkin Trans. 2 2000，1113.
[73] Sarma J. A. R. P.；Nagaraju，A.；Majumdar，K. K.；Samuel，P. M.；Das，I.；Roy，S.；McGhie，A. J. J. Chem. Soc.，Perkin Trans. 2. 2000，1119.
[74] 周科衍等编．有机化学实验教学指导．北京：高等教育出版社，2003.
[75] 曹晓琴．维生素 K_3 的合成．中国饲料，2006，(16)，27-28.
[76] 彭莉．维生素 K_3 的合成及应用．中国兽药杂志，2003，(10)，52-54.
[77] 谷珉珉等编著．有机化学实验．上海：复旦大学出版社，1991.
[78] 李吉海、刘金庭主编．基础化学实验（II）——有机化学实验．第 2 版．北京：化学工业出版社，2007.
[79] 成乐琴，杨英杰．相转移催化法合成三甲基乙酸的工艺研究．辽宁化工，2004，33 (1)，15-17.
[80] 黄涛，张治民．有机化学实验．北京：高等教育出版社，1998.
[81] 曾邵琼主编．有机化学实验．第 3 版．北京：高等教育出版社，2001.
[82] 梁亮，余林．化学化工专业实验，北京：化学工业出版社，2009.
[83] 王瑞，孙铁民编著．药物化学实验．沈阳药科大学教材建设委员会，2002.
[84] 盛伟斌．对羟基苯乙酸合成工艺改进．中国医药工业杂志，1993，24 (6)，276-277.
[85] 刘相奎，胡志，袁哲东．4-(4-甲氧基苄基氧基）苯丙二酸-4-甲氧基苄基单酯的工艺改进．中国抗生素杂志，2011，36 (7)：523-525.
[86] 高占先．有机化学实验．第 4 版．北京：高等教育出版社，2006.
[87] 周科衍等编．有机化学实验教学指导．北京：高等教育出版社，2003.
[88] 麦禄根编著．有机合成实验．北京：高等教育出版社，2002，2.
[89] 陈虹锦．实验化学：上册．北京：科学出版社，2004.
[90] 黄枢．有机合成试剂制备手册．北京：科学出版社，2005.
[91] 尤启东．药物化学实验指导．北京：中国医药科技出版社，2000，1.
[92] 李翠娟，吕明泉，韩淑英，徐煊峰．4-对甲苯基-4-氧代丁酸的制备．大学化学，2005，20 (2)，44-46.
[93] 李翠红，沈田华，陈小利，周彩琪，张诚，宋庆宝．Aza-BODIPY 荧光染料的合成、表征及性能研究，有机化学，2011，31 (9)，1440-144.
[94] 沈宁，高媛媛．4-烷基环己基苯甲酸酯类液晶合成工艺研究．合成化学，2002，10，228-231.
[95] 卢会杰．邻羟基苯乙酮和对羟基苯乙酮的合成，化学试剂，1993，15 (4)，254.
[96] 曹观坤．药物化学实验技术．北京：化学工业出版社，2008.
[97] 罗军，吕春绪．3-氯-4-氟硝基苯的微波合成法．精细化工中间体，2007，37 (1)，30-33.
[98] 张明杰，施秀芳．无溶剂催化氧化法制备苯甲酸．大学化学，2003，18 (3)，47.

[99] 李厚金，朱可佳，陈六平．黄酮化合物的合成，大学化学，2013，28（5），47-50.
[100] 杨新宇，陈大茴，王建光．在离子液体中利用 Perkin 反应合成肉桂酸．化学研究与应用，2006，18（9）：1135-1136.
[101] 杨桂秋．18-冠-6 的合成．精细石油化工，2001，（2），26-28.
[102] 王沛．制药工艺学实验．北京：人民出版社，2010.
[103] 沈宁，高媛媛．4-烷基环己基苯甲酸酯类液晶合成工艺研究．合成化学，2002，10，228-23.
[104] 吉卯祉，葛正华．有机化学实验．北京：科学出版社，2005
[105] 黄冠华，夏仕文．酶法拆分 *D*，*L*-苯丙氨酸制备 *D*-苯丙氨酸．合成化学，2007，15（1），69-72.
[106] 刘湘，孙培冬，李明，许建和．面包酵母用于苯乙酮的不对称还原研究．分子催化，2002，16（2），107-110.
[107] 王凤琴．以龙虾壳制取 *D*-氨基葡萄糖盐酸盐．中国生化药物杂志，2002，23（3），129-131.
[108] 陈艳芳，王林川．*D*-氨基葡萄糖盐酸盐的制备研究．江苏农业科学，200，4，232-234.